2016年版

注册环保工程师执业资格考试历年真题分类解析

物理污染防治

捷途教学部　编

中国计划出版社

图书在版编目（CIP）数据

物理污染防治 / 捷途教学部编. -- 北京：中国计划出版社，2016.5
2016年版注册环保工程师执业资格考试历年真题分类解析
ISBN 978-7-5182-0411-3

Ⅰ.①物… Ⅱ.①捷… Ⅲ.①环境物理学－资格考试－自学参考资料 Ⅳ.①X12

中国版本图书馆CIP数据核字(2016)第078529号

2016年版注册环保工程师执业资格考试历年真题分类解析

物理污染防治

捷途教学部　编

中国计划出版社出版
网址：www.jhpress.com
地址：北京市西城区木樨地北里甲11号国宏大厦C座3层
邮政编码：100038　电话：(010) 63906433（发行部）　63906427（编辑室）
新华书店北京发行所发行
北京京华虎彩印刷有限公司印刷

787mm×1092mm　1/16　16.75印张　413千字
2016年5月第1版　2016年5月第1次印刷

ISBN 978-7-5182-0411-3
定价：42.00元

版权所有　侵权必究
本书封面贴有中国计划出版社专用防伪标，否则为盗版书。
请读者注意鉴别、监督！
侵权举报电话：(010) 63906404
如有印装质量问题，请寄本社出版部调换

前　言

真题是我们复习中的指明灯，好比茫茫大海中的灯塔，它的价值毋庸置疑，但是如何用好真题却是一个需要思考的问题，回答这个问题前我们先来思考另一个问题：什么时间开始看真题最合适？

这个问题涉及你是如何安排复习计划的。有的人习惯第一遍看书时先粗略地过一遍教材，第二遍看书时再仔细地一页页细嚼慢咽；有的人习惯第一遍看书就细嚼慢咽。习惯无好坏，只能说哪种最适合自己，但是无论哪种复习方法，我们认为：当你细嚼慢咽看书的那个阶段，就是最适合看真题的时候。为什么呢？因为一本书可以看得无尽的细，也可以看得非常的粗，粗细最合适的度如何把握？需要一把标尺，最合适的标尺就是历年真题，历年真题自然地就传递了很多信息，譬如出题的角度、出题的风格、出题的深浅、重难点大致的分布等。

是否有别的复习阶段也适合用真题？有，就是当你把所有书都看完，希望做几套题目作为模拟考试用时，最合适的模拟试卷就是历年真题。这两个阶段结合起来利用真题我们认为就是最合理、高效的利用真题的方式。

编写一套精良的真题集是我们老妖精团队（即捷途教学部）一直想做的事，2015年通过在老妖精环保QQ群内组织的"注册环保专业考试周讨论"这一答疑活动，我们团队收集整理了答疑活动中考友对于真题的关注点和复习过程中容易忽略的考点，并吸取考友们的一些比较好的建议，编辑完成了《2016年版注册环保工程师执业资格考试历年真题分类解析》，本套真题解析具有如下六大亮点：

1. 按科目分册

注册环保工程师执业资格考试共计四个方向（水污染防治、大气污染防治、物理污染防治、固体废物处理处置），每个方向每年仅案例题就多达50道，如果仅仅将历年真题按顺序集合成册，那真题集厚度可想而知，不仅不方便考试时翻阅和快速定位，而且也不方便平时复习阅读。

针对这种情况，老妖精团队提出按科目分册的思路。因此，本套真题解析共分四册，分别为《水污染防治》《大气污染防治》《物理污染防治》《固体废物处理处置》。每册包括知识题和案例题，跟复习模式能够很好地吻合，且每册真题页数不多，特别适合在考场以及平时复习时翻阅。

2. 按章节/专题分册

以往真题一般都是采用按年份排版的形式，考过的朋友们可能都会发现一个问题，平时复习阶段这个按年份排版的真题几乎无用武之地，只有在复习末期进行真题模拟时，用来对答案，但是对答案也不方便，因为一套卷子得翻阅50页。

针对这种情况，老妖精版真题的编排采用了知识题按教材章节顺序编排，案例题按教材顺序并分专题进行编排的方式，将相关的真题集中在一起，这使得大家在细嚼慢咽阶段做真题变得非常方便，而且每个专题按年份顺序排版，方便考生了解每个专题历年的考查趋势及要点。但这并不意味着我们放弃了大家复习末期模拟阶段使用真题的方式，我们在每道题目后面都标了该题对应真题的题号，如知识题中"2013-1-3"表示知识题2013年第一天上午第3道题目，而案例题中"2011-4-6"表示案例题2011年第二天下午第6道题目。

大家在最初做复习计划时，如果计划把2013年和2014年的真题作为后期模拟用，那么可以在刚拿到真题集时就简单地把书中2013年和2014年的题都先做一个标记，后面遇到带这个标记的题目就略过不做，留到模拟阶段再做（我们免费共享历年真题的空白卷，大家可以在www.studyyy.com中下载）。这样既能满足将历年同一考点的题目放在一起，又能满足模拟考试的需要。

3. 具有题量统计作用的目录

在目录中增加了章节真题数量统计，可快速准确抓住复习的侧重点。例如，知识题目录中的数字如"30+20"、"13+9"，前一个数字指的是单选题的题目数量，后一个数字指的是多选题的数量，如"30+20"表示此部分内容单选30题，多选20题。

4. 案例专题总结

注册环保专业气方向知识点分布在几个大的系统内，每个系统内又相对比较分散，我们在案例题章节的每个专题进行了知识点总结，不是把书本上的知识简单罗列，而是根据不同知识点考查的侧重点不同，指明了相应专题的计算依据、考查重点以及应对策略，能使考友在复习中抓住重点，全面快速掌握此知识点，并且便于考友在考试过程中快速定位考点，找出解答依据。

5. 规范简洁的解答过程

很多考友对考试中，案例如何解答一直拿不准，写得少了怕阅卷老师不给分，写得多了，完全是浪费，还会导致做题时间严重不足。为了解决大家的这个困惑，本真题集中案例的解答按考试中答题模式书写，可供大家参考。

6. 真题解答，实时互动

为了更好地对每道真题进行讨论，老妖精团队在官网（www.studyyy.com）中设置了每道真题讨论专区，如有疑问，大家可以留言讨论，老妖精团队会及时回复。

对于真题解答中的细节问题做如下补充说明：

1. 题目解析中出现的《教材（第二册）》《教材（第三册）》《教材（第四册）》分别指由全国勘察设计注册工程师环保专业管理委员会、中国环境保护产业协会组织编写，由中国环境科学出版社2011年5月出版的《注册环境保护工程师专业考试复习教材》（第三版）的第二分册、第三分册和第四分册。

2. 本书其他主要参考书目如下：

《噪声与振动控制工程手册》，马大猷主编，机械工业出版社，2002年9月；

《环境工程手册·环境噪声控制卷》，郑长聚主编，高等教育出版社，2000年2月；

本书由老妖精团队环保专业老师等编写完成。从试题的收集整理、分类解析到书稿的统稿校对，老妖精团队均花费了大量的心血。但由于编者水平有限，书中难免出现纰漏和谬误,希望广大读者批评指正、多提意见,以期本书在后续改版时不断完善。

  大家有任何问题,都可以在我们的论坛 www.studyyy.com 中提出,同时欢迎大家加入我们的注考交流群老妖精注册环保1群385390901和订阅我们的微信公众号studyyycom关注老妖精培训的最新动态,另外还可以登录我们的官方淘宝店studyyy.taobao.com选购图书。

老妖精团队(捷途教学部)

2015 年 11 月

目 录

第一篇 知 识 题

1 噪声与振动污染控制基础（62+59） ······ 3
   1.1 噪声与振动的计量和评价（30+24） ······ 3
   1.2 声源及其特性（2+3） ······ 19
   1.3 声波的传播和衰减（7+10） ······ 20
   1.4 噪声与振动的测量、分析和修正（15+15） ······ 27
   1.5 吸声降噪基本概念（2+4） ······ 38
   1.6 隔声降噪基本概念（3+2） ······ 40
   1.7 消声降噪基本概念（3+1） ······ 41

2 噪声与振动污染控制实践（21+23） ······ 43
   2.1 多孔吸声材料（1+1） ······ 43
   2.2 共振吸声结构（2+5） ······ 44
   2.3 吸声降噪（6+5） ······ 46
   2.4 隔声降噪（5+6） ······ 49
   2.5 消声降噪（7+6） ······ 53

3 隔振设计及电磁污染防治（21+10） ······ 59
   3.1 隔振基本原理（2+1） ······ 59
   3.2 隔振设计（4+6） ······ 60
   3.3 电磁污染防治（15+3） ······ 64

第二篇 案 例 题

4 噪声污染控制基础（63） ······ 71
   4.1 噪声计量与评价（46） ······ 71
   4.2 声波的传播和衰减（8） ······ 95
   4.3 噪声污染防治原理（9） ······ 98

5 噪声及振动污染控制实践（227） ······ 104
   5.1 吸声降噪（69） ······ 104
   5.2 隔声降噪（78） ······ 137
   5.3 消声降噪（70） ······ 181
   5.4 噪声振动污染综合治理（10） ······ 215

6 振动控制（59） ······ 221
   6.1 弹簧隔振器（3） ······ 221

· I ·

6.2	隔振垫（27）	223
6.3	隔振设计（26）	234
6.4	阻尼性能及应用（3）	249

7 电磁污染防治（22）　251

第一篇 知识题

1 噪声与振动污染控制基础

1.1 噪声与振动的计量和评价

1.1.1 基本概念及法律法规

● 单选题

1. 《中华人民共和国环境噪声污染防治法》中所称"噪声敏感建筑物"指的是哪些?【2007-1-30】
   (A) 噪声达不到国家环境噪声质量标准的建筑物
   (B) 仅对夜间噪声有一定要求的建筑物
   (C) 医院、学校、机关、科研单位、住宅等需要保持安静的建筑物
   (D) 无噪声防护设施的建筑物

【解析】 根据《教材（第三册）》P41《声环境质量标准》3.10 条："噪声敏感建筑物指医院、学校、机关、科研单位、住宅等需要保持安静的建筑物"。

答案选【C】。

2. 下面关于声波频率 f 的表达式错误的是哪一项?【2007-1-31】
   (A) $f = kc/2\pi$ （k 为波数，c 为声速）
   (B) $f = 1/T$ （T 为周期）
   (C) $f = \lambda/c$ （λ 为波长，c 为声速）
   (D) $f = \omega/2x$ （ω 为圆频率）

【解析】 选项 A，根据《噪声与振动控制工程手册》P19，$f = \dfrac{c}{\lambda}$，$k = \dfrac{2\pi}{\lambda}$，得出 $f = \dfrac{kc}{2\pi}$，故 A 正确；

选项 B，根据《噪声与振动控制工程手册》P19，$f = \dfrac{1}{T}$，故 B 正确；

选项 C，根据《噪声与振动控制工程手册》P19，$f = \dfrac{c}{\lambda}$，故 C 错误；

选项 D，根据《噪声与振动控制工程手册》P19，$k = \dfrac{\omega}{c}$ 及 $f = \dfrac{kc}{2\pi}$，得出 $f = \dfrac{\omega}{2\pi}$，故 D 正确（D 项分母 $2x$ 应该是 2π）。

答案选【C】。

3. 已竣工交付使用的住宅楼进行室内装修活动时，由于不限制作业时间和未采取有效的措施，对周围居民造成环境噪声污染。下列关于相关处罚的说法哪项是正确的?【2008-1-29】

(A) 由环保部门给予警告或者处以罚款

(B) 由公安机关给予警告或者处以罚款

(C) 由环保部门给予警告，可以并处罚款

(D) 由公安机关给予警告，可以并处罚款

【解析】 根据《教材（第四册）》P134《中华人民共和国环境噪声污染防治法》中第四十七条（P138）和第五十八条第三款（P139），可知 D 正确。

答案选【D】。

4. 下列有关执行《建筑施工厂界噪声限值》的说法，哪项是正确的？【2008-1-30】

(A) 一个建筑施工场界上的测点，不管其方位如何，只要其中任意一个噪声值超标，就可以判定该建筑施工场界噪声超标

(B) 一个建筑施工场地的边界线上可同时有几个测点，正确选择测点并测量噪声值，就可以判断该建筑施工工地场界噪声是否超标

(C) 在对建筑施工场地测量时，其昼、夜间的噪声值以 20min 的等效 A 声级来表征

(D) 在对建筑施工场地测量期间，让各种施工机械停止运行，这时在施工场地运行的车辆噪声就是该建筑施工场地的背景噪声

【解析】 选项 A、B，根据《教材（第三册）》P386，《建筑施工厂界噪声限值》已被《建筑施工场界环境噪声排放标准》（GB 12523—2011）取代，根据《建筑施工场界环境噪声排放标准》5.3.1 条："测点布设根据施工场地周围噪声敏感建筑物位置和声源位置的布局，测点应设在对噪声敏感建筑物影响较大、距离较近的位置"，故 A 错误，B 正确；

选项 C，根据《建筑施工场界环境噪声排放标准》5.4 条："测量时段施工期间，测量连续 20min 的等效声级，夜间同时测量最大声级"，故 C 错误；

选项 D，根据《建筑施工场界环境噪声排放标准》5.5.1 条："测量环境：不受被测声源影响且其他声环境与测量被测声源时保持一致"，故 D 错误。

答案选【B】。

5. 下列有关执行《铁路边界噪声限值及其测量方法》的说法，哪项是正确的？【2008-1-31】

(A) 铁路边界是指距铁路外侧轨道 30m 处

(B) 铁路边界的昼间和夜间噪声限值均为最大声级不超过 70dB（A）

(C) 测量铁路边界噪声，无论昼夜，均为读取 1h 的等效声级 L_{eq}[dB（A）]

(D) 背景噪声是指机车车辆通过时测点的环境噪声

【解析】 选项 A，根据《教材（第三册）》P387《铁路边界噪声限值及其测量方法》3.2 条："铁路边界是指距铁路外侧轨道中心线 30m 处"，故 A 错误；

选项 B，根据《教材（第三册）》P387《铁路边界噪声限值及其测量方法》4 条：铁路边界噪声限值表一中的昼间、夜间噪声限值均为等效声级 70dB，不是最大声级，故 B 错误；

选项 C，根据《教材（第三册）》P387《铁路边界噪声限值及其测量方法》5.3.1

条:"昼间、夜间各选取在接近其机车车辆运行平均密度的某一小时,用其分别代表昼间、夜间"。必要时,昼间或夜间分别进行全时段测量,故 C 正确;

选项 D,根据《教材(第三册)》P387《铁路边界噪声限值及其测量方法》3.3 条:"背景噪声系指无机车车辆通过时测点的环境噪声",故 D 错误。

【注】C 作为答案也存在瑕疵(必要时,昼间或夜间分别进行全时段测量)。

答案选【C】。

6. 有一频率为 1000Hz 的声波在 35℃的空气媒质中传播,问此时该声波波长 λ 为多少?【2009-1-31】

  (A) 0.3315m   (B) 0.3435m
  (C) 0.3525m   (D) 0.4535m

【解析】 根据《环境工程手册环境噪声控制卷》P3 公式 1-5 可知,声速 $c \approx 331.5 + 0.6t = 352.5 \text{m/s}$,声波波长 $\lambda = \dfrac{c}{f} = \dfrac{352.5}{1000} = 0.3525 \text{m}$。

答案选【C】。

7. 噪声污染中所称的社会生活噪声,以法律的观点而言,下列哪个解释是正确的?【2010-1-29】

  (A) 是指人为活动所产生的干扰周围生活环境的声音
  (B) 是指人为活动所产生的除工业噪声之外的干扰周围生活环境的声音
  (C) 是指人为活动所产生的除工业噪声、建筑施工噪声和交通运输噪声之外的干扰周围生活环境的声音
  (D) 是指人为活动所产生的除交通运输噪声之外的干扰周围生活环境的声音

【解析】 根据《教材(第四册)》P134《中华人民共和国环境噪声污染防治法》第二条,可知 C 正确。

答案选【C】。

8. 某人能够听到的声音的最高频率为 10000Hz,请问他所能听到的最高频率声音波长相比正常人听力上限频率的波长相差多少?(设声速为 340m/s)【2011-1-31】

  (A) 0.034m   (B) 0.34m
  (C) 0.017m   (D) 0.17m

【解析】 根据《教材(第二册)》P337 可知,人耳可以听到的声音频率范围通常是 20Hz 到 20000Hz。根据《教材(第二册)》P338 公式 5-1-2: $\lambda = \dfrac{c}{f}$,10000Hz 时, $\lambda = \dfrac{c}{f} = \dfrac{340}{10000} = 0.034 \text{m}$;20000Hz 时, $\lambda = \dfrac{c}{f} = \dfrac{340}{20000} = 0.017 \text{m}$;所以波长相差 $0.034 - 0.017 = 0.017 \text{m}$。

答案选【C】。

9. 请问中心频率为630Hz的三分之一倍频程的频带宽度是多少？【2012-1-30】
   (A) 445Hz　　　　　　　　　　　　　(B) 146Hz
   (C) 189Hz　　　　　　　　　　　　　(D) 19Hz

   【解析】 根据《教材（第二册）》P341 表5-1-4，可知630Hz的三分之一倍频程的频带范围为561Hz~707Hz，则频带宽度为707Hz-561Hz=146Hz。
   答案选【B】。

10. 在《社会生活环境噪声排放标准》中，采用室内噪声频谱分析的倍频带声压级，其覆盖频率范围应为：【2012-1-34】
    (A) 16Hz~1000Hz　　　　　　　　　(B) 31.5Hz~500Hz
    (C) 22Hz~707Hz　　　　　　　　　 (D) 63Hz~500Hz

    【解析】 根据《教材（第三册）》P375《社会生活环境噪声排放标准》3.7条："本标准采用的室内噪声频谱分析倍频带覆盖频率范围为22Hz~707Hz"。
    答案选【C】。

11. 无规随机声波的频谱是在很宽频率范围内具有连续变化的频谱。请指出下列频谱图中哪一个是无规随机声波的频谱图？【2012-1-35】

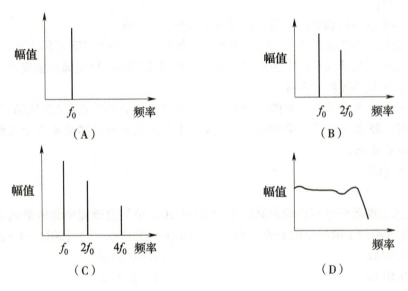

    【解析】 根据《噪声与振动控制工程手册》P375 可知，典型的随机信号的波形和频谱如图1.4-3d所示。
    答案选【D】。

12. 《社会生活环境噪声排放标准》中，采用室内噪声频谱分析的倍频带中心频率为几个？其中最低的倍频带中心频率是多少？【2013-1-29】
    (A) 5个；63Hz　　　　　　　　　　(B) 6个；31.5Hz
    (C) 6个；63Hz　　　　　　　　　　(D) 5个；31.5Hz

【解析】 根据《教材（第三册）》P375《社会生活环境噪声排放标准》3.7条："本标准采用的室内噪声频谱分析倍频带中心频率为31.5Hz、63Hz、125Hz、250Hz、500Hz"，共5个，最低为31.5Hz。

答案选【D】。

13. 依据《城市区域环境振动标准》，铁路干线两侧环境振动评价量选择正确的是哪一项？【2013 - 1 - 31】
    (A) 振动级　　　　　　　　　　　(B) 铅垂向振动加速度级
    (C) 累积百分Z振级　　　　　　　(D) 铅垂向Z振级

【解析】 根据《教材（第三册）》P49《城市区域环境振动标准》3.1.1条："铁路干线两侧环境振动评价量是铅垂向Z振级"。

答案选【D】。

14. 评价城市轨道交通减振措施的环境振动减振效果时，测量的频率范围应选择下列哪项？【2013 - 1 - 32】
    (A) 1Hz～80Hz　　　　　　　　　(B) 4Hz～200Hz
    (C) 1Hz～1000Hz　　　　　　　　(D) 1Hz～2000Hz

【解析】 根据《城市轨道交通引起建筑物振动与二次辐射噪声限值及其测量方法标准》(JGJ/T 170—2009) 1.0.2条，"本标准适用于城市轨道交通列车运行引起建筑物振动与室内二次辐射噪声的控制和测量；振动的频率范围为4～200Hz；二次辐射噪声的频率范围为16～200Hz。"

答案选【B】。

多选题

1. 在城市区域环境噪声标准中，下面哪些不是该标准的噪声评价量？【2007 - 1 - 59】
    (A) 感觉噪声级　　　　　　　　　(B) A计权声级
    (C) C计权声级　　　　　　　　　(D) 等效A级声

【解析】 根据《城市区域环境噪声标准测量方法》（本标准需下载）可知，噪声评价量有A声级和等效A声级。

答案选【AC】。

2. 根据《中华人民共和国环境噪声污染防治法》，下面哪些说法是错误的？【2007 - 1 - 62】

    (A) 对建设项目可能产生环境噪声污染的，建设单位必须对可能产生的环境噪声污染提出防治措施，并报本单位上级主管部门批准
    (B) 建设项目在投入生产或者使用之前，其环境噪声污染防治设施必须经原审批环境影响报告书的环境保护行政主管部门验收，达不到国家规定要求的，该建设项目不得投入生产或者使用

(C) 县级以上地方人民政府规定地方行政区域内各类声环境质量标准的适用范围，所依据的标准是国家环境噪声排放标准

(D) "社会生活噪声"指的是：人为活动所产生的工业噪声、建筑施工噪声和交通噪声干扰周围生活环境的声音

【解析】 选项A，根据《教材（第四册）》P135第十三条："应报环境保护行政主管部门，而不是本单位主管部门"，故A错误；

选项B，根据《教材（第四册）》P135第十四条，B正确；

选项C，根据《教材（第四册）》P135第十条："县级以上人民政府根据国家声环境质量标准，划定本行政区域内各类声环境质量标准的适用区域，并进行管理"，故C错误；

选项D，根据《教材（第四册）》P137第四十一条："本法所称社会生活噪声，是指人为活动所产生的除工业噪声、建筑施工噪声和交通噪声之外干扰周围生活环境的声音"，故D错误。

答案选【ACD】。

3. 下列哪些有关声场及声压的描述是正确的？【2007-1-63】
(A) 声波存在的媒质区域即声场
(B) 声场内各点声压不随时间变化
(C) 声场内各点声压随时间变化
(D) 声场中某一时刻的声压是瞬时声压，声压既是空间的函数也是时间的函数

【解析】 选项A，根据《教材（第二册）》P336可知，凡有声波存在的媒质区域，称为声场，故A正确；

选项B、C、D，根据《教材（第二册）》P339可知，声场中某空间点的声压P随时间t的变化称为瞬时声压，声压随时间的变化而变化，声压P一般是时间和空间的函数，故B错误，C、D正确。

答案选【ACD】。

4. 某商业中心区每日发生几次冲击振动，在规定测点夜间测得铅垂向Z振级的最大值如下，其中哪几项不超过有关国家标准中规定的环境振动限值？【2008-1-61】
(A) 75dB (B) 70dB
(C) 72dB (D) 76dB

【解析】 根据《教材（第三册）》P49《城市区域环境振动标准》3.1.1表："商业中心区铅垂向Z振级夜间最大值为72dB"；以及3.1.3条："每日发生几次的冲击振动，其最大值夜间不允许超过标准值3dB"，即72+3=75dB，故A、B、C正确，D错误。

答案选【ABC】。

5. 声波在不同媒质中传播的速度不同。试问在以下媒质（水、铜、混凝土、软木）中，传播1000Hz频率的声波时，其声波波长哪些是正确的？【2009-1-64】
(A) 1.41m（水） (B) 3.87m（铜）
(C) 3.10m（混凝土） (D) 0.30m（软木）

【解析】 根据《教材（第二册）》P338 公式 5－1－2：$\lambda = \dfrac{c}{f}$，再根据《噪声与振动控制工程手册》P27 表 1.4－1，可知水中声速是 1410m/s，铜中声速是 4500m/s，混凝土中声速是 3100m/s，软木中声速是 500m/s，可得波长依次为 1.41m（水）、4.5m（铜）、3.1m（混凝土）、0.5m（软木），故 A、C 正确。

答案选【AC】。

6. 在一居民住宅区，各测点夜间测得的环境噪声值 L_{Aeq} 分别如下，请问其中哪些符合有关《声环境质量标准》的规定值？【2010－1－64】
（A）47dB（A）　　　　　　　　　（B）50dB（A）
（C）45dB（A）　　　　　　　　　（D）44dB（A）

【解析】 根据《教材（第三册）》P39《声环境质量标准》可知，居民住宅区属于Ⅰ类区夜间噪声限值 45dB，故 C、D 满足标准。

答案选【CD】。

7. 当一束声波从空气传播进入墙体中，下面哪些说法是正确的？【2011－1－63】
（A）声波进入墙体后波长变长　　　（B）声波进入墙体后频率增加
（C）声波进入墙体后周期减小　　　（D）声波进入墙体后声速增加

【解析】 声波从空气进入墙体后，频率及周期不变，声速增加，根据《教材（第二册）》P338 公式 5－1－2：$c = \lambda f$，可知波长变长。

答案选【AD】。

8. 下列关于可听声、超声和次声的概念哪些是正确的？【2011－1－64】
（A）次声波的频率范围大致为 10^{-4}Hz～20Hz
（B）次声波的频率范围大于可听声的频率范围
（C）超声波的频率范围大于可听声的频率范围
（D）次声波的波长较长，能绕开某些大型障碍物发生衍射

【解析】 本题的出题意图应该是考查声波频率的数量级对比，因此频率范围应按上、下限比值考虑。根据《教材（第二册）》P337 表 5－1－1，可知 A、B、C 正确。可听声、超声、次声在声速、频率相同的情况下，根据 $\lambda = \dfrac{c}{f}$ 可知次声波的波长较长，故 D 正确。

答案选【ACD】。

9. Ⅰ声类环境功能区的某一居民楼，其底层是歌舞厅。当歌舞厅夜间营业时，噪声通过建筑物结构传播至楼上居民室内，在楼上 4 个功能不同的房间测得由歌舞厅传来的等级声级如下，问哪些房间的等效声级符合《社会生活环境噪声排放标准》规定的限值？【2012－1－63】
（A）起居室；34dB（A）　　　　　（B）卧室；32dB（A）
（C）书房；33dB（A）　　　　　　（D）餐厅；36dB（A）

【解析】 根据《教材（第三册）》P375《社会生活环境噪声排放标准》表2可知，Ⅰ类声环境功能区夜间A类房间限值为30dB，B类房间限值为35dB。

选项A，起居室属于B类房间，夜间限值为35dB，故A符合；

选项B，卧室属于A类房间，夜间限值为30dB，故B不符合；

选项C，书房属于B类房间，夜间限值为35dB，故C符合；

选项D，餐厅属于B类房间，夜间限值为35dB，故D不符合。

答案选【AC】。

10. 在某住宅区开窗的4个房间内昼间分别测得噪声如下，问哪些房间符合《声环境质量标准》规定的Ⅰ类声环境功能区限值？【2012－1－64】

(A) 45dB（A） (B) 44dB（A）

(C) 54dB（A） (D) 56dB（A）

【解析】 根据《教材（第三册）》P39《声环境质量标准》表1可知，Ⅰ类声环境功能区昼间限值55dB。

答案选【ABC】。

11. 居民、文教区内的一住宅，位于交通道路的一侧，在规定测点夜间测得环境振动铅垂向Z振级为70dB。当该道路的平均车流量为下列情况时，哪些符合《城市区域环境振动标准》中规定的标准值？【2012－1－65】

(A) 5分钟通过4辆车 (B) 3分钟通过6辆车

(C) 10分钟通过18辆车 (D) 15分钟通过21辆车

【解析】 根据《教材（第三册）》P49《城市区域环境振动标准》3.1.1条："居民、文教区夜间限值为67dB，而交通干线道路两侧为72dB"，因此题干规定测点夜间测得环境振动铅垂向Z振级为70dB满足标准，必须是交通干线道路两侧。再根据3.2.6条："交通干线道路两侧是指车流量每小时100辆以上的道路两侧"。

选项A，每小时48辆，为居民、文教区，故A不符合；

选项B，每小时120辆，为交通干线道路两侧，故B符合；

选项C，每小时108辆，为交通干线道路两侧，故C符合；

选项D，每小时84辆，为居民、文教区，故D不符合。

答案选【BC】。

12. 下面关于周期性声波波长的概念，哪些是正确的？【2012－1－67】

(A) 指声波在一个振动周期内传播的距离

(B) 指声波传播方向上相位差π的两点之间的距离

(C) 指声波传播方向上某波峰与相邻波谷之间的距离

(D) 指声波传播方向上相邻两个波谷之间的距离

【解析】 选项A，根据《教材（第二册）》P337可知，波长也可描述为质点的振动经过一个周期声波传播开去的距离，故A正确；

选项B，根据《环境工程手册环境噪声控制卷》P3可知，在声波传播的方向上，相

位差 2π 的两处质点间的距离为声波波长，故 B 错误；

选项 C、D，根据《教材（第二册）》P337 可知，在声波传播的方向上，相邻两波峰（或相邻的波谷与波谷）之间的距离成为波长，故 C 错误，D 正确。

答案选【AD】。

13. 听力正常的人在频率 1000Hz 时的听阈大约为多少？【2012 – 1 – 68】
(A) 120dB (B) 0dB
(C) 10μPa (D) 20μPa

【解析】 根据《教材（第二册）》P339 可知，人耳对频率为 1000Hz 的声音可听阈约为 2×10^{-5} Pa，痛阈约为 20Pa；《教材（第二册）》P342 可知，从人耳的听阈到痛阈，声压级分别为 0dB 和 120dB。

答案选【BD】。

14. 在一个集镇，夜间测得的突发噪声最大值分别如下，其中哪些符合《声环境质量标准》的规定？【2013 – 1 – 59】
(A) 48dB (A) (B) 68dB (A)
(C) 65dB (A) (D) 50dB (A)

【解析】 根据《教材（第三册）》P42《声环境质量标准》可知，集镇属于Ⅱ类区，Ⅱ类区夜间噪声限值为 50dB。再根据 5.4 条："各类声环境功能区夜间突发噪声，其最大声级超过环境噪声限制的幅度不得高于 15dB"，因此该集镇夜间突发噪声不得超过 50 + 15 = 65dB。

答案选【ACD】。

15. 以下哪些物种的听觉范围达到了超声范围？【2013 – 1 – 63】

物 种	发生频率范围（Hz）	听觉频率范围（Hz）
蝙蝠	10000 ~ 120000	1000 ~ 120000
人	85 ~ 1100	20 ~ 20000
海豚	7000 ~ 12000	150 ~ 150000
猫	760 ~ 1500	60 ~ 65000

(A) 蝙蝠 (B) 人
(C) 海豚 (D) 猫

【解析】 根据《教材（第二册）》P337 可知，频率高于 20000Hz 的属于超声范围。

答案选【ACD】。

16. 以下哪些关于声波物理量的概念是正确的？【2013 – 1 – 65】
(A) 当声波在媒质中传播时，变化的压强与静压强的差值称为声压
(B) 单位时间内通过与指定方向垂直的单位面积的声能，称为声功率

（C）声波辐射、传输或者接收的功率，称为声功率，一般指平均声功率
　　（D）在任何条件下声压级值与声强级值都相等

【解析】　选项A，根据《噪声与振动控制工程手册》P19可知，当声波传播时，变化部分的压强与静压强的差值称为声压，故A正确；

选项B，根据《噪声与振动控制工程手册》P20可知，声功率是单位时间内垂直通过指定面积的声能，故B错误；

选项C，根据《环境工程手册环境噪声控制卷》P8可知，声波辐射的、传输的或者接收的功率，称为声功率，一般指平均声功率，单位为瓦，故C正确；

选项D，根据《环境工程手册环境噪声控制卷》P11可知，只有在标准大气压下和温度为38.9℃时的ρ_c数值等于400Pa·s/m的情况下，声压级值与声强级值才相等，故D错误。

答案选【AC】。

17. 下面关于声波的属性，哪些描述是错误的？【2014-1-60】
　　（A）正常人耳能否听到声音，主要取决于声波的频率和强度
　　（B）可听声频率范围在31.5Hz～8000Hz
　　（C）超声是频率小于可听声最低频率的声波，对人体伤害较大
　　（D）频率高于20000Hz的声波为次声

【解析】　选项A，根据《噪声与振动控制工程手册》P53可知，听觉能否感觉到声音，决定于它的频率和强度，正常听觉的频率范围为20Hz～20000Hz，强度范围为0dB～130dB，故A正确；

选项B，根据《教材（第三册）》P337可知，可听声频率范围为20Hz～20000Hz，故B错误；

选项C，根据《教材（第三册）》P337可知，超声频率范围为2×10^4Hz～5×10^8Hz，故C错误；

选项D，根据《教材（第三册）》P337可知，次声频率范围为10^{-4}Hz～20Hz，故D错误。

答案选【BCD】。

18. 以下关于《社会生活环境噪声排放标准》的阐述，哪些是不符合标准规范的？【2014-1-63】
　　（A）室内噪声测量时，室内测量点位设在距任一反射面至少0.5m以上、距地面1.2m处，在受噪声影响方向的窗户关闭状态下测量
　　（B）标准采用的室内频谱分析倍频带的覆盖频率为22Hz～707Hz
　　（C）当噪声测量值与背景噪声值的差值≥10dB（A）时，噪声测量值不作修正
　　（D）测量时传声器加防风罩

【解析】　选项A，根据《教材（第三册）》P378《社会生活环境噪声排放标准》5.3.3.3条："室内噪声测量时，室内测量点位设在距任一反射面至少0.5m以上、距地面1.2m处，在受噪声影响方向的窗户开启状态下测量"，故A错误；

选项B，根据《教材（第三册）》P376《社会生活环境噪声排放标准》3.7条："本

标准采用的室内噪声频谱分析倍频带覆盖频率范围为22Hz~707Hz",故 B 正确;

选项 C,根据《教材(第三册)》P379《社会生活环境噪声排放标准》5.7.1 条:"噪声测量值与背景噪声值相差大于10dB(A)时,噪声测量值不作修正",故 C 错误;

选项 D,根据《教材(第三册)》P378《社会生活环境噪声排放标准》5.1.3 条:"测量时传声器加防风罩",故 D 正确。

答案选【AC】。

19. 在居民、文教区内的一住宅区,位于交通道路的一侧,经统计该道路的车流量为5分钟9辆车。在4个测点,昼间和夜间测得的铅垂向 Z 振级分别如下,问哪些测点符合《城市区域环境振动标准》中的限值规定?【2014-1-65】

(A) 昼间76dB;夜间73dB
(B) 昼间69dB;夜间67dB
(C) 昼间75dB;夜间72dB
(D) 昼间70dB;夜间65dB

【解析】 根据《教材(第三册)》P49《城市区域环境振动标准》3.2.6条:"交通干线道路两侧是指车流量每小时100辆以上的道路两侧",题干中的车流量为 $9 \times 12 = 108$ 辆每小时,故执行3.1.1表中交通干线道路两侧铅垂向 Z 振级限值昼间为75dB,夜间为72dB。

答案选【BCD】。

1.1.2 噪声与振动的计量和评价

单选题

1. 一个长、宽、高分别为6m、5m、4m 的房间,已知250Hz 的混响时间为0.8s,混凝土地面在该频率的吸声系数近似为0。试计算房间壁面和顶面250Hz 的平均吸声系数。【2007-1-37】

(A) 0.165
(B) 0.207
(C) 0.365
(D) 0.459

【解析】 根据《教材(第二册)》P355 公式5-1-31,设房间壁面和顶面的250Hz 的平均吸声系数为 a,故 $T_{60} = \dfrac{0.163 \times 4 \times 5 \times 6}{a \times (5 \times 6 + (5+6) \times 2 \times 4) + 5 \times 6 \times 0} = 0.8 \Rightarrow a = 0.207$。

答案选【B】。

2. 当声压为1Pa 时,对应的声压级为多少?【2009-1-33】

(A) 1dB
(B) 94dB
(C) 100dB
(D) 47dB

【解析】 根据《教材(第二册)》P342 公式5-1-10: $L_P = 10\lg \dfrac{P^2}{P_0^2} = 10\lg \dfrac{1}{(2 \times 10^{-5})^2} = 94$dB,其中 P_0 是基准声压,$P_0 = 2 \times 10^{-5}$Pa。

答案选【B】。

3. 当声压级为0dB时，对应的声压为多少？【2010-1-32】

(A) 0Pa (B) 10^{-12}Pa
(C) 20Pa (D) 2×10^{-5}Pa

【解析】 根据《教材（第二册）》P342 公式 5-1-10 可知：$L_P = 10\lg\frac{P^2}{P_0^2}$声压级为 0 时对应的声压为 2×10^{-5}Pa（基准声压）。

答案选【D】。

4. 已知房间的长、宽、高分别为9m、6m、4m，地面为光滑的混凝土，500Hz 的混响时间为 1.1s，试计算 500Hz 时壁面和顶面的吸声量。（500Hz 混凝土地面的吸声系数可近似为 0.08）【2010-1-33】

(A) 32.0m² (B) 4.3m²
(C) 27.6m² (D) 66.6m²

【解析】 设 500Hz 时壁面和顶面的吸声量为 A，根据《教材（第二册）》P355 公式 5-1-31 可知：

$$T_{60} = \frac{0.163V}{aS} = \frac{0.163 \times 9 \times 6 \times 4}{9 \times 6 \times 0.08 + A} = 1.1 \Rightarrow A = 27.7\text{m}^2$$

答案选【C】。

5. 声压级是 80dB 时声压值是多少？【2011-1-30】

(A) 1Pa (B) 0.1Pa
(C) 2Pa (D) 0.2Pa

【解析】 根据《教材（第二册）》P342 公式 5-1-10 可知：$L_P = 10\lg\frac{P^2}{P_0^2} = 10\lg\frac{P^2}{(2 \times 10^{-5})^2} = 80 \Rightarrow P = 0.2\text{Pa}$。

答案选【D】。

6. 如果第二个声波的声压是第一个声波的声压的2倍，并已知第一个声波的声压级是 70dB，则第二个声波的声压级是多少？【2011-1-34】

(A) 140dB (B) 76dB
(C) 73dB (D) 35dB

【解析】 根据《教材（第二册）》P342 公式 5-1-10 可知，第一个声波声压级：$L_{P1} = 10\lg\frac{P^2}{P_0^2} = 70\text{dB}$；

第二个声波声压是第一个声波声压的 2 倍即 2P，则第二个声波声压级：

$L_{P2} = 10\lg\frac{(2P)^2}{P_0^2} = 10\lg\frac{P^2}{P_0^2} + 10\lg 4 = 76\text{dB}$。

答案选【B】。

7. 4个声音各自在空间某点的声压级为70dB、67dB、73dB和67dB，求该点的总声压级。【2011-1-40】

(A) 139dB (B) 80dB
(C) 76dB (D) 70dB

【解析】 根据《教材（第二册）》P344 公式 5-1-15，可知：
$$L_P = 10\lg\left(10^{\frac{L_{P1}}{10}} + 10^{\frac{L_{P2}}{10}} + \cdots + 10^{\frac{L_{PN}}{10}}\right) = 10\lg\left(10^{\frac{70}{10}} + 10^{\frac{67}{10}} + 10^{\frac{73}{10}} + 10^{\frac{67}{10}}\right) = 76\text{dB}。$$
答案选【C】。

8. 某点的声压级增加10dB时，其声压是原来声压的多少倍？【2012-1-29】

(A) 6倍 (B) 10倍
(C) 2倍 (D) 3倍

【解析】 根据《教材（第二册）》P342 公式 5-1-10，可知：

声压级1为 $L_{P1} = 10\lg\dfrac{P_1^2}{P_0^2}$；声压级2为 $L_{P2} = 10\lg\dfrac{P_2^2}{P_0^2}$。

根据题干有：$L_{P2} - L_{P1} = 10\lg\dfrac{P_2^2}{P_0^2} - 10\lg\dfrac{P_1^2}{P_0^2} = 10\lg\dfrac{P_2^2}{P_1^2} = 10 \Rightarrow \dfrac{P_2}{P_1} = \sqrt{10} = 3.16$。

答案选【D】。

9. 某区域环境噪声测试显示，昼间等效声级为58dB（A），夜间等效声级为48dB（A），试问该区域昼夜等效声级为多少？【2012-1-38】

(A) 60dB（A） (B) 58dB（A）
(C) 53dB（A） (D) 48dB（A）

【解析】 根据《教材（第二册）》P351 公式 5-1-27，可知：
$$L_{dn} = 10\lg\left(\dfrac{15}{24} \times 10^{\frac{L_d}{10}} + \dfrac{9}{24} \times 10^{\frac{L_n + 10}{10}}\right) = 10\lg\left(\dfrac{15}{24} \times 10^{\frac{58}{10}} + \dfrac{9}{24} \times 10^{\frac{48+10}{10}}\right) = 58\text{dB}。$$
答案选【B】。

10. 振动源在2Hz、8Hz和16Hz 3个中心频率的垂直方向加速度级为70dB。下表为Z计权网络修正值表，试计算其Z振级。

Z计权网络修正值表

中心频率（Hz）	1	2	4	8	16	31.5	63
修正值（dB）	-6	-3	0	0	-6	-12	-18

(A) 72dB (B) 84dB
(C) 62dB (D) 78dB

【解析】 根据《噪声与振动控制工程手册》P585 公式 8.2-2，可知：$VL = 10\lg\sum 10^{(VAL_i + \alpha_i)/10}$ 并结合题干表格可得：$VL = 10\lg(10^{(70-3)/10} + 10^{(70-0)/10} + 10^{(70-6)/10}) = 72.4\text{dB}$。

答案选【A】。

11. 某操作者在车间内一固定位置同时控制 5 台设备,现已知 5 台设备同时运行时该位置的声压级为 85dB(A),第 5 台设备关闭时此位置的声压级为 78dB(A)。试问第 5 台设备单独运行时该位置的噪声为多少?【2013-1-33】

 (A) 85dB(A) (B) 84dB(A)
 (C) 81dB(A) (D) 79dB(A)

【解析】 第五台设备单独运行时噪声为:$L_{P2} = 10\lg(10^{0.1L_{PT}} - 10^{0.1L_{P1}}) = 10\lg(10^{0.1 \times 85} - 10^{0.1 \times 78}) = 84$dB。本题也可以理解其他 4 台设备排放噪声为第 5 台设备的背景噪声,根据《教材(第二册)》P377 表 5-1-17 进行修正,修正后为 84dB。

答案选【B】。

12. 4 个声源在空间某点的声压级分别为 70dB、67dB、47dB 和 67dB,求 4 个声源在该点产生的总声压级。【2013-1-39】

 (A) 127dB (B) 76dB
 (C) 73dB (D) 63dB

【解析】 根据《教材(第二册)》P344 公式 5-1-15,可知:

$L_P = 10\lg\left(10^{\frac{L_{P1}}{10}} + 10^{\frac{L_{P2}}{10}} + \cdots + 10^{\frac{L_{PN}}{10}}\right) = 10\lg\left(10^{\frac{70}{10}} + 10^{\frac{67}{10}} + 10^{\frac{47}{10}} + 10^{\frac{67}{10}}\right) = 73$dB。

答案选【C】。

13. 某声源在 125Hz~1000Hz 之间倍频程频谱如下表所示,表中给出了相应频带的 A 计权修正值。试计算该频率范围内的声源 A 声级是多少?【2014-1-31】

倍频带中心频率 (Hz)	125	250	500	1000
倍频带声压级 (dB)	74.8	66.1	57.8	47.1
A 计权修正值 (dB)	-16.1	-8.6	-3.2	0

 (A) 62dB(A) (B) 72dB(A)
 (C) 75dB(A) (D) 68dB(A)

【解析】 根据《教材(第二册)》P349 公式 5-1-22,可知:

$L_{PA} = 10\lg\left(\sum_{i=1}^{n} 10^{\frac{L_{Pi} + \Delta L_{Ai}}{10}}\right) = 10\lg\left(10^{\frac{74.8-16.1}{10}} + 10^{\frac{66.1-8.6}{10}} + 10^{\frac{57.8-3.2}{10}} + 10^{\frac{47.1+0}{10}}\right) = 62$dB。

答案选【A】。

14. 在规定时间内测得某点 100 个按正态分布的瞬时 A 声级值。经统计,累积百分声级 L_{10} 为 60dB(A),L_{90} 为 48dB(A),若已知等效 A 声级为 52dB(A),则累计百分声级 L_{50} 应为多少?【2014-1-32】

 (A) 49dB(A) (B) 54dB(A)
 (C) 50dB(A) (D) 56dB(A)

【解析】 根据《环境工程手册环境噪声控制卷》P65 公式 2-18,可知:

$$L_{Aeq} = L_{50} + \frac{(L_{10}-L_{90})^2}{60} = L_{50} + \frac{(60-48)^2}{60} = 52 \Rightarrow L_{50} = 49.6 dB。$$

答案选【C】。

15. 在一个纺织车间，某监测点测得4台相同的织布机同时工作时的噪声级为100dB（A），该测点与各台织布机等距离，判断该点单台织布机工作时的噪声级。（假定织布机均为无指向性声源）【2014-1-36】

(A) 94dB（A）   (B) 91dB（A）
(C) 97dB（A）   (D) 82dB（A）

【解析】 根据《教材（第二册）》P344公式5-1-13可知：如果声压级相同的N个声音叠加在一起，那么总声压级可以表示为：$L_P = L_{P1} + 10\lg N = L_{P1} + 10\lg 4 = 100 \Rightarrow L_{P1} = 94 dB$。

答案选【A】。

16. 某工作场所根据噪声的变化情况，在8h内不同时段测得的等效连续A声级结果见下表，试计算该场所8h的等效连续A声级。【2014-1-39】

各时段持续时间（h）	3	4	1
各时段持续时间（h）	82.0	88.0	102.0

(A) 90.7dB   (B) 93.7dB
(C) 95.1dB   (D) 102.0dB

【解析】 根据《教材（第二册）》P351公式5-1-26可知，对于时间间隔不相等的抽样情况，得出：

$$L_{eq} = 10\lg \frac{1}{T} \sum_i (10^{0.1L_{Ai}} \Delta_{ti}) = 10\lg \frac{1}{8}(10^{0.1\times 82} \times 3 + 10^{0.1\times 88} \times 4 + 10^{0.1\times 102} \times 1) = 93.7 dB。$$

答案选【B】。

多选题

1. 在一个居住、商业、工业混杂区内，某建筑物上部有3台冷却塔，它们在夜间工作时发出的噪声影响周围环境，在规定测点测得单台机器工作时的环境噪声值均为48dB，当它们同时工作时，按城市区域环境噪声标准，下列哪些结论是错误的？【2008-1-63】

(A) 环境噪声值会低于标准值约1dB
(B) 环境噪声值会高于标准值约3dB
(C) 环境噪声值会高于标准值约4dB
(D) 环境噪声值会高于标准值约1dB

【解析】 根据《教材（第二册）》P344声压级的叠加公式5-1-15，可知3台冷却塔同时工作时噪声值为：

$L_P = 10\lg(10^{\frac{L_{P1}}{10}} + 10^{\frac{L_{P2}}{10}} + \cdots + 10^{\frac{L_{PN}}{10}}) = 10\lg(10^{\frac{48}{10}} + 10^{\frac{48}{10}} + 10^{\frac{48}{10}}) = 52.8\text{dB}$。

《教材（第三册）》P39《声环境质量标准》居住、商业、工业混杂区为Ⅱ类区，夜间噪声限值为50dB，因此3台同时工作，超标约3dB，故A、C、D错误，B正确。

答案选【ACD】。

2. 下列关于房间内混响的说法，哪些是正确的？【2010-1-63】
　（A）混响是由于房间内表面对声波的反复反射而使声音延续的现象
　（B）混响的过程是室内声能逐渐被吸收的过程
　（C）混响一定会改善房间的音质，产生更好的听音效果
　（D）室内空气和墙壁的吸声作用越弱，混响时间越短。反之，吸声作用越强，混响时间越长

【解析】　选项A、B、D，根据《教材（第二册）》P353可知，当室内声场达到稳态后，声源突然停止发声，房间内的声音并没有立即停止，需要延续一段时间，声能逐渐衰减直到实际听不到声音为止，这种声音的延续现象称为混响。声源停止发声后，由于多次反射或散射而逐渐衰减的声音也可以称之为混响。室内空气或墙壁壁面的吸收作用愈差，声能愈不容易衰减，混响时间就越长，故A、B正确，D错误；

选项C，根据《噪声与振动控制工程手册》P57图1.8-9，可知混响时间太长会使声音混浊不清，听音效果变差，故C错误。

答案选【AB】。

3. 某一个封闭房间内有一个声源稳定地发声，这个房间内声压级为90dB，在某一时刻让声源停止发声，则以下关于该房间的混响时间T_{60}的说法，正确的是哪几项？【2010-1-66】
　（A）T_{60}是室内声压级降低至60dB所需要的时间
　（B）T_{60}是室内声压级降低至30dB所需要的时间
　（C）T_{60}是声压降低到原来的1‰所需要的时间
　（D）T_{60}是声压降低到原来的1/60所需要的时间

【解析】　根据《教材（第二册）》P354可知，当室内声场达到稳态后，声源突然停止发声，室内声能密度衰减到原来的百万分之一，即声压级衰减60dB所需要的时间，记作T_{60}，单位s。由《教材（第二册）》P342声压级$L_P = 10\lg\frac{P^2}{P_0^2}$可知，$T_{60}$是声压降低到原来的1‰所需要的时间。

答案选【BC】。

4. 下列关于振动加速度a和振动加速度级V_{AL}的说法中，正确的是：【2011-1-62】
　（A）振动加速度$V_{AL} = 10 \times \log(a/a_0)$　　（B）振动加速度$V_{AL} = 20 \times \log(a/a_0)$
　（C）基准振动加速度$a_0 = 2 \times 10^{-5} \text{m/s}^2$　　（D）基准振动加速度$a_0 = 1 \times 10^{-6} \text{m/s}^2$

【解析】　根据《教材（第二册）》P343公式5-1-12，可知：$L_a = 10\lg\frac{a_e^2}{a_0^2} = 20\lg\frac{a_e}{a_0}$，

基准振动加速度：$a_0 = 1 \times 10^{-6} \text{m/s}^2$。

答案选【BD】。

5. 关于 A 声级，以下哪些说法正确？【2013 - 1 - 64】
   (A) A 声级采用的计权网络对应于倒置的 40phon 等响曲线
   (B) 相对于 B 声级和 C 声级而言，A 声级对应于人们在中等响度声音条件下的主观感觉
   (C) A 声级较好地反映了人对噪声响度和吵闹度的主观感觉，因此也适合交通噪声的评价
   (D) 声环境质量标准主要采用 A 声级作为评价标准

【解析】　选项 A，根据《教材（第二册）》P348 可知，A 网络曲线近似于响度级为 40 方的等响曲线的倒置曲线，故 A 正确；

选项 B，根据《噪声与振动控制工程手册》P725 可知，A 声级、B 声级、C 声级的数值对应于人们在低强度（40 方）、中强度（70 方）、高强度（100 方）声音条件下的主观感觉，故 B 错误；

选项 C，根据《噪声与振动控制工程手册》P725 可知，A 声级能较好地反映人们对噪声响度和吵闹度的主观感觉，《噪声与振动控制工程手册》P729 可知，交通噪声指数是使用 A 计权网络测量，故 C 正确；

选项 D，根据《教材（第二册）》P349 A 声级是目前评价噪声的主要指标，已被广泛使用，故 D 正确。

答案选【ACD】。

1.2　声源及其特性

单选题

1. 风机运行中多部位均产生噪声。下列哪一项不属于机械噪声？【2012 - 1 - 36】
   (A) 风机进排气噪声　　　　　　　　(B) 风机的机壳噪声
   (C) 风机的轴杆噪声　　　　　　　　(D) 风机的机架噪声

【解析】　根据《教材（第二册）》P357~P359 可知，风机进排气噪声是空气动力性噪声。

答案选【A】。

2. 分析判断下列汽车产生的哪种噪声为空气动力性噪声？【2014 - 1 - 35】
   (A) 汽车发动机活塞与气缸的撞击噪声
   (B) 轮胎与路面之间产生的噪声
   (C) 汽车发动机的排气噪声
   (D) 汽车制动器刹车时发出的尖叫声

【解析】　根据《教材（第二册）》P357~P359 可知：

选项 A，属于机械噪声源中的撞击噪声，故 A 错误；

选项 B，属于机械噪声源中的摩擦噪声，故 B 错误；
选项 C，属于空气动力性噪声，故 C 正确；
选项 D，属于机械噪声源中的摩擦噪声，故 D 错误。
答案选【C】。

● 多选题

1. 以下哪几项噪声不包含电磁噪声？【2012－1－59】
   (A) 液压泵噪声　　　　　　　　　(B) 变压器运行中发出的"嗡嗡"声
   (C) 轴承噪声　　　　　　　　　　(D) 大功率低转速的直流电机噪声

【解析】　选项 A，根据《噪声与振动控制工程手册》P83 可知，液压泵能产生两类噪声：一类是液体动力性噪声，另一类是机械噪声，故 A 不含电磁噪声；
选项 B、D，根据《教材（第二册）》P360 可知，电磁噪声源有：直流电动机的电磁噪声、交流电动机的电磁噪声和变压器的噪声，故 B、D 属于电磁噪声；
选项 C，根据《教材（第二册）》P358 可知，轴承噪声属于机械噪声源，故 C 不含电磁噪声。
答案选【AC】。

2. 下列哪些噪声不含空气动力性噪声？【2013－1－66】
   (A) 风机出风口的噪声　　　　　　(B) 齿轮噪声
   (C) 内燃机排气噪声　　　　　　　(D) 轴承噪声

【解析】　根据《教材（第二册）》P357～P359 可知，A、C 属于空气动力性噪声，B、D 属于机械噪声。
答案选【BD】。

3. 试判断下列哪些机械设备工作时产生的噪声为撞击噪声？【2014－1－59】
   (A) 锻锤　　　　　　　　　　　　(B) 冲床
   (C) 电动凿岩机　　　　　　　　　(D) 轴流风机

【解析】　根据《教材（第二册）》P357 可知，锻锤、冲床、凿岩机均为撞击噪声，轴流风机为空气动力性噪声。
答案选【ABC】。

1.3　声波的传播和衰减

1.3.1　声波的传播和衰减

● 单选题

1. 在空旷的场地中，对某噪声源进行监测，发现测点与声源的距离加倍，测得的声级

降低 3dB。若对该声源作简化处理，可近似认为该声源是下列哪种类型？【2008 - 1 - 33】

(A) 可近似认为是点声源　　　　　(B) 可近似认为是线声源
(C) 可近似认为是无限大平面声源　(D) 可近似认为是球面声源

【解析】　根据《教材（第二册）》P367 公式 5 - 1 - 71：$\Delta L_P = 10\lg\dfrac{r_2}{r_1}$ 以及题干中测点与声源距离加倍声级降低 3dB，可推出该声源是线声源。

答案选【B】。

2. 某个大广场中放置了一个普通扬声器声源，以下对于该声源辐射声场的描述不正确的是哪一项？【2010 - 1 - 34】

(A) 该声源辐射声的声压级可能随着方向的不同呈现出不均匀
(B) 如果该声源具有指向性，则指向性与声源的尺寸大小及辐射波长都有关系
(C) 扬声器辐射声压会随着传播距离的增大而减小
(D) 对于扬声器辐射的某频率的声波，如果波长比声源尺度小得多，则可以近似认为其以球面波方式传播

【解析】　选项 A、B，根据《教材（第二册）》P365（4）可知，声源在自由场中向外辐射声波时，声压级随方向的不同呈现不均匀的属性，称为声源的指向性；声源的指向性与声源的大小和辐射波长有关，故 A、B 正确；

选项 C，根据《教材（第二册）》P366 可知，声源发出的噪声在传播时，其声压或声强随传播距离的增加而逐渐衰减，故 C 正确；

选项 D，根据《环境工程手册环境噪声控制卷》P5，1.1.5 可知：理想球面声波是一个尺寸比声波波长小得多的脉动球沿径向而向外辐射的声波，故 D 错误。

答案选【D】。

3. 距某车辆密集的高速公路 30m 处的道路交通噪声级为 63dB（A），问距该公路多少米处道路交通噪声才能衰减到 60dB（A）？（可将该高速公路视为无限长线声源）【2012 - 1 - 33】

(A) 50m　　　　　　　　　　　　(B) 60m
(C) 70m　　　　　　　　　　　　(D) 40m

【解析】　根据《教材（第二册）》P367 公式 5 - 1 - 71，可知：

$\Delta L_P = 10\lg\dfrac{r_2}{r_1} = 10\lg\dfrac{r_2}{30} = 63 - 60 = 3 \Rightarrow r_2 = 60\text{m}$，故到 60 米才能衰减到 60dB（A）。

答案选【B】。

4. 在空旷地面上有一长度为 880m 的线声源，声功率级为 100dB（A），试求距离该线声源中点垂直距离为 10m 处的声压级。【2013 - 1 - 40】

(A) 72dB（A）　　　　　　　　　(B) 69dB（A）
(C) 87dB（A）　　　　　　　　　(D) 82dB（A）

【解析】　在距离该线声源中点垂直距离为 10m 处，该线声源可视为无限长线声源，

根据《环境工程手册·环境噪声控制卷》P27 公式 1-67：$L_P = L_{Wi} - 10\lg r - 3 = 100 - 10\lg 10 - 3 = 87\text{dB}$。

答案选【C】。

5. 某观察点距一无限长线声源的垂直距离为 4m 时的声压级为 70dB，试求距该无限长线声源垂直距离为 8m 处的声压级。【2014-1-40】

  (A) 70dB   (B) 67dB
  (C) 64dB   (D) 61dB

【解析】 根据《教材（第二册）》P367 公式 5-1-71 可知，距离无限长线声源分别为 r_1 和 r_2 的两点间的声压级差为：$\Delta L_P = 10\lg \frac{r_2}{r_1} = 10\lg \frac{8}{4} = 3\text{dB}$，则 8m 处的声压级为 $70 - 3 = 67\text{dB}$。

答案选【B】。

多选题

1. 声波在空气中传播时具有附加衰减的作用，下列哪些因素可能引起这种衰减？【2008-1-64】

  (A) 背景噪声的影响   (B) 空气吸收作用
  (C) 温度场的影响   (D) 地面建筑物的影响

【解析】 根据《教材（第二册）》P366~P370 可知，声波的衰减因素有扩散引起的衰减；空气吸收引起的衰减；其他原因引起的衰减包括雨、雪、雾，温度梯度，风场，地面效应（地面的灌木、草地、丘陵、河谷、建筑物等）。

答案选【BCD】。

2. 在室外声场中，下列哪些关于声波在空气中传播的叙述是正确的？【2011-1-69】

  (A) 空气的黏滞性引起声能吸收
  (B) 风向的变化不会改变声波的传播方向
  (C) 声波强度随传播距离的增加而减弱
  (D) 大气温度梯度不会改变声波传播的方向

【解析】 选项 A，根据《教材（第二册）》P367 可知，声波在空气中传播时，空气中相邻质点的运动速度不同会产生黏滞力，将使声能转变为热能消耗掉，故 A 正确；

选项 B，根据《教材（第二册）》P370 图 5-1-9 可知，风向对声波的传播方向有影响，故 B 错误；

选项 C，根据《教材（第二册）》P366 可知，声压或声强将随着传播距离的增加而逐渐衰减，故 C 正确；

选项 D，根据《教材（第二册）》P369 图 5-1-8 可知温度梯度对声波的传播方向有影响，故 D 错误。

答案选【AC】。

3. 下面关于自由场中线声源的传播，哪些说法是正确的？【2012-1-69】
(A) 对于无限长线声源，随着至声源垂直距离加倍，声压级衰减 3dB
(B) 对于无限长线声源，随着至声源垂直距离加倍，声压级衰减 6dB
(C) 在有限长线声源的远场，随着至声源垂直距离加倍，声压级衰减 3dB
(D) 在有限长线声源的远场，随着至声源垂直距离加倍，声压级衰减 6dB

【解析】 根据《教材（第二册）》P367 公式 5-1-67，可知：$A_d = 20\lg\frac{r_2}{r_1}$；公式 5-1-71：$\Delta L_P = 10\lg\frac{r_2}{r_1}$，可知点声源距离加倍，声压级衰减 6dB；线声源距离加倍，声压级衰减 3dB。在有限长线声源的远场，有限长线声源可视为点声源。

答案选【AD】。

4. 室外有一个声源，声源与测点距离为 r，声源的声功率为 L_W，在下列哪些条件下，测点的声压级为 $L_P = L_W - 10\lg r - 8$？【2013-1-67】
(A) 点声源在半自由声场远场条件下
(B) 点声源在自由声场远场条件下
(C) 有限长线声源在半自由声场远离声源条件下
(D) 无限长线声源在半自由声场条件下

【解析】 选项 A，根据《教材（第二册）》P366 公式 5-1-66：$L_P = L_W - 20\lg r - 11$，故 A 不符合；

选项 B，根据《教材（第二册）》P366 公式 5-1-66：$L_P = L_W - 20\lg r - 8$，故 B 不符合；

选项 C，根据《环境工程手册·环境噪声控制卷》P27，有限长线声源在半自由声场远离声源时 $L_P = L_W - 20\lg r - 8$，相当于功率为 W 的点声源在半自由空间辐射，故 C 不符合；

选项 D，根据《环境工程手册·环境噪声控制卷》P27 公式 1-67：$L_P = L_{Wi} - 10\lg r - 3$，故 D 不符合。

本题无答案。

1.3.2 声波的吸收、反射、干涉、衍射

单选题

1. 下列关于吸声的说法正确的是哪一项？【2008-1-35】
(A) 声波通过媒质或入射到媒质界面上时，声能量减少的过程称为吸声
(B) 声波入射到任何材料表面时，声能均可被吸收

（C）材料吸声发生在材料表面，因此，吸声材料的吸声性能均与材料厚度无关

（D）能把声音的能量从空气中吸出来的材料称为吸声材料

【解析】 选项A，根据《噪声与振动控制工程手册》P395，1.1条："声波通过媒质或入射到媒质分界面上时声能的减少过程称为吸声或声吸收"，故A正确；

选项B，声波入射到有些材料的表面可能全反射没有吸收，故B错误；

选项C，根据《噪声与振动控制工程手册》P408，2.2.4条："吸声材料的吸声性能与厚度有关"，故C错误；

选项D，根据《噪声与振动控制工程手册》P395，1.2条："吸声材料不能把声音从空气中吸出来，声音是一种能量形式，只有它主动进入耗散的媒质，吸声材料才能起吸收作用"，故D错误；

答案选【A】。

2. 当声波从媒质Ⅰ向媒质Ⅱ传播时，在界面上会产生声波的透射现象，当两种媒质的声特性阻抗出现 $\rho_2 c_2 \gg \rho_1 c_1$ 时，声压透射系数 τ 为0；当 $\rho_2 c_2 \ll \rho_1 c_1$ 时，声压透射系数 τ 近似为多少？【2009-1-34】

（A）-1.0   （B）0.5

（C）1.0   （D）0

【解析】 根据《教材（第二册）》P373可知，当 $\rho_2 c_2 \ll \rho_1 c_1$ 时，表示在媒质Ⅰ中发生全反射，并且入射声波与反射声波大小相等、相位相反，总声压近似等于零，声压透射系数等于0。

答案选【D】。

多选题

1. 在理想情况下关于声波的反射和折射，下列哪些说法是正确的？【2009-1-63】

（A）当声波自一种介质传播到另一种介质时，由于介质的特征阻抗不同，在两种介质的分界面上，声波会产生反射和折射

（B）声波在分界面上其反射能量肯定大于折射能量

（C）声波在分界面上的反射和折射满足能量守恒定律

（D）声波在分界面上反射系数和折射系数的大小与入射声压有关

【解析】 选项A，根据《教材（第二册）》P371可知，当声波自一种介质传播到另一种介质时，由于介质的特征阻抗不同，在两种介质的分界面上，声波会产生反射和折射，故A正确；

选项B，反射能量与折射能量不存在确定关系，故B错误；

选项C，根据《教材（第二册）》P372可知公式5-1-85，可知其符合能量守恒定律，故C正确；

选项D，根据《教材（第二册）》P372可知，声波在分界面反射与透射的大小与声压无关，仅与两媒质的特征阻抗有关，故D错误。

答案选【AC】。

2. 下面哪些传播条件会产生声波的衍射？【2009-1-65】

(A) 声波在传播过程中遇到无限大无孔障板

(B) 声波经过孔洞时，孔径远小于声波波长

(C) 声波经过孔洞时，孔径远大于声波波长

(D) 声波绕过隔声屏障

【解析】 选项A，声波在传播过程中遇到无限大无孔障板发生反射，故A错误；

选项B，根据《教材（第二册）》P374，4.1条孔洞衍射及图5-1-12a-1，可知B正确；

选项C，根据《教材（第二册）》P374，4.1条孔洞衍射及图5-1-12a-2，可知C正确；

选项D，根据《教材（第二册）》P374，4.2条障碍物的衍射及图5-1-12b-1、图5-1-12b-2，可知D正确。

答案选【BCD】。

3. 以下关于障碍物对声波传播的衍射和反射作用的说法中，正确的是哪几项？【2010-1-65】

(A) 障碍物对声波具有衍射作用，这是声波在传播途径上遇到障碍物时波阵面发生畸变的现象

(B) 声波在传播过程中遇到障碍物可能同时发生反射和衍射现象，障碍物越大对声场的影响相应也增大

(C) 衍射现象使声波具备绕过障碍物的能力，因此在障碍物后测得的声级一定比移除障碍物后测得的声级要高

(D) 声波的衍射与声波的波长和障碍物大小形状有关

【解析】 选项A、D，根据《教材（第二册）》P374可知，衍射是指声波在传播过程中遇障碍物时波阵面发生畸变的现象，声波的衍射与声波的频率、波长及障碍物的大小有关，故A、D正确；

选项B，根据《环境工程手册环境噪声控制卷》P26可知，当声波在传播途径中遇到有孔洞的大障板或壁面时，碰到壁面的声波发生反射，穿过孔洞的声波发生衍射，当障碍物的尺寸增大，反射波增加，声影区扩大，如图1-20（d）所示，故B项正确；

选项C，障碍物后面的声级不可能大于障碍物移除时，故C错误。

答案选【ABD】。

4. 关于声波的吸收和透射，下列选项哪些是正确的？【2011-1-70】

(A) 一束平面声波垂直入射到吸声材料表面上时，声能一部分被反射，一部分在吸声材料内部变为热能消耗，一部分穿透吸声材料进行传播，入射声能等于反射声能、吸收声能与透射声能之和

(B) 吸声材料的吸声系数等于吸收声能除以入射声能

(C) 吸声材料吸收的声能多了，透射的声能就少了，因此好的吸声材料也是好的隔

声材料

(D) 理论上，材料的吸声系数在 0 和 1 之间

【解析】 选项 A，根据《教材（第二册）》P388 公式 5-1-93 可知：$\alpha = \dfrac{E_i - E_r}{E_i} \Rightarrow \alpha E_i + E_r = E_i$，其中 αE_i 是吸收声能和透射声能的和，E_r 是反射声能，故 A 正确；

选项 B，根据《教材（第二册）》P388 可知，吸声系数等于吸收的声能（包括透射的声能）与入射声能的比值，故 B 错误；

选项 C，根据《噪声与振动控制工程手册》P403 可知，一种好的吸声材料往往是透气的，多孔的，是隔声性能差的材料，故 C 错误；

选项 D，根据《教材（第二册）》P389 可知，一般材料和结构的吸声系数在 0~1 之间，故 D 正确。

答案选【AD】。

5. 下列哪些效应不是由于声波的衍射影响造成的？【2012-1-62】
(A) 隔声构件有了孔缝后，其隔声效果大为下降
(B) 隔声构件的面密度降低后，其隔声效果下降
(C) 在四周均为硬质光滑的房间内，当有声波传播时，将发生多次反射，从而造成室内声级的提高
(D) 当大型车辆驶过道路附近的建筑物时，建筑物的门窗玻璃产生振颤

【解析】 选项 A，根据《教材（第二册）》P374 图 5-1-12a-1，可知 A 正确；选项 B 是透射效应，选项 C 是反射效应，选项 D 是振动效应。

答案选【BCD】。

6. 下列关于声波孔洞衍射的描述，正确的是哪些？【2014-1-62】
(A) 衍射情况与孔洞大小无关
(B) 当孔洞尺寸远小于入射声波波长时，衍射波可以看做是障板上的点源发出的波
(C) 当孔洞尺寸远大于入射声波波长时，孔洞边缘发生衍射现象
(D) 当孔洞尺寸与入射声波波长相当时，孔洞边缘不发生衍射现象

【解析】 选项 A，根据《环境工程手册环境噪声控制卷》P26 可知，衍射情况与孔洞大小有关，故 A 错误；

选项 B，根据《教材（第二册）》P374 可知，当孔洞尺寸远小于入射声波波长时，透过孔洞的波阵面形成的子声源近似为点源，故 B 正确；

选项 C，根据《环境工程手册环境噪声控制卷》P26 可知，当孔洞尺寸远大于入射声波波长时，除孔洞边缘有子波源衍射波外，其余仍保持原来波形继续前进，故 C 正确；

选项 D，根据《教材（第二册）》P374 可知，当孔洞尺寸与波长相当时，衍射传播情况较为复杂，故 D 错误。

答案选【BC】。

1.4 噪声与振动的测量、分析和修正

🔹 **单选题**

1. 在某个工厂场界的 4 个测点，测得噪声值分别为 65dB（A）、71dB（A）、68dB（A）和 63dB（A），当时在 4 个测点测得背景噪声值均为 60dB（A）。若排除背景噪声的影响，修正后的噪声值哪组是正确的？【2007-1-29】

   （A）62dB（A）；72dB（A）；61dB（A）和 63dB（A）
   （B）63dB（A）；70dB（A）；67dB（A）和 60dB（A）
   （C）62dB（A）；71dB（A）；61dB（A）和 63dB（A）
   （D）63dB（A）；71dB（A）；67dB（A）和 60dB（A）

   【解析】 题干噪声值依次为 65dB（A）、71dB（A）、68dB（A）、63dB（A），与背景噪声 60dB（A）差值依次为 5dB（A）、11dB（A）、8dB（A）、3dB（A），依据《教材（第二册）》P377 表 5-1-17 可知，粗略修正值依次为 2dB（A）、0dB（A）、1dB（A）、3dB（A），修正后的噪声值依次为 63dB（A）、71dB（A）、67dB（A）和 60dB（A）。

   答案选【D】。

2. 居民住宅区内，某建筑物首层设有营业性娱乐场所，其排放噪声通过建筑物结构影响楼上居民，在其楼上各居民卧室内分别测得夜间等效噪声级和倍频带声压级的数据如下。问以下哪组数据符合规定的排放限值？【2009-1-28】

   （A）32dB（A）；31.5Hz 频带为 67dB；63Hz 频带为 51dB；125Hz 频带为 38dB；250Hz 频带为 29dB；500Hz 频带为 24dB
   （B）29dB（A）；31.5Hz 频带为 66dB；63Hz 频带为 50dB；125Hz 频带为 40dB；250Hz 频带为 28dB；500Hz 频带为 22dB
   （C）30dB（A）；31.5Hz 频带为 68dB；63Hz 频带为 50dB；125Hz 频带为 38dB；250Hz 频带为 30dB；500Hz 频带为 23dB
   （D）28dB（A）；31.5Hz 频带为 65dB；63Hz 频带为 52dB；125Hz 频带为 36dB；250Hz 频带为 27dB；500Hz 频带为 21dB

   【解析】 根据《教材（第三册）》《社会生活环境噪声排放标准》P377 表 2 和表 3 可知，居民住宅卧室属于Ⅰ类区 A 类房间，夜间结构传声限值为 30dB（A），且 31.5Hz 频带为 69dB；63Hz 频带为 51dB；125Hz 频带为 39dB；250Hz 频带为 30dB；500Hz 频带为 24dB，C 正确。

   答案选【C】。

3. 一个结构和装修施工阶段正同时进行的建筑施工工地，它的施工边界的北面有住宅区，西面有一医院，东面是交通干线，南面是空地。昼间在其四面施工边界分别测得等效声级为：北面边界 72dB（A）[背景噪声 67dB（A）]；西面边界 73dB（A）[背景噪声 69dB（A）]；东面边界 75dB（A）[背景噪声 72dB（A）]；南面边界 66dB（A）[背景噪

声 50dB（A）〕。问有几面边界不符合标准限值？【2009-1-29】
(A) 一面 (B) 二面
(C) 三面 (D) 四面

【解析】《建筑施工场界环境噪声排放标准》（GB 12523—2011）可知，建筑施工过程中场界环境噪声限值昼间为 70dB（A）。根据《教材（第二册）》P377 表 5-1-17 再进行修正，得出北面边界 70.4dB（A），西面边界 70.7dB（A），东面边界 72dB（A），南面边界 66dB（A），北、西、东三面不符合标准，故 C 正确。

答案选【C】。

4. 某场界噪声为起伏大于 3dB 的非周期噪声，对该场界进行排放噪声测试时，需要采用以下哪种方法进行测试？【2009-1-32】
(A) 测量 1min 的等效声级 (B) 测量 20min 的等效声级
(C) 测量 8h 的等效声级 (D) 测量有代表性时段的等效声级

【解析】根据《教材（第三册）》P380《工业企业场界环境噪声排放标准》3.12 条："在测量时间内，被测声源的声级起伏大于 3dB 的噪声是非稳态噪声"；以及 5.4.3 条："被检测声源是非稳态噪声，测量被测声源有代表性时段的等效声级，必要时测量被测声源整个正常工作时段的等效声级"，可知 D 正确。

答案选【D】。

5. 在某设备噪声测试现场，当设备运行和未运行时，规定的测点的声级计读数分别为 73dB（A）和 65dB（A），请问该测点设备的噪声级应该是多少？【2009-1-35】
(A) 72dB（A） (B) 73dB（A）
(C) 75dB（A） (D) 66dB（A）

【解析】根据《教材（第二册）》P377 表 5-1-17 可知，噪声值差为 8dB，修正值为 0.8dB，故设备噪声为 73-0.8=72.2，粗略修正值为 72dB。

答案选【A】。

6. 在下列（1）—（3）测量某工厂场界噪声的过程中，有几条不符合标准的方案？【2010-1-28】

(1) 选取的测点在高 2m 的场界围墙外 1m 处，测点高 1m；
(2) 由于在 5min 测量时间内，声级在 61dB（A）与 65dB（A）之间起伏，所以应测量其 1min 内的等效声级；
(3) 在测量前后对仪器进行了校准，其灵敏度相差为 0.4dB（A），所以测量是有效的。

(A) 0 条 (B) 1 条
(C) 2 条 (D) 3 条

【解析】根据《教材（第三册）》P380《工业企业场界环境噪声排放标准》5.3.3.1 条："测点应选在场界外 1m、高于围墙 0.5m 以上的位置"，故（1）错误。再根据 3.12 条和 5.4.3 条可知，要测量 5min 内的等效声级，故（2）错误。再依据 5.1.2 条："校准示值偏差不大于 0.5dB"，可知（3）正确。

答案选【C】。

7. 测量交通干线道路两侧的环境振动，下列哪种测量方法和评价量符合有关标准规定？【2010-1-30】

(A) 每个测点测量一次，取 5s 内的平均示数作为评价量

(B) 取每次振动过程中的最大示数为评价量

(C) 每个测点等间隔地读取瞬时示数，采样间隔不大于 5s，连续测量时间不少于 1000s，以测量数据的 VL_{Z10} 值为评价量

(D) 读取每次振动过程中的最大示数，以 10 次读数的算术平均值为评价量

【解析】 根据《教材（第三册）》P1553《城市区域环境振动测量方法》2.7 条，可知道路两侧是无规振动；再根据 4.2.4 条可知 C 正确。

答案选【C】。

8. 在居民住宅区内，一卡拉 OK 厅的边界处测得其夜间排放噪声 46dB（A），当时当地的背景噪声 34dB（A），试判断该 OK 厅排放噪声超过标准值多少？【2011-1-28】

(A) 1dB（A） (B) 5dB（A）
(C) 0dB（A） (D) 6dB（A）

【解析】 根据《教材（第二册）》P377 表 5-1-17 可知，对卡拉 OK 厅夜间排放噪声进行修正，排放噪声与背景噪声相差 12dB，修正值 0.3dB，修正后排放噪声为 45.7dB。再根据《教材（第三册）》P375《社会生活环境噪声排放标准》可知，居民住宅区（Ⅰ类区）夜间噪声限值为 45dB，所以排放噪声超过标准值 0.7dB～1dB。

答案选【A】。

9. 某工厂的场界为 2m 高砖墙，场界外有受影响的噪声敏感建筑物，部分区域场界与噪声敏感建筑物距离小于 1m，在进行场界噪声测量时，下列哪项测点位置的选取是正确的？【2011-1-38】

(A) 对于与噪声敏感建筑物距离小于 1m 的区域，测点选在相应的敏感建筑物室内中央；对其他区域，噪声测量点选在法定场界外 1m 处，传声器高度为 2.5m

(B) 对于与噪声敏感建筑物距离小于 1m 的区域，测点选在相应的敏感建筑物室内中央；对其他区域，噪声测量点选在法定场界外 1m 处，传声器高度为 1.2m

(C) 对于与噪声敏感建筑物距离小于 1m 的区域，测点选在相应的敏感建筑物室内中央；对其他区域，噪声测量点选在法定场界位置处，传声器高度为 1.2m

(D) 对于与噪声敏感建筑物距离小于 1m 的区域，测点选在相应的敏感建筑物窗外 0.5m 处；对其他区域，噪声测量点选在法定场界外 1m 处，传声器高度为 2.5m

【解析】 根据《教材（第三册）》P380《工业企业厂界环境噪声排放标准》4.1.5 条："当厂界与噪声敏感建筑物距离小于 1m 时，厂界环境噪声应在噪声敏感建筑物的室内测量"；以及 5.3.3.1 条："当厂界有围墙且周围有受影响的噪声敏感建筑物时，测点应选在厂界外 1m、高于围墙 0.5m 以上的位置"。可知 A 正确。

答案选【A】。

10. 某住户窗外背景噪声级为 40dB（A），当附近一商户空调机组噪声辐射至该住户窗外后，窗外总噪声级为 60dB（A）。问该空调机组噪声辐射至住户窗外的噪声级为多少？【2012-1-37】

(A) 20dB（A）   (B) 60dB（A）
(C) 80dB（A）   (D) 50dB（A）

【解析】 根据《教材（第二册）》P377 表 5-1-17 可知，由于背景噪声与总噪声差值为 20dB，修正接近 0，故空调机组噪声辐射至住户窗外的噪声级为 60dB。

答案选【B】。

11. 以下有关《社会生活环境噪声排放标准》的阐述，哪个是正确的？【2013-1-30】
(A) 已知噪声测量值为 75dB（A），背景噪声值为 73dB（A），其修正后的噪声值应为 70dB（A）
(B) 社会生活噪声排放源的固定设备，结构传声至噪声敏感建筑物室内，在噪声敏感建筑物室内测量时，测点应距外窗 1m 以上，窗户开启状态下测量
(C) 因边界有 3m 高的围墙，且周围有受影响的噪声敏感建筑物，所以测点选在围墙外 1m，离地面高 3.7m 处的位置
(D) 测量 32dB 的噪声，使用的测量仪器应不低于 II 型声级计

【解析】 选项A，根据《教材（第二册）》P377 可知，被测噪声与背景噪声差值小于 3dB，则背景噪声对测量结果影响较大，不能简单修正，应计算实际值：$L_{P2} = 10\lg(10^{0.1L_{Pt}} - 10^{0.1L_{Pj}}) = 10\lg(10^{7.5} - 10^{7.3}) = 70.7dB$，可知 A 错误；

选项 B，根据《教材（第三册）》P378 中 5.3.3.4 条："距外窗 1m 以上，窗户关闭状态下测量"，可知 B 错误；

选项 C，根据《教材（第三册）》P378 中 5.3.3.1 条："测点应选在边界外 1m、高于围墙 0.5m 以上的位置"，可知 C 正确；

选项 D，根据《教材（第三册）》P378 中 5.1.1 条："测量 35dB 以下的噪声应使用 1 型声级计"，可知 D 错误。

答案选【C】。

12. 对某声源进行噪声测量时，现场测得 A、B、C 各点的声压级分别为：74dB、76dB、79dB，A、B、C 三点背景噪声均为 71dB。问该声源在 A、B、C 三点的排放噪声分别是多少？【2013-1-34】

(A) 71dB、74dB 和 78dB   (B) 71dB、74dB 和 79dB
(C) 74dB、76dB 和 79dB   (D) 77dB、78dB 和 80dB

【解析】 根据《教材（第二册）》P377 表 5-1-17 可知，对被测噪声进行修正，A 点差值 3dB，修正后为 71dB；B 点差值 5dB，修正后为 74dB；C 点差值 8dB，修正后为 78dB。

答案选【A】。

13. 在一居住、商业、工业混杂区内，某居民大楼内的底层有一娱乐场所。在其营业时，由于噪声通过建筑物结构传播至楼上住宅的室内，影响居民的夜间正常休息。在楼上

202号、206号、303号和305号的卧室内，分别测得等效声级和倍频带声压级如下表，按《社会生活环境噪声排放标准》的规定，问有几个房间的噪声已超过标准限值？【2014-1-28】

房间号	倍频带中心频率（Hz）					等效声级 [dB（A）]
	31.5	63	125	250	500	
202	70	54	41	35	28	35
206	71	53	43	32	28	36
303	70	52	45	30	27	33
305	70	56	43	34	29	34

(A) 1个　　　　　　　　　　　　(B) 2个
(C) 3个　　　　　　　　　　　　(D) 4个

【解析】居住、商业、工业混杂区属于声环境Ⅱ类区，根据《教材（第三册）》P377《社会生活环境噪声排放标准》可知，住宅卧室属于A类房间，由表2和表3可得：

噪声敏感建筑物所处声环境功能区类别	时段	房间类型	倍频带中心频率（Hz）					等效声级 [dB（A）]
			31.5	63	125	250	500	
Ⅱ、Ⅲ、Ⅳ	夜间	A类	72	55	43	35	29	35

由此可知202房间达标；
206房间等效声级36>35dB，超标；
303房间在中心频率125Hz倍频带45dB>43dB，超标；
305房间在中心频率63Hz倍频带56dB>55dB，超标。
答案选【C】。

14. 某集市贸易市场，其排放的噪声可能影响周围居民，各边界处噪声测量结果如下表所示：

测点位置	东侧边界	南侧边界	西侧边界	北侧边界
昼间等效噪声级 [dB（A）]	62	63	63	61
背景噪声级 [dB（A）]	56	60	58	55

按照《社会生活环境噪声排放标准》的要求，问该市场的哪一侧边界噪声不符合标准限制？【2014-1-30】

(A) 东侧　　　　　　　　　　　　(B) 南侧
(C) 西侧　　　　　　　　　　　　(D) 北侧

【解析】集市贸易市场属于声环境质量Ⅱ类区，根据《教材（第三册）》P377《社会生活环境噪声排放标准》表1可知，昼间边界噪声排放限值为60dB。根据P379表4进行修正，可得出：东侧修正后为61dB；南侧修正后为60dB；西侧修正后为61dB；北侧修正后为60dB。故东侧和西侧都不符合标准60dB。

答案选【AC】。

15. 某化工厂的厂界有2.2m高的砖墙，周围有噪声敏感建筑物，在进行厂界噪声测量时，测点位置应该选择在下列何处？【2014-1-38】
 (A) 法定厂界位置处，传声器高度为1.2m
 (B) 法定厂界外1m处，传声器高度为1.2m
 (C) 法定厂界外1m处，传声器高度为2.7m
 (D) 法定厂界位置处，传声器高度为2.7m

【解析】 根据《教材（第二册）》P344《工业企业厂界环境噪声排放标准》5.3.3.1条："当厂界有围墙且周围有受影响的噪声敏感建筑物时，测点应选在厂界外1m、高于围墙0.5m以上的位置"。可知C正确。

答案选【C】。

多选题

1. 下列哪些描述不符合《城市区域环境振动标准》的规定？【2007-1-60】
 (A) 在特殊住宅区的一建筑物外0.6m处，夜间测得铅垂向Z振级为63dB
 (B) 在工业集中区的某建筑物的室内地面中央，昼间测得铅垂向Z振级为72dB
 (C) 在居民、文教区一建筑物外的远处，有打桩机在连续工作。在该建筑物外0.5m处，昼间测得铅垂向Z振级为68dB
 (D) 在某交通干线两侧的标准测量点，按稳态振动的测量方法，夜间测得铅垂向Z振级为70dB

【解析】 选项A，根据《教材（第三册）》P49《城市区域环境振动标准》4.1条："测量点在建筑物室外0.5m以内振动敏感处"，可知A错误；

选项B、C，根据《教材（第三册）》P49《城市区域环境振动标准》3.1.1表和第4条监测方法，可知B、C正确；

选项D，根据《教材（第三册）》P1553《城市区域环境振动测量方法》2.7条的无规振动定义，可知交通干线两侧应按无规振动来测量，故D错误。

答案选【AD】。

2. 在执行《工业企业厂界噪声排放标准》的过程中，下列哪些描述是正确的？【2007-1-61】
 (A) 非稳态噪声是指在测量时间内，声级起伏大于3dB（A）的噪声
 (B) 对稳态噪声，需测量1分钟的等效声级
 (C) 工业企业厂界噪声标准，仅适用于工厂企业造成噪声污染单位的边界
 (D) 某企业厂界处有一个2m高的围墙，这时测点应选在距围墙1m、高度1.2m处

【解析】 此题目依据《工业企业厂界噪声标准》（GB 12348—90）与《工业企业厂

界噪声测量方法》 （GB 12349—90）可合并为《工业企业厂界环境噪声排放标准》（GB 12348—2008）来处理。

选项 A，根据《教材（第三册）》P382 中 3.12 条，可知 A 正确；

选项 B，根据《教材（第三册）》P384 中 5.4.2 条，可知 B 正确；

选项 C，根据《教材（第三册）》P380 中 1 条适用范围，可知 C 错误；

选项 D，根据《教材（第三册）》P384 中 5.3.3.1 条：" 测点要高于围墙 0.5 米"，可知 D 错误。

答案选【AB】。

3. 在一次环境噪声的测试中针对不同的声源测得几组数据，已知当地背景噪声是 65dB，则下列关于测试结果分析正确的为哪几项？【2008 - 1 - 62】

总声级与背景声级之差（dB）	3	4	5	6	7	8	9	10	11	12	13	14	15
修正值（dB）	3.0	2.3	1.6	1.3	1.0	0.8	0.6	0.5	0.4	0.3	0.2	0.2	0.1

（A）若测得声压级 72dB，则噪声源的实际声压级近似为 64dB

（B）若测得声压级 70dB，则噪声源的实际声压级近似为 68.4dB

（C）若测得声压级 68dB，则噪声源的实际声压级近似为 65dB

（D）若测得声压级 85dB，则噪声源的实际声压级无法得知

【解析】 选项 A，噪声差值 7dB，修正值 1dB，则噪声源实际声压为 72 - 1 = 71dB，故 A 错误；

选项 B，噪声差值 5dB，修正值 1.6dB，则噪声源实际声压为 70 - 1.6 = 68.4dB，故 B 正确；

选项 C，噪声差值 3dB，修正值 3dB，则噪声源实际声压为 68 - 3 = 65dB，故 C 正确；

选项 D，噪声差值 20dB，修正值 <0.1dB，则噪声源的实际声压近似 85dB，故 D 错误。

答案选【BC】。

4. 下列有关《工业企业厂界环境噪声排放标准》的阐述，哪些是符合标准规定的？【2009 - 1 - 59】

（A）一般情况下，厂界环境噪声测点可以选在工业企业厂界外 1m、高度 1.5m、距任一反射面距离大于 1m 的位置

（B）工业企业厂界环境中，频发噪声的最大声级超过限值的幅度不得高于 10dB（A）

（C）测量仪器每次测量前、后必须在测量现场校准，其前、后校准示值偏差不得大于 0.5dB

（D）当厂界与噪声敏感建筑物距离小于 1m 时，厂界环境噪声应在噪声敏感建筑物的室内、窗户关闭时测量

【解析】 选项 A，根据《教材（第三册）》P380《工业企业厂界环境噪声排放标准》5.3.2 条，可知 A 正确；

选项 B，根据《教材（第三册）》P380《工业企业厂界环境噪声排放标准》4.1.2 条，可知 B 正确；

选项 C，根据《教材（第三册）》P380《工业企业厂界环境噪声排放标准》5.1.2 条，可知 C 正确；

选项 D，根据《教材（第三册）》P380《工业企业厂界环境噪声排放标准》5.3.3.3 条："窗户应开启"，可知 D 错误。

答案选【ABC】。

5. 在居住、商业、工业混杂区内，一个商业经营户使用扩声设备招揽顾客，排放噪声影响周围居民，现在噪声源的边界处测得其昼间等效噪声级为 62dB（A）。问当时当地的背景噪声值为下列哪些值时，才符合规定的排放限值？【2009-1-60】

(A) 55dB（A）   (B) 59dB（A）
(C) 57dB（A）   (D) 56dB（A）

【解析】 根据《教材（第三册）》P375《社会生活环境噪声排放标准》表1，可知居住、商业、工业混杂区（Ⅱ类区）昼间噪声排放限值为 60dB（A）。根据《教材（第二册）》P377 表 5-1-17 对噪声进行修正，可得出 A 项修正背景噪声后昼间噪声级为 61dB、B 为 59dB、C 为 60dB、D 为 61dB，故 B、C 满足 60dB 限值要求。

答案选【BC】。

6. 在一条穿越城区的既有铁路干线两侧区域内的 4 个测点，现分别测得夜间环境噪声等效声级如下，问哪些不符合规定限值？【2009-1-61】

(A) 当通过列车时 72dB（A），不通过列车时 60dB（A）
(B) 当通过列车时 75dB（A），不通过列车时 54dB（A）
(C) 当通过列车时 55dB（A），不通过列车时 50dB（A）
(D) 当通过列车时 68dB（A），不通过列车时 57dB（A）

【解析】 题干给出的是穿越城区的既有铁路干线，根据《教材（第三册）》P39《声环境质量标准》5.3 条，可知穿越城区的既有铁路干线两侧区域不通过列车时，环境背景噪声限值夜间按 55dB（A）执行；通过列车时的昼、夜噪声限值按 P387《铁路边界噪声限值及其测量方法》表一中的 70dB（A）执行，故 A、B、D 不符合限值。

答案选【ABD】。

7. 在一个康复疗养区夜间测得的突发噪声最大值分别如下，其中哪些符合有关国家标准中环境噪声的规定标准值？【2010-1-59】

(A) 44dB（A）   (B) 50dB（A）
(C) 55dB（A）   (D) 58dB（A）

【解析】 根据《教材（第三册）》P39《声环境质量标准》可知，康复疗养区属于 0 类区，夜间噪声限值 40dB。再依据 5.4 条："各类声环境功能区夜间突发噪声，其最大声级超过环境噪声限值的幅度不得高于 15dB"，故康复疗养区的夜间突发噪声最大值为 55dB，故 A、B、C 符合标准。

答案选【ABC】。

8. 一城市建筑施工工地，昼间吊车和混凝土搅拌机同时工作，与敏感区域相邻的工地边界线处测得的噪声值 L_{Aeq} 如下，其中哪几项超过了国家标准对场界噪声的规定？【2010-1-60】

(A) 64dB (A)　　　　　　　　　　(B) 71dB (A)
(C) 67dB (A)　　　　　　　　　　(D) 72dB (A)

【解析】 根据《建筑施工场界环境噪声排放标准》（GB 12523—2011），建筑施工场界的环境噪声排放限值昼间为70dB，故B、D超标。

答案选【BD】。

9. 在居住、商业、工业混杂区，一工厂厂界与居民住宅毗邻，由于厂界噪声无法直接测得，现在居民居室中央昼间测得噪声值如下，当时当地的背景噪声为48dB（A），问哪些符合有关国家标准中厂界噪声的规定标准值？【2010-1-61】

(A) 52dB (A)　　　　　　　　　　(B) 53dB (A)
(C) 61dB (A)　　　　　　　　　　(D) 51dB (A)

【解析】 根据《教材（第三册）》P380《工业企业厂界环境噪声排放标准》可知，Ⅱ类区（居住、商业、工业混杂区）昼间工业企业的厂界环境噪声排放限值为60dB。再根据4.1.5条可知，本题需执行限值减少10dB作为评价依据，故本题环境噪声排放限值为50dB。根据《教材（第二册）》P377表5-1-17，对选项进行修正可得出，A修正后为50dB，B为51dB，C为61dB，D为48dB，故A、D符合标准。

答案选【AD】。

10. 居民、文教区内的一住宅，位于交通道路的一侧，经统计该道路的车流量为每3min 通过四辆，在规定测点夜间测得铅垂向Z振级如下，下列哪些不符合有关国家标准中环境振动的规定标准值？【2010-1-62】

(A) 70dB (A)　　　　　　　　　　(B) 66dB (A)
(C) 74dB (A)　　　　　　　　　　(D) 75dB (A)

【解析】 根据《教材（第三册）》P49《城市区域环境振动标准》可知，由于道路的车流量为每3min通过4辆即为80辆/h<100辆/h。再根据3.2.6条，可知此住宅不属于交通干线道路两侧，应属于居民文教区，夜间铅垂向Z振级限值为67dB，故A、C、D不符合标准。

答案选【ACD】。

11. 在一个背景噪声为48dB（A）的居住、商业、工业混杂区内，一卡拉OK厅的排放噪声影响周围居民，当卡拉OK厅营业时其边界处4个测点测得其夜间等效噪声级分别如下，请问哪些测点值符合《社会生活环境噪声排放标准》中规定的50dB（A）的噪声排放限值？【2012-1-66】

(A) 53dB (A)　　　　　　　　　　(B) 52dB (A)
(C) 54dB (A)　　　　　　　　　　(D) 51dB (A)

【解析】 由于测点有背景噪声影响，需进行背景噪声修正，根据《教材（第二册）》P377 表 5-1-17，可对每个选项进行修正：

选项 A，差值为 5dB，修正后为 51dB，故 A 不满足；
选项 B，差值为 4dB，修正后为 50dB，故 B 满足；
选项 C，差值为 6dB，修正后为 53dB，故 C 不满足；
选项 D，差值为 3dB，修正后为 48dB，故 D 满足。
答案选【BD】。

12. 在居住、商业、工业混杂区内，某宾馆的底层有一歌舞厅。在其营业时，由于噪声通过建筑物结构传播至宾馆楼上的客房内，可能影响旅客的夜间正常休息。在楼上 213 号、208 号、326 号和 303 号的客房内，按标准测得等效 A 声级和倍频带声压级如下：【2013-1-61】

房间号码	倍频带中心频率（Hz）					等效声级 [dB（A）]
	31.5	63	125	250	500	
213	72	52	42	35	28	35
208	71	53	41	32	27	36
326	69	51	44	30	26	33
303	70	56	43	33	29	34

下列哪几个房间的噪声已超过有关国家标准规定的噪声限值？
（A）213 房间　　　　　　　　　（B）208 房间
（C）326 房间　　　　　　　　　（D）303 房间

【解析】 居住、商业、工业混杂区属于声环境Ⅱ类区，根据《教材（第三册）》P375《社会生活环境噪声排放标准》表 2 可知，宾馆客房属于 A 类房间，由表 2 和表 3 可得出：

噪声敏感建筑物所处声环境功能区类别	时段	倍频带中心频率（Hz）	室内噪声倍频带声压级限值（dB）					等效声级 [dB（A）]
		房间类型	31.5	63	125	250	500	
Ⅱ、Ⅲ、Ⅳ	夜间	A 类	72	55	43	35	29	35

由此可知，选项 A，213 房间达标；
选项 B，208 房间等效声级 36dB＞35dB，超标；
选项 C，326 房间在中心频率 125Hz 倍频带 44dB＞43dB，超标；
选项 D，326 房间在中心频率 63Hz 倍频带 56dB＞55dB，超标。
答案选【BCD】。

13. 在居住、商业、工业混杂区，某工厂的东南西北 4 个方向，均有噪声敏感建筑物，在 4 个方向的工厂厂界和各噪声敏感建筑物前的规定测点，夜间测得各噪声值和当时当地的背景噪声分别如下，问哪几个方向测点的噪声级不符合《工业企业厂界环境噪声排放标准》所规定的噪声限值？【2013-1-62】

   (A) 东面：厂界测得噪声值 52dB（A），噪声敏感建筑物前测得噪声值 51dB（A），当时当地的背景噪声为 48dB（A）
   (B) 南面：厂界测得噪声值 54dB（A），噪声敏感建筑物前测得噪声值 50dB（A），当时当地的背景噪声为 47dB（A）
   (C) 西面：厂界测得噪声值 51dB（A），噪声敏感建筑物前测得噪声值 49dB（A），当时当地的背景噪声为 46dB（A）
   (D) 北面：厂界测得噪声值 53dB（A），噪声敏感建筑物前测得噪声值 52dB（A），当时当地的背景噪声为 50dB（A）

   【解析】 居住、商业、工业混杂区属于声环境Ⅱ类区，根据《教材（第三册）》P380《工业企业厂界环境噪声排放标准》表 1 可知，声环境Ⅱ类区夜间噪声限值为 50dB。再根据 P385 表 4 可对测量结果进行如下修正：

   选项 A，修正后东面：厂界 50dB，噪声敏感建筑物前 48dB，故 A 符合；
   选项 B，修正后南面：厂界 53dB，噪声敏感建筑物前 47dB，故 B 不符合；
   选项 C，修正后西面：厂界 49dB，噪声敏感建筑物前 46dB，故 C 符合；
   选项 D，修正后北面：厂界 50dB，噪声敏感建筑物前为 $L_{P2}=10\lg(10^{0.1L_{PT}}-10^{0.1L_{P1}})$ = $10\lg(10^{5.2}-10^5)$ =47.7dB，故 D 符合。

   答案选【B】。

14. 在一商业、工业、居住混杂区，因夜间施工，产生突发噪声，在 4 个不同的测点，分别测得夜间突发噪声最大声级如下，问哪些测量值不符合《声环境质量标准》规定的噪声限值？【2014-1-64】

   (A) 67dB（A） (B) 65dB（A）
   (C) 50dB（A） (D) 66dB（A）

   【解析】 商业、工业、居住混杂区属于声环境功能Ⅱ类区，根据《教材（第三册）》P39《声环境质量标准》表 1 可知，Ⅱ类区夜间噪声限值为 50dB（A）。再根据 5.4 条："各类声环境功能区夜间突发噪声，其最大声级超过环境噪声限值的幅度不得高于 15dB（A）"，故Ⅱ类区夜间突发噪声不得超过 65dB（A）。

   答案选【AD】。

15. 在居住、商业、工业混杂区，某工厂厂界与居民住宅的距离小 1m，所以在居民住宅室内测量厂界环境噪声。测点处的昼间和夜间的背景噪声分别为 48dB（A）和 37dB（A），在 4 个房间内测得昼间和夜间噪声值分别如下，问哪些测量值符合标准规定的厂界噪声排放限值？【2014-1-66】

   (A) 昼间 60dB（A），夜间 50dB（A）   (B) 昼间 52dB（A），夜间 41dB（A）
   (C) 昼间 61dB（A），夜间 51dB（A）   (D) 昼间 51dB（A），夜间 42dB（A）

【解析】 根据《教材（第三册）》P380《工业企业厂界环境噪声排放标准》4.1.5 条："当厂界与噪声敏感建筑物距离小于 1m 时，厂界环境噪声应在噪声敏感建筑物的室内测量，并将表 1 中相应的限值减 10dB 作为评价依据"。居住、商业、工业混杂区属于声环境功能 Ⅱ 类区，并与工厂厂界距离小于 1m，因此工业企业厂界环境噪声排放标准限值执行昼间为 60－10＝50dB，夜间为 50－10＝40dB。根据 P385 表 4，对噪声测量值进行修正后可得出：

选项 A，修正后噪声值为 60dB，50dB，故 A 超标；
选项 B，修正后噪声值为 50dB，39dB，故 B 达标；
选项 C，修正后噪声值为 61dB，51dB，故 C 超标；
选项 D，修正后噪声值为 48dB，40dB，故 D 达标。
答案选【BD】。

1.5 吸声降噪基本概念

单选题

1. 关于吸声材料的吸声系数叙述准确的是哪项？【2007－1－32】
（A）被材料反射的声能与入射声能的比值
（B）被材料吸收（或未被反射）的声能与入射声能的比值
（C）由材料透射的声能与入射声能的比值
（D）入射声能与被材料吸收的声能的比值

【解析】 根据《教材（第二册）》P388 可知，吸声系数表征材料（结构）吸收的声能（包括透射的声能）和入射到材料（结构）声能的比值。
答案选【B】。

2. 关于吸声材料的吸声系数，以下哪个方程式表达正确？（式中 E_i 为入射声能，E_r 为反射声能，α 为吸声系数）【2010－1－37】

(A) $\alpha = \dfrac{E_i - E_r}{E_i}$ (B) $\alpha = \dfrac{E_r - E_i}{E_r}$

(C) $\alpha = \dfrac{E_r}{E_i}$ (D) $\alpha = \dfrac{E_i}{E_r}$

【解析】 根据《教材（第二册）》P388 公式 5－1－93，可知 A 正确。
答案选【A】。

多选题

1. 下列哪些为常用的吸声材料或吸声结构？【2007－1－64】
（A）超细玻璃棉   （B）双层中空玻璃板
（C）微穿孔板共振结构   （D）薄膜共振结构

【解析】 根据《教材（第二册）》P388 表5-1-20，可知A、C、D是吸声材料或吸声结构。再依据《教材（第二册）》P442 表5-2-12可知，双层中空玻璃板属于隔声结构。

答案选【ACD】。

2. 下列关于吸声系数和声阻抗的说法哪些是错误的？【2008-1-67】
（A）吸声系数和声阻抗都是表示材料吸声特性的量
（B）测试出来的材料吸声系数≤1
（C）吸声系数相同，则声阻抗必定相同
（D）吸声系数比声阻抗更能从机理上表征材料的吸声特性

【解析】 选项A，根据《噪声与振动控制工程手册》P396～P398，可知A正确；

选项B，根据《噪声与振动控制工程手册》P397，可知吸声系数的变化范围在0～1之间，故B正确；

选项C，根据《噪声与振动控制工程手册》P398，可知具有相同吸声系数的材料层，其吸声特性可以有很大差别，其法向声阻抗率可能明显不同，故C错误；

选项D，根据《噪声与振动控制工程手册》P397，可知声阻抗比吸声系数能更本质地说明材料的吸声特性，提供更本质的数据，故D错误。

答案选【CD】。

3. 圆形驻波管常用于测试材料的吸声系数，驻波管测试频率范围与管的长度、直径有关。关于驻波管测试频率范围的上下限，下列哪些说法是正确的？【2010-1-68】
（A）测试频率范围的上限与驻波管的直径有关
（B）测试频率范围的上限与驻波管的长度有关
（C）测试频率范围的下限与驻波管的直径有关
（D）测试频率范围的下限与驻波管的长度有关

【解析】 选项A、B，根据《教材（第二册）》P390可知，驻波管上限频率为：$f_u = \frac{0.568c}{2a}$，其中a是管道截面半径，c是声速，故A正确，B错误；

选项C、D，根据《教材（第二册）》P391可知，驻波管下限频率为：$f_1 = \frac{c}{2l}$，其中l是管道长度，c是声速，故C错误，D正确。

答案选【AD】。

4. 下列关于材料的吸声特性，哪些说法是错误的？【2011-1-65】
（A）吸声系数与声波的入射角度无关
（B）吸声系数与声波的入射频率有关
（C）平均吸声系数指的是不同频段的几何平均值
（D）降噪系数是指在125Hz、250Hz、500Hz、1000Hz、2000Hz和4000Hz时测出的吸声系数的算术平均值

【解析】 选项 A，根据《教材（第二册）》P389 可知，吸声系数和声波的入射方向（角度）有很大关系，故 A 错误；

选项 B，根据《教材（第二册）》P389 可知，吸声系数和声波的入射条件、声波频率等因素有关，故 B 正确；

选项 C，根据《教材（第二册）》P389 可知，通常采用 125Hz、250Hz、500Hz、1000Hz、2000Hz、4000Hz 这 6 个频率吸声系数的算术平均值来表示材料或结构的吸声性能，故 C 错误；

选项 D，根据《教材（第二册）》P389 可知，降噪系数常用 250Hz、500Hz、1000Hz、2000Hz 4 个频率吸声系数的平均值，并以 0.05 为计算间隔，故 D 错误。

答案选【ACD】。

1.6 隔声降噪基本概念

● 单选题

1. 一个隔声构件的透射系数为 0.05，则此隔声构件的隔声量约为多少？【2007 - 1 - 33】

(A) 20.2dB (B) 13.3dB
(C) 26.0dB (D) 19.8dB

【解析】 根据《教材（第二册）》P395，可知隔声量与透射系数有关，由公式 5 - 1 - 111 可得出：$R = 10\lg \frac{1}{\tau} = 10\lg \frac{1}{0.05} = 13\text{dB}$。

答案选【B】。

2. 一个隔声构件的隔声量为 13dB，则此隔声构件的透射损失为多少？【2008 - 1 - 37】

(A) 0.05dB (B) 13dB
(C) 0.224dB (D) 26dB

【解析】 根据《教材（第二册）》P395，即透射系数定义及隔声量定义，可知隔声量就是透射损失，故 B 正确。

答案选【B】。

3. 以下哪个名词不可以作为隔声构件空气声隔声性能的评价量？【2010 - 1 - 36】

(A) 平均隔声量 (B) 隔声系数
(C) 插入损失 (D) 透射系数

【解析】 根据《教材（第二册）》P395 ~ P396 可知，透射系数、平均隔声量、插入损失、隔声指数均是隔声构件空气声隔声性能的评价量，没有隔声系数的说法。

答案选【B】。

● 多选题

1. 以下哪些参数可以用于评价隔声构件的隔声性能？【2007－1－65】
   (A) 平均隔声量
   (B) 隔声指数
   (C) 插入损失
   (D) 降噪系数

   【解析】 根据《教材（第二册）》P395、P396 可知，平均隔声量、隔声指数和插入损失可以用于评价隔声构件的隔声性能。再根据《教材（第二册）》P389，可知降噪系数（NRC）是吸声材料吸声性能的评价量。
   答案选【ABC】。

2. 一堵墙的平均隔声量大于 50dB，如果这堵墙上的孔洞的面积是墙面积的 1%，则这堵墙平均隔声量将产生变化，请指出以下哪些说法是错误的？【2007－1－66】
   (A) 这堵墙的平均隔声量将降低 20dB
   (B) 这堵墙的平均隔声量将降低 1%
   (C) 这堵墙的平均隔声量将降低至 20dB 以下
   (D) 这堵墙的平均隔声量将降低 60dB

   【解析】 根据《教材（第二册）》P395 公式 5－1－111 可知 $R = 10\lg\frac{1}{\tau} = 50 \Rightarrow \tau = 10^{-5}$，再根据《教材》第 2 册 P448 公式 5－2－32 $\tau = \frac{0.99 \times 10^{-5} + 0.01 \times 1}{1} = 0.0100099$（墙上孔洞面积为 1%，孔洞透射系数为 1 即全通过），可得出这堵墙隔声量：$R = 10\lg\frac{1}{\tau} = 10\lg\frac{1}{0.0100099} = 19.996\text{dB}$，故 A、B、D 错误，C 正确。
   答案选【ABD】。

1.7 消声降噪基本概念

● 单选题

1. 下列哪项关于消声器的描述是错误的？【2008－1－38】
   (A) 消声器是一种借助阻断气流通过而降低气流噪声的装置
   (B) 消声器是一种可允许气流通过而又能有效降低噪声的装置
   (C) 消声器是一种可允许气流通过的装置
   (D) 消声器是一种可降低空气动力性噪声的装置

   【解析】 根据《教材（第二册）》P400 可知，消声器是控制气流噪声的有效装置，它在允许气流通过的同时，又减弱噪声的传播和辐射。再根据《噪声与振动控制工程手册》P469，可知消声器是一种可使气流顺利通过又能有效降低噪声的设备，广泛应用于各类空气动力设备的进排气消声。

答案选【A】。

2. 评价消声器性能常用的评价量有多个，下列哪项不是消声器声学性能的评价量？【2008－1－39】
（A）轴向声衰减　　　　　　　　（B）压力损失
（C）插入损失　　　　　　　　　（D）传声损失

【解析】 根据《噪声与振动控制工程手册》P502 中 2.1.1 条可知，消声器声学性能的评价指标可分为传声损失、插入损失、末端声压级差及声衰减量（轴向衰减量），故 A、C、D 正确。再根据《噪声与振动控制工程手册》P502 中 2.1.2 条可知，消声器的空气动力特性评价指标通常为压力损失或阻力损失，故 B 错误。

答案选【B】。

3. 关于消声器声学性能的评价指标，下面哪种说法是正确的？【2012－1－28】
（A）传声损失的定义为入射于消声器的声功率和透过消声器的声功率的差值
（B）传声损失的定义为入射于消声器的声功率级和透过消声器的声功率级的差值
（C）插入损失的定义为在消声器的进口与出口之端口所测得的平均声压级的差值
（D）插入损失的定义为入射于消声器的声功率级和透过消声器的声功率级的差值

【解析】 选项 A、B，根据《噪声与振动控制工程手册》P502 可知，传声损失（传递损失或透射损失）是指入射于消声器的声功率级和透过消声器的声功率级的差值，故 A 错误、B 正确；

选项 C、D，根据《噪声与振动控制工程手册》P502 可知，插入损失是指在安装消声器前后，在某给定点测得的平均声压级的差值，故 C、D 错误。

答案选【B】。

多选题

根据国家标准《声学消声器测量方法》（GB/T 4760—95）要求，以下哪几种性能指标是消声器实验室台架测试需要检测的项目？【2009－1－66】
（A）气密性能　　　　　　　　　（B）防火等级
（C）插入损失　　　　　　　　　（D）压力损失

【解析】 根据《声学消声器测量方法》（GB/T 4760—95），可知消声器实验室台架（实验室测量）测试项目有插入损失、气流噪声声功率级、压力损失和阻力系数。

答案选【CD】。

2 噪声与振动污染控制实践

2.1 多孔吸声材料

单选题

某吸声结构由超细玻纤棉板和穿孔率为 20% 的穿孔护面板构成,如需提高该吸声结构在低频段的吸声效果,试问下述方法中哪一种方法更为有效?【2009-1-37】
(A) 增加超细玻纤棉板的厚度
(B) 增加穿孔护面板的穿孔率
(C) 在超细玻纤棉板与穿孔护面板之间增加一层玻纤布
(D) 增加穿孔护面板的厚度

【解析】 选项 A,根据《教材(第二册)》P416 中 2.1 条可知,改善低频区域吸声效果,需要增加材料厚度,故 A 有效;

选项 B,根据《教材(第二册)》P418 中 2.4 条可知,穿孔板影响的一般趋势是使材料的吸声特性向低频区域移动,尤其是穿孔率低的薄板,故 B 有相反效果;

选项 C,根据《噪声与振动控制工程手册》P412 中 3.1 条可知,玻璃纤维布对材料吸声性能的影响可忽略不计,故 C 无效;

选项 D,根据《噪声与振动控制工程手册》P412 中 3.2 条可知,穿孔板不起共振吸声作用,故 D 无效。
答案选【A】。

多选题

关于多孔吸声材料的吸声特性和构造特征,哪些说法是正确的?【2011-1-61】
(A) 多孔吸声材料不存在吸声上限频率
(B) 当多孔吸声材料厚度不变时,适当增加体积密度可以提高低频的吸声系数
(C) 多孔吸声材料的厚度增加 1 倍时,其高频吸声能力也增加 1 倍
(D) 多孔吸声材料也是一种隔声效果好的隔声材料

【解析】 选项 A,根据《噪声与振动控制工程手册》P403 可知,多孔吸声材料并不存在吸声上限频率,故 A 正确;

选项 B,根据《噪声与振动控制工程手册》P409 可知,在一定条件下,当厚度不变时,增大体积密度可提高低频吸声系数,故 B 正确;

选项 C,根据《噪声与振动控制工程手册》P408 可知,增加材料的厚度,低频吸声很快增加,对高频吸声的影响则很小(图 6.2-8),故 C 错误;

选项 D,根据《噪声与振动控制工程手册》P403 可知,一种好的吸声材料往往是透

气的，多孔的，是隔声性能差的材料，故 D 错误。

答案选【AB】。

2.2 共振吸声结构

● 单选题

1. 微穿孔板吸声结构的常用穿孔率为下列哪一项？【2011-1-29】
（A）30%　　　　　　　　　　　　　　（B）15%
（C）2%　　　　　　　　　　　　　　　（D）0.1%以下

【解析】　根据《教材（第二册）》P426 可知，微穿孔板的穿孔率为 1%～3%。

答案选【C】。

2. 已知某穿孔板共振吸声结构的孔径为 2mm，穿孔率为 7%。试问：正方形排列时，该穿孔板的孔间距宜选择多少？【2013-1-38】
（A）3mm　　　　　　　　　　　　　　（B）5mm
（C）7mm　　　　　　　　　　　　　　（D）48mm

【解析】　根据《教材（第二册）》P424：$P = \dfrac{\pi d^2}{4B^2} \Rightarrow B = \sqrt{\dfrac{\pi d^2}{4P}} = \sqrt{\dfrac{\pi \times 2^2}{4 \times 0.07}} = 6.7\text{mm}$。

答案选【C】。

● 多选题

1. 有关微穿孔板吸声结构的特点，以下哪些说法是正确的？【2007-1-67】
（A）微穿孔板可以是单层的，也可以是双层的
（B）板上小孔的孔径应小于 1.0mm
（C）微穿孔板的穿孔率应大于 30%
（D）当微穿孔板后有一定间距的空气层时，能起到共振吸声结构的作用

【解析】　选项 A、B、C，根据《教材（第二册）》P426 可知，微穿孔板吸声结构是由板厚和孔径在 1mm 以下，穿孔率为 1%～3% 的微穿孔板和板后空腔组成的。为了展宽有效吸声频率范围，提高吸声效果，可以采用两层具有不同孔径或不同穿孔率的微穿孔板组成复合结构，故 A、B 正确，C 错误。

选项 D，根据《噪声与振动控制工程手册》P434 中 3.3 可知，微穿孔板与背后空气层组成共振吸声结构，故 D 正确。

答案选【ABD】。

2. 实测到某车间内噪声在低频段有两个噪声峰值，现拟采取吸声降噪措施，希望能有效地降低车间内低频段的峰值噪声。选用以下哪些吸声结构能符合要求？【2009-1-68】
（A）单层共振吸声结构　　　　　　　　（B）单层微穿孔板吸声结构

(C) 双层微穿孔板吸声结构　　　　　　(D) 双层共振吸声结构

【解析】 根据《噪声与振动控制工程手册》P433 中 3.2.9 可知，由两层或多层穿孔板组合的穿孔板吸声结构，一般有两个或多个吸收峰，故 C、D 正确。

答案选【CD】。

3. 以下关于穿孔板共振吸声结构共振频率 f_0 的变化规律的描述，哪些是正确的？【2010-1-67】

(A) f_0 正比于 P，其中 P 为穿孔率

(B) f_0 正比于 L，L 为板后空气层厚度

(C) f_0 正比于 $\dfrac{1}{\sqrt{t+0.8d}}$，$t+0.8d$ 为穿孔的有效长度，t 为板厚，d 为孔径

(D) f_0 正比于 c，c 为声速

【解析】 根据《教材（第二册）》P425 公式 5-2-5 可知，穿孔板共振吸声结构的共振频率为：

$f_0 = \dfrac{c}{2\pi}\sqrt{\dfrac{P}{D(t+l_k)}}$，其中 $l_k = 0.5\pi r = 0.8d$，因此 $f_0 = \dfrac{c}{2\pi}\sqrt{\dfrac{P}{D(t+0.8d)}}$，所以 f_0 正比于 $\sqrt{P}$、$\dfrac{1}{\sqrt{D}}$、$\sqrt{\dfrac{1}{t+0.8d}}$、c，故 C、D 正确。

答案选【CD】。

4. 对于薄膜吸声结构的吸声特性，下列哪些说法是正确的？【2012-1-60】

(A) 吸声特性与空腔厚度有关　　　　　(B) 吸声特性与薄膜的面密度有关

(C) 增加薄膜的厚度对吸声特性没有影响　(D) 吸声特性与薄膜张贴方法无关

【解析】 选项 A、B，根据《噪声与振动控制工程手册》P440 可知，膜和空气层组成的共振系统，在系统共振频率附近有较大的吸声作用。根据共振频率计算公式 6.3-33，可知 $f_0 = \dfrac{60}{\sqrt{mL}}$，其中 m 是膜的面密度，L 是空气层厚度，故 A、B 正确；

选项 C，增加薄膜厚度则膜的面密度增加，工作频率下降，对吸声有影响，故 C 错误；

选项 D，根据《噪声与振动控制工程手册》P440 可知，膜状材料的吸声特性还与薄膜铺贴方法有关，一般铺贴时尽量不对膜施加拉力，故 D 错误。

答案选【AB】。

5. 某薄板共振吸声结构 300Hz 的吸声系数为 0.5，150Hz 的吸声系数为 0.1，若噪声源最大峰值频率为 150Hz，为使其吸声性能符合噪声源的频率特性，采取如下哪些措施是正确的？【2013-1-70】

(A) 薄板的面密度增加到原来的 4 倍

(B) 薄板的面密度增加到原来的 2 倍

(C) 薄板后空气层厚度增加到原来的 4 倍

(D) 薄板与板后空气层的厚度各增加到原来的 2 倍

【解析】 根据《教材（第二册）》P421 公式 5-2-2 可知：$f_0 = \frac{c}{2\pi}\sqrt{\frac{\rho}{mD}}$，为使其吸声性能符合噪声源的频率特性，共振频率需从 300Hz 降到 150Hz，令 $f_0 = \frac{c}{2\pi}\sqrt{\frac{\rho}{mD}} = 300\text{Hz}$。

选项 A，$f = \frac{c}{2\pi}\sqrt{\frac{\rho}{4mD}} = \frac{1}{2} \times \frac{c}{2\pi}\sqrt{\frac{\rho}{mD}} = 150\text{Hz}$，故 A 正确；

选项 B，$f = \frac{c}{2\pi}\sqrt{\frac{\rho}{2mD}} = \frac{1}{\sqrt{2}} \times \frac{c}{2\pi}\sqrt{\frac{\rho}{mD}} = 212\text{Hz}$，故 B 错误；

选项 C，$f = \frac{c}{2\pi}\sqrt{\frac{\rho}{m4D}} = \frac{1}{2} \times \frac{c}{2\pi}\sqrt{\frac{\rho}{mD}} = 150\text{Hz}$，故 C 正确；

选项 D，$f = \frac{c}{2\pi}\sqrt{\frac{\rho}{2m2D}} = \frac{1}{2} \times \frac{c}{2\pi}\sqrt{\frac{\rho}{mD}} = 150\text{Hz}$，故 D 正确。

答案选【ACD】。

2.3 吸声降噪

单选题

1. 消声室内的吸声面常设计成尖劈形状。在低限截止频率以上，吸声尖劈的垂直入射声系数可达 99%，这种设计方法应用了什么原理？【2008-1-32】
(A) 媒质界面声阻抗率突变
(B) 媒质界面声阻抗率渐变
(C) 媒质界面温度渐变
(D) 媒质界面湿度渐变

【解析】 根据《教材（第二册）》P431 可知，在消声室中，最广泛采用的吸声处理结构是吸声尖劈。由于吸声尖劈采用阻抗渐变的结构形式，可以在较宽的频率范围保持较高的声吸收，很多吸声尖劈的吸声系数可以在宽频带范围达到 0.95 以上，甚至达到 0.99。

答案选【B】。

2. 关于室内声场半径 r_0 的说法，下列哪项是正确的？【2008-1-34】
(A) 离声源距离为 r_0 处，直达声与混响声的影响相互抵消
(B) 离声源距离为 r_0 处，直达声与混响声的影响相同
(C) 离声源距离为 r_0 处，直达声为主
(D) 离声源距离为 r_0 处，混响声为主

【解析】 根据《教材（第二册）》P430 可知，临界距离为 r_0，在此距离上，直达声与混响声的大小相等。当 $r < r_0$ 时，直达声为主要能量。当 $r > r_0$ 时，混响声为主要能量，故 B 正确。

答案选【B】。

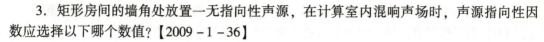

3. 矩形房间的墙角处放置一无指向性声源，在计算室内混响声场时，声源指向性因数应选择以下哪个数值？【2009 - 1 - 36】

(A) 1   (B) 2

(C) 4   (D) 8

【解析】 根据《教材（第二册）》P429，可知声源处于3个壁面的交点时，指向性因子为8。

答案选【D】。

4. 请指出下列哪一个是大房间室内直达声场对应的声压级的表达式？（式中，L_W为声源声功率级，Q为声源的指向性因数，r为离开声源中心的距离，R为房间常数）【2010 - 1 - 35】

(A) $L_{Pd} = L_W + 10\lg\left(\dfrac{Q}{4\pi r^2}\right)$ (B) $L_{Pd} = L_W + 10\lg\left(\dfrac{4}{R}\right)$

(C) $L_{Pd} = L_W + 10\lg\left(\dfrac{Q}{4\pi r^2} + \dfrac{4}{R}\right)$ (D) $L_{Pd} = L_W$

【解析】 根据《噪声与振动控制工程手册》P43 中 7.2 可知，大房间内的声场（1）直达声场室内与直达声对应的声压级 L_{Pd} 为：$L_{Pd} = L_W + 10\lg\left(\dfrac{Q}{4\pi r^2}\right)$。

答案选【A】。

5. 在室内声场中，一个点声源放置在房间的角隅处，下列关于其指向性因数哪一项是正确的？【2011 - 1 - 37】

(A) 1   (B) 2

(C) 4   (D) 8

【解析】 根据《教材（第二册）》P429 可知，根据声源在房间的不同位置，声源指向因子 Q_θ 相应有不同的数值：当声源处于房间的中心时，$Q_\theta = 1$；声源若置于一个壁面的中心时，$Q_\theta = 2$；若处于两个壁面交线的中心时，$Q_\theta = 4$；而声源处于3个壁面的交点时，$Q_\theta = 8$。

答案选【D】。

6. 在房间内采用吸声降噪措施的主要作用是什么？【2011 - 1 - 39】

(A) 只降低直达声，不降低混响声   (B) 只降低混响声，不降低直达声

(C) 同时降低直达声和混响声   (D) 不降低直达声和混响声

【解析】 根据《教材（第二册）》P430 可知，当 $r > r_0$ 时，混响声为主要能量，只有在这个区域内进行吸声降噪处理才会有较明显的效果。

答案选【B】。

多选题

1. 关于消声室和半消声室，下列说法正确的是哪几项？【2008 - 1 - 65】

(A) 消声室是模拟自由声场的房间，隔声和吸声是消声室设计的两个关键问题
(B) 为了模拟自由场，消声室内的 6 个表面都应该敷设吸声材料
(C) 为了模拟半自由场，半消声室室内的 3 个表面应该敷设吸声材料
(D) 理想的消声室只有直达声，没有反射声。其自由场特性可以用球面波的声压级与离开声源的距离成平方反比的定律来验证

【解析】 选项 A，根据《噪声与振动控制工程手册》P62 可知，为避免消声室外声源和振源对消声室内声学测试的影响，通常消声室需要采取一定的隔声和隔振措施，故 A 正确；

选项 B，根据《噪声与振动控制工程手册》P62 可知，为了使室内声场情况接近自由声场，室内 6 个面都应敷设吸声系数特别高的吸声材料，故 B 正确；

选项 C，根据《噪声与振动控制工程手册》P62 可知，利用镜面原理，可以设计半消声室，例如房间 5 面做吸声处理，另 1 面（通常为地面）为镜面，故 C 错误；

选项 D，根据《噪声与振动控制工程手册》P62 可知，自由声场是只有直达声而没有反射声的声场。消声室自由声场的鉴定，一般用声压与点声源距离成反比的定律来检验，故 D 错误。

答案选【AB】。

2. 下列关于室内消声降噪处理的说法哪些是正确的？【2008 - 1 - 66】
(A) 吸声降噪的效果与原有的吸声量、声源以及受声点的位置有关
(B) 声源的声功率越大，吸声降噪的效果越明显
(C) 吸声降噪量与吸声材料的用量成正比关系
(D) 在混响声十分明显的场所，吸声降噪量可达 10dB 左右

【解析】 选项 A，根据《噪声与振动控制工程手册》P446 可知，由于吸声降噪只能降低室内的混响声而不能降低直达声，降噪的效果与室内原有的吸声量、接收者的位置（受声点）等因素有关。再根据 4.1 中 4）条，可知 A 正确；

选项 B，根据《教材（第二册）》P429 可知，吸声降噪只能降低室内的混响声，对于声源的直达声则没有任何降噪效果，故 B 错误；

选项 C，根据《噪声与振动控制工程手册》P446 可知，吸声降噪量与吸声材料的用量成对数关系，故 C 错误；

选项 D，根据《噪声与振动控制工程手册》P446 可知，吸声降噪量一般为 3dB ~ 8dB，在混响声十分明显的场所吸声降噪量可达 10dB 左右，故 D 正确。

答案选【AD】。

3. 关于室内声场的描述，下列哪些说法是正确的？【2011 - 1 - 68】
(A) 在房间壁面接近于全反射的房间中，房间常数接近于 1
(B) 在房间壁面接近于全吸收的房间中，房间常数接近于无限大
(C) 当声源的距离增加时，在大于混响半径的区域，不存在直达声能的影响
(D) 房间内一定位置的声场可以看作是所有声源的直达声和混响声叠加而成

【解析】 选项 A，根据《噪声与振动控制工程手册》P44 可知，当房间壁面接近全

反射时，房间常数接近于 0，故 A 错误；

选项 B，根据《噪声与振动控制工程手册》P44 可知，当房间壁面接近全吸收时，房间常数接近于无限大，故 B 正确；

选项 C，根据《噪声与振动控制工程手册》P44 可知，在大于混响半径的区域，以混响声为主，但也存在直达声能的影响，故 C 错误；

选项 D，根据《噪声与振动控制工程手册》P43 可知，把房间的直达声和混响声叠加可得到实际的总声场，故 D 正确。

答案选【BD】。

4. 关于声波在室内的传播，以下哪些选项是错误的？【2013-1-68】
(A) 对于室内的点声源，声源的指向性因数为 1
(B) 室内某点距声源的距离等于混响半径时，直达声与混响声的影响相同
(C) 在室内有多个声源时，室内某点的声场只是由最近的声源产生的
(D) 在室内有多个声源时，总声场是各个声源产生的声场的叠加

【解析】 选项 A，根据《教材（第二册）》P429 可知，当声源处于房间中心时，声源的指向性因数才等于 1，故 A 错误；

选项 B，根据《教材（第二册）》P430 可知，在此距离（混响半径）上，直达声与混响声的大小相等，故 B 正确；

选项 C、D，在室内有多个声源时，室内某点的声场是由多个声源产生的声场的叠加，故 C 错误，D 正确。

答案选【AC】。

5. 在一个室内声场中，影响室内声压级分布的因素有哪些？【2014-1-61】
(A) 声源的指向性因数 (B) 室内座椅的材料
(C) 室内灯光的照度   (D) 室内吸声结构的吸声系数

【解析】 选项 A，根据《教材》P429 公式 5-2-8 $E_D = \dfrac{WQ_\theta}{4\pi cr^2}$，可知室内声场由声源辐射的直达声密度受声源的指向性因数 Q_θ 的影响，故选项 A 影响室内声压级；

选项 B、D，根据《教材》P429 公式 5-2-9 $E_R = \dfrac{4W}{cR}$ 及 $R = \dfrac{Sa}{1-a}$，可知混响声能量密度受房间内平均吸声系数 a 的影响，故选项 B、D 影响室内声压级。

答案选【ABD】。

2.4 隔声降噪

单选题

1. 一个单层均质面密度 $10kg/m^2$ 的隔声构件在 1000Hz 的隔声量为 37.8dB，采用相同材质的隔声构件，当频率降低至 250Hz 时，隔声量需达到 31.8dB，请根据隔声"质量

定律"判断隔声构件需要的面密度与下面哪个答案最接近（假设为正入射条件）？【2007-1-38】

  (A) $10kg/m^2$ (B) $5kg/m^2$
  (C) $30kg/m^2$ (D) $20kg/m^2$

【解析】 根据《教材（第二册）》P435 公式 5-2-19 $R_0 = 20 \times \lg(mf) - 42.5$，可得出 $10kg/m^2$、1000Hz 的隔声量为 37.8dB：$R_1 = 20 \times \lg(m_1 f_1) - 42.5 = 37.8$；

另可得出 $(m_2 \cdot kg)/m^2$、250Hz 隔声量为 31.8dB：$R_2 = 20 \times \lg(m_2 f_2) - 42.5 = 31.8$；

进而得出 $R_1 - R_2 = 20 \times \lg(m_1 f_1) - 20\lg(m_2 f_2) = 37.8 - 31.8 = 6 \Rightarrow m_2 = 20kg/m^2$。

答案选【D】。

2. 铝板的密度为 $2700kg/m^3$，静态弹性模量为 $7.2 \times 10^{10} N/m^2$。采用厚度为 2.5mm 的单层铝板作为隔声构件时，试计算出现吻合效应的临界频率。（声速 344m/s）【2008-1-36】

  (A) 849Hz   (B) 5092Hz
  (C) 8487Hz   (D) 858Hz

【解析】 根据《噪声与振动控制工程手册》P257 公式 5.1-3，可得出：

$$f = \frac{c^2}{2\pi t}\sqrt{\frac{12\rho}{E}} = \frac{344^2}{2\pi \times 2.5 \times 10^{-3}} \times \sqrt{\frac{12 \times 2700}{7.2 \times 10^{10}}} = 5054Hz。$$

答案选【B】。

3. 在声波无规入射条件下，一个单层匀质的隔声构件 1000Hz 的隔声量是 25.4dB，如果隔声构件的面密度加倍，则这个隔声构件 1000Hz 的隔声量是以下哪一个？【2009-1-38】

  (A) 25.4dB   (B) 31.4dB
  (C) 29.8dB   (D) 28.4dB

【解析】 根据《教材（第二册）》P436 公式 5-2-22 $R = 14.5 \times \lg m + 14.5 \times \lg f - 26$，可得出：

面密度为 m 时，$R = 14.5 \times \lg m + 14.5 \times \lg f - 26 = 14.5 \times \lg m + 14.5 \times \lg 1000 - 26 = 25.4dB$；

面密度加倍后为 $2m$ 时，$R = 14.5 \times \lg m + 14.5 \times \lg f - 26 = 14.5 \times \lg 2m + 14.5 \times \lg 1000 - 26 = 25.4 + 4.4 = 29.8dB$。

答案选【C】。

4. 按照《声屏障声学设计和测量规范》测量并评价道路声屏障的插入损失值时，以下测点布置选择正确的是哪一项？【2013-1-35】

  (A) 声屏障的前后各设一个测点
  (B) 声屏障安装前后在仅在同一受声点设测点
  (C) 声屏障安装前后仅在同一参考点设测点

（D）声屏障安装前后在同一参考点和受声点处设测点

【解析】 根据《教材（第三册）》P1514《声屏障声学设计和测量规范》5.2.1.1条和5.2.1.2条，可知D适合。

答案选【D】。

5. 在交通道路上安装声屏障，如果道路声屏障的传声损失 TL 比声屏障的绕射声衰减 ΔL_d 大 10dB 以上，那么声屏障的声影区受到的噪声影响主要来自以下哪项？【2014 - 1 - 33】

（A）车辆噪声透过声屏障的传播（透射声）
（B）车辆噪声经声屏障反射后的传播（反射声）
（C）车辆噪声绕过声屏障传播（绕射声）
（D）车辆噪声的直达声

【解析】 根据《教材（第三册）》P1517《声屏障声学设计和测量规范》可知，$TL - \Delta L_d \geq 10dB$，此时的透射声能可以忽略不计，结合该页图1可知声影区受到的噪声影响主要来自绕射声。

答案选【C】。

多选题

1. 某双层薄板隔声结构由 0.75mm 镀锌钢板、100mm 空隙、2.0mm 铝板及轻钢龙骨组成，拟采取一些措施来提高该双层隔声结构的隔声性能，请指出下列措施中哪些是有效的？【2008 - 1 - 68】

（A）在空腔内填充吸声材料
（B）在钢板和铝板内表面粘贴或涂覆阻尼材料
（C）加强双层薄板隔声结构的刚性连接
（D）把空腔的尺寸由 100mm 改为 150mm

【解析】 选项A，根据《教材（第二册）》P440可知，多层壁结构的中间层可以是空气层或填塞一些内阻较大的材料，这是多层壁隔声效果较好的原因，故A正确；

选项B、C，根据《教材（第二册）》P441可知，影响双层壁隔声效果的另一个重要的原因是两个单层壁的刚性连接，噪声往往通过这些刚性连接直接传递出去。为避免刚性连接，可在两个单层壁的连接处和骨架上，垫上或嵌入橡皮、软木等弹性材料，故B正确、C错误；

选项D，根据《教材（第二册）》P441图 5 - 2 - 19，可推断D正确。

答案选【ABD】。

2. 在声波无规入射条件下，以下关于隔声材料隔声特性的阐述哪些是不正确的？【2009 - 1 - 67】

（A）单层匀质隔声构件的所有频率的隔声量都相同
（B）单层匀质隔声构件的隔声量随频率的增高而增大
（C）单层匀质隔声构件的隔声量随频率的增高而减小

(D) 单层匀质隔声构件在临界频率的隔声量降低

【解析】 根据《教材（第二册）》P434 图 5-2-15，可知 A、B、C 错误。

答案选【ABC】。

3. 采用下列哪些方法可使单层匀质薄板发生吻合效应的频率向高频移动？【2011-1-60】

(A) 增加板的面密度　　　　　　(B) 减小板的面密度
(C) 提高板的厚度　　　　　　　(D) 减小板的厚度

【解析】 根据《教材（第二册）》P437 公式 5-2-25，可知 $f_c = \dfrac{0.551c^2}{hc_P}$。公式中参数 c 为空气中声速，h 为结构厚度，c_P 为结构中的纵波速度，$c_P = \dfrac{E}{\rho_m(1-\nu^2)}$；另外，$E$ 为结构弹性模量，ρ_m 为结构密度，ν 为结构材料的泊松比。故增加板的面密度 ρ_m，c_P 减小、f_c 变大；减小板的厚度 h，f_c 变大。

答案选【AD】。

4. 关于单层均匀隔声薄板的隔声量与频率的关系，下列哪些说法是错误的？【2011-1-67】

(A) 在很低的频率，降低板的简正频率，板的隔声量随着频率的升高而升高
(B) 单层均匀隔声薄板的隔声频率特性曲线上升频率是 6dB/倍频程
(C) 同一种材料的临界频率，即出现吻合效应的最低频率，与材料的厚度成反比
(D) 在质量控制区，频率提高一个倍频程，板的隔声增量大于 6dB

【解析】 选项 A，根据《噪声与振动控制工程手册》P256 图 5.1-1 可知，在很低的频率（低于板的简正频率）范围里，隔声曲线随频率升高而降低，故 A 错误；

选项 B，根据《噪声与振动控制工程手册》P256 图 5.1-1 可知，在质量控制区，频率特性曲线上升效率是 6dB/倍频程，故 B 错误；

选项 C，根据《噪声与振动控制工程手册》P257 式 5.1-3 之 $f = \dfrac{c^2}{2\pi t}\sqrt{\dfrac{12\rho}{E}}$，可知式中 t 是板的厚度（m），故 C 正确；

选项 D，根据《噪声与振动控制工程手册》P256 图 5.1-1 可知，在质量控制区，频率提高一个倍频程，板的隔声增量等于 6dB，故 D 错误。

答案选【ABD】。

5. 若 4 种窗户经测试其隔声性能分别如下，按照《民用建筑隔声设计规范》，一侧临街的医院病房选用哪几种外窗可能符合标准要求？【2013-1-60】

(A) 计权隔声量 R_W 为 34dB，粉红噪声频谱修正量 C 为 3dB，交通噪声频谱修正量 C_{tr} 为 -4dB
(B) 计权隔声量 R_W 为 31dB，粉红噪声频谱修正量 C 为 0dB，交通噪声频谱修正量 C_{tr} 为 -2dB

(C) 计权隔声量 R_W 为 29dB，粉红噪声频谱修正量 C 为 +1dB，交通噪声频谱修正量 C_{tr} 为 −1dB

(D) 计权隔声量 R_W 为 33dB，粉红噪声频谱修正量 C 为 +1dB，交通噪声频谱修正量 C_{tr} 为 −3dB

【解析】 根据《民用建筑隔声设计规范》(GB 50118—2010)医院建筑中表 6.2.3，可知外墙、外窗和门的空气声隔声标准，并得出临街一侧病房（外窗计权隔声量 R_W + 交通噪声频谱修正量 C_{tr}）≥30dB。

选项 A，$R_W + C_{tr} = 30$dB，故 A 符合；
选项 B，$R_W + C_{tr} = 29$dB，故 B 不符合；
选项 C，$R_W + C_{tr} = 28$dB，故 C 不符合；
选项 D，$R_W + C_{tr} = 30$dB，故 D 符合。
答案选【AD】。

6. 下列关于单层匀质隔声板的吻合效应，哪些说法是正确的？【2014 − 1 − 69】
(A) 临界频率是单层薄板隔声特性曲线上的质量控制区和吻合效应控制区的界线
(B) 临界频率是出现吻合效应的最低频率
(C) 将金属薄板的厚度变为原厚度 2 倍后，临界频率将变为原临界频率的 1/2
(D) 将金属薄板的厚度变为原厚度 2 倍后，临界频率将变为原临界频率的 2 倍

【解析】 选项 A、B，根据《噪声与振动控制工程手册》P256 可知，频率超过质量控制区上升到一定频率时，薄板将出现吻合效应，并在最低的吻合效应频率（称为临界频率）位置产生隔声低谷，故 A 错误、B 正确；

选项 C、D，将金属薄板的厚度变为原厚度 2 倍，根据《噪声与振动控制工程手册》P257 公式 5.1 − 3 之 $f = \dfrac{c^2}{2\pi t}\sqrt{\dfrac{12\rho}{E}}$，可知临界频率将变为原临界频率的 1/2，故 C 正确、D 错误。
答案选【BC】。

2.5 消声降噪

● 单选题

1. 下图为某消声器的结构图，试分析该消声器是属于哪一类型的消声器？【2007 − 1 − 34】
(A) 抗性消声器　　　　　　　　(B) 阻性消声器
(C) 排气放空消声器　　　　　　(D) 阻抗复合式消声器

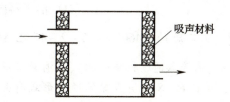

【解析】 根据《噪声与振动控制工程手册》P471、P489、P494 可知，阻性消声器、抗性消声器、复合式消声器的定义，并据此可以看出图中消声器是通过阻性材料和管道扩张来消声，因而属于阻抗复合式消声器。

答案选【D】。

2. 一个有效长度1.0m 圆形直管式阻性消声器，其外径为55cm，气流通道直径为25cm，已知消声器通道内壁在250Hz、500Hz 和1000Hz 的正入射吸声系数 α_0 分别为0.3、0.5、0.8，以消声器消声量计算公式计算500Hz 对应的消声量为下面哪项？【2007-1-39】

(A) 6.0dB (B) 12.0dB
(C) 0.1dB (D) 5.5dB

【解析】 根据《教材（第二册）》P466 公式 5-2-45 之 $\Delta L = \varphi(\alpha_0)\frac{Pl}{S}$，可知500Hz 时 $\alpha_0 = 0.5$，再查 P466 表 5-2-19 得出 $\varphi(\alpha_0) = 0.75$，因而 $\Delta L = \varphi(\alpha_0)\frac{Pl}{S} = 0.75 \times \frac{0.25\pi \times 1}{\pi \times 0.25^2/4} = 12\mathrm{dB}$。

答案选【B】。

3. 下列哪个说法不符合抗性消声器的消声机理？【2010-1-39】
(A) 抗性消声器可以利用共振效应来达到消声效果
(B) 抗性消声器主要是由于气流管道内衬的吸声材料损耗部分声能而达到消声效果
(C) 抗性消声器的消声效果可以由气流通道截面变化获得
(D) 抗性消声器可以利用声波干涉原理来消声

【解析】 选项A，根据《教材（第二册）》P479 可知，共振腔消声器也是抗性消声器的一种主要形式，它是利用共振吸声原理进行消声的，故A正确；

选项B，根据《噪声与振动控制工程手册》P471 可知，阻性消声器是利用气流管道内的不同结构形式的多孔吸声材料来吸收声能、降低噪声的，故B错误；

选项C，根据《噪声与振动控制工程手册》P489 可知，扩张式消声器是依据管道中声波在截面突变处发生反射而衰减噪声的原理设计的，故C正确；

选项D，根据《教材（第二册）》P489 可知，干涉型消声器是根据声波的干涉原理制作的，故D正确。

答案选【B】。

4. 以下对阻性消声器的消声性能影响较小的是哪一项？【2010-1-40】
(A) 消声器通道形式 (B) 消声器外壳体刚度
(C) 消声器长度 (D) 消声器内吸声材料的吸声性能

【解析】 根据《教材（第二册）》P466 公式 5-2-45 之 $\Delta L = \varphi(\alpha_0)\frac{Pl}{S}$，可知其中 P（消声器通道断面周长）、S（消声器通道横截面积）、l 消声器有效长度、$\varphi(\alpha_0)$ 和法向吸声系数有关的消声系数，并且 P、S 与消声器的通道形式有关，$\varphi(\alpha_0)$ 与消声器内吸声材料的吸声性能有关，故选B。

答案选【B】。

5. 以下哪项截面尺寸的直管阻性消声器的高频失效频率是3931Hz？（假设声速340m/s）【2011-1-35】
(A) $\Phi 0.3m$
(B) $\Phi 0.3m$
(C) $0.2m \times 0.25m$
(D) $0.1m \times 0.2m$

【解析】 根据《噪声与振动控制工程手册》P507 公式7.3-7之$f_{上}=1.85\frac{c}{D}$可知，其中c是声速（m/s），D是通道截面的直径（m），当通道截面为矩形时（边长为a、h）则$D=1.13\sqrt{ah}$。

选项A、B，$f_{上}=1.85\frac{c}{D}=1.85 \times \frac{340}{0.3} = 2097Hz$，故A、B不符合；

选项C，$f_{上}=1.85\frac{c}{D}=1.85 \times \frac{340}{1.13 \times \sqrt{0.2 \times 0.25}} = 2489Hz$，故C不符合；

选项D，$f_{上}=1.85\frac{c}{D}=1.85 \times \frac{340}{1.13 \times \sqrt{0.1 \times 0.2}} = 3936Hz$，故D符合。

答案选【D】。

6. 下列哪种措施不能改变扩张室消声器的消声频率特性？【2011-1-36】
(A) 在扩张室内壁做吸声层
(B) 增加扩张室的长度
(C) 增大消声器的扩张比
(D) 错开内接插入管，形成迷路形式

【解析】 选项A，通过在扩张室消声器内壁做吸声层后，可提高高频消声量，但不可改善消声频率特性，故A不可以改变消声频率特性；

选项B，根据《教材（第二册）》P472 公式5-2-52之$f_{max}=\frac{1}{4}(2n+1)\frac{c}{l}$，可知最大消声频率与扩张室的长度$l$有关，故B可以改变消声频率特性；

选项C，根据《教材（第二册）》P477 公式5-2-57之$f_h=1.22\frac{c}{D}$，可知其中D和扩张室直径与消声器的扩张比有关，故C可以改变消声频率特性；

选项D，根据《教材（第二册）》P477 公式5-2-58之$f_1=\frac{c}{\pi}\sqrt{\frac{S}{Vl}}$，可知错开内接插入管形成迷路会改变消声器的$V$、$S$，故D可以改变消声频率特性。

答案选【A】。

7. 某排风管需要安装一个消声器，若要求低频、中频和高频均有较好的消声性能，试分析选择下列哪一种消声器最合理？【2013-1-37】
(A) 阻性消声器
(B) 阻抗复合式消声器
(C) 共振式消声器
(D) 干涉式消声器

【解析】 选项A，根据《教材（第二册）》P465可知，阻性消声器的中、高频消声性能较好，低频效果较差，故A不合理；

选项B，根据《教材（第二册）》P483可知，为了在低、中、高频均获得较好的消声效果，将阻性、抗性消声器复合使用，组成阻抗复合式消声器，故B合理；

选项C，根据《教材（第二册）》P481可知，共振消声器特别适用于低、中频成分突出的噪声，故C不合理；

选项D，根据《教材（第二册）》P490，可知干涉消声器对单频或频率范围较窄的低频噪声有较好的效果，故D不合理。

答案选【B】。

多选题

1. 下列关于单节扩张室消声器消声性能的描述哪几项是正确的？【2008-1-69】
   （A）扩张室的当量直径与上限失效频率成正比
   （B）扩张室消声器的扩张比决定了消声器消声量的大小
   （C）扩张室消声器存在上下限失效频率
   （D）扩张室消声器的长度决定了消声器的消声频率特性

【解析】 选项A，根据《教材（第二册）》P477公式5-2-57，可知扩张室的当量直径与上限失效频率成反比，故A错误；

选项B，根据《教材（第二册）》P472公式5-2-51，可知B正确；

选项C，根据《教材（第二册）》P477（2）之上下限截止频率的控制，可知C正确；

选项D，根据《教材（第二册）》P472公式5-2-52，可知D正确。

答案选【BCD】。

2. 如下哪些关于金属微穿孔板消声器的说法是正确的？【2009-1-69】
   （A）金属微穿孔板消声器适用于温度较高的场合
   （B）金属微穿孔板消声器不适用于高速气流流场中
   （C）金属微穿孔板消声器具有防潮、防火的优点
   （D）金属微穿孔板消声器与充填玻璃纤维的阻性消声器相比，可以避免矿物性纤维对环境的二次污染

【解析】 根据《教材》P485可知，微穿孔板消声器可以允许有较高的气流速度。穿孔板可以用普通金属板制成，可用于高温、潮湿、腐蚀、短暂火焰的环境中，故A、C正确，B错误。再根据《噪声与振动控制工程手册》P521中3.4.2条之2)，可推断出D正确。

答案选【ACD】。

3. 关于扩张室消声器的消声特性，下面哪些说法是正确的？【2012-1-61】
   （A）合理确定扩张室消声器的膨胀比，可以确定最大消声量
   （B）插入管的长度为1/2扩张室长度时，可以消除1/2波长奇数倍通过频率

(C) 插入管的长度为 1/4 扩张室长度时，可以消除 1/2 波长偶数倍通过频率

(D) 合理确定插入管的长度，可以确定最大消声量

【解析】 选项 A，根据《噪声与振动控制工程手册》P489，可知扩张室与原管道截面积之比称为膨胀比 m，膨胀比 m 将决定单节典型扩张室消声器的最大消声量，故 A 正确；

选项 B、C，根据《噪声与振动控制工程手册》P509 可知，插入管的长度为 1/2 扩张室长度时，可以消除 1/2 波长奇数倍通过频率；插入管的长度为 1/4 扩张室长度时，可以消除 1/2 波长偶数倍通过频率，故 B、C 正确；

选项 D，插入管的长度影响消声的频率特性，其最大消声量由扩张比决定，故 D 错误；

答案选【ABC】。

4. 关于共振腔消声器的消声特性，下列哪些说法是正确的？【2012 - 1 - 70】

(A) 适用于具有明显低频噪声声峰值的声源消声处理，并且对气流压力损失要求很低的场合

(B) 内管的开孔段应均匀集中在内管的中部，孔间距≥孔径的 5 倍

(C) 共振腔体体积增大不能改善消声特性

(D) 当共振腔分段时，总消声量可估算为各段消声量之和

【解析】 选项 A，根据《教材》P481 可知，共振腔消声器特别适用于低、中频成分突出的噪声，缺点是消除噪声的有效频率范围窄（即适用于处理明显低频噪声声峰值），根据共振腔消声器的结构、图 5 - 2 - 57 和图 5 - 2 - 59，可知气流通过共振腔消声器时气流方向不发生变化，故气流压力损失很低，A 正确；

选项 B，根据《教材》P481 可知，穿孔位置应集中在共振腔中部，孔间距大于或等于孔径的 5 倍，故 B 正确；

选项 C，根据《教材》P481 可知，公式 5 - 2 - 63 之 $D_{TL} = 10\lg(1 + 2K^2)$，公式中 $K = \dfrac{\sqrt{GV}}{2S}$，可知体积变大能增加倍频带的消声量，故 C 错误；

选项 D，根据《教材》P481 可知，总的消声量可近似视为各个腔消声量的总和，故 D 正确。

答案选【ABD】。

5. 某通风系统排风管需要安装一个扩张室抗性消声器，要求 1400Hz 频率对应的最大消声量为 18dB，试分析下列哪些规格的消声器不符合要求？【2013 - 1 - 69】

(A) 圆形，直径 200mm　　　　　　(B) 正方形，边长 300mm

(C) 圆形，直径 400mm　　　　　　(D) 圆形，直径 500mm

【解析】 此题考查对扩张室消声器的上限截止频率的掌握情况，选项中所给出的数据应该是扩张室直径。根据《教材（第二册）》P477 公式 5 - 2 - 57 之 $f_h = 1.22\dfrac{c}{D}$，可得出：

选项 A，$f_\mathrm{h}=1.22\dfrac{c}{D}=1.22\times\dfrac{340}{0.2}=2074\mathrm{Hz}$，$1400\mathrm{Hz}<2074\mathrm{Hz}$，故 A 符合；

选项 B，$f_\mathrm{h}=1.22\dfrac{c}{D}=1.22\times\dfrac{340}{\sqrt{0.3\times0.3}}=1382\mathrm{Hz}$，$1400\mathrm{Hz}>1382\mathrm{Hz}$，会导致高频失效，故 B 不符合；

选项 C，$f_\mathrm{h}=1.22\dfrac{c}{D}=1.22\times\dfrac{340}{0.4}=1037\mathrm{Hz}$，$1400\mathrm{Hz}>1037\mathrm{Hz}$，会导致高频失效，故 C 不符合；

选项 D，$f_\mathrm{h}=1.22\dfrac{c}{D}=1.22\times\dfrac{340}{0.5}=830\mathrm{Hz}$，$1400\mathrm{Hz}>830\mathrm{Hz}$，会导致高频失效，故 D 不符合。

答案选【BCD】。

6. 下列关于消声器的使用，哪些说法是正确的？【2014-1-67】
(A) 管式消声器常用于风量大、尺寸大的管道
(B) 由于阻性消声器具有消声频带较宽，中高频段消声性能显著的优点，故而成为各类消声器中种类形式最多、应用最广的一种
(C) 用膨胀珍珠岩吸声砖和陶土吸声砖等吸声砖块砌筑的消声器，由于施工简单、不怕潮湿，适用于地下送回、风道和消声坑道
(D) 消声百叶主要用于低频消声

【解析】 选项 A，根据《教材》P464 可知，直管式消声器适合流量不大的情况下使用，故 A 错误；

选项 B，根据《噪声与振动控制工程手册》P471 可知，阻性消声器是各类消声器中形式最多、应用最广的一种消声器，特别是在风机类消声器中应用最多。阻性消声器具有较宽的消声频率范围，在中、高频段的消声性能尤为显著，故 B 正确；

选项 C，根据《噪声与振动控制工程手册》P473 可知，片式消声器也可用膨胀珍珠岩吸声砖、陶土吸声砖等砌筑，施工简单，不怕潮湿，消声效果也较好，一般适用于地下送、回风道或消声坑道之中，故 C 正确；

选项 D，根据《噪声与振动控制工程手册》P483 可知，消声百叶的消声量一般为 5dB～15dB，消声特性呈中高频性，故 D 错误。

答案选【BC】。

3 隔振设计及电磁污染防治

3.1 隔振基本原理

单选题

1. 一台小型热泵安装在住宅楼的屋顶中央，在热泵两侧及顶部排风扇上方测得的噪声级均为50dB（A），但在热泵运行时，热泵安装位置的下方房间内噪声为50dB（A），试判断下列哪项是造成这种情况的主要原因？【2008-1-40】
  (A) 热泵顶部排风扇排风噪声的传播影响
  (B) 楼板的空气隔声量不够
  (C) 热泵机械噪声的传播影响
  (D) 热泵没有隔振，导致屋顶楼板的振动和二次结构噪声传播

【解析】 根据《教材（第二册）》P512中2之声源控制，可知主要是由热泵没有隔振造成的。

答案选【D】。

2. 某地铁列车运行振动源的主要峰值频率集中在31.5Hz~40Hz，在选择轨道减振器的固有频率时，以下哪个答案最合理？【2013-1-36】
  (A) 31.5Hz~40Hz (B) 20Hz~40Hz
  (C) 7Hz~16Hz   (D) 3.15Hz~4Hz

【解析】 根据《教材（第二册）》P409可知，在实际工程设计时，还须兼顾系统稳定性和成本等因素，通常取 $\frac{f}{f_0}=2.5\sim5$，则有 $31.5\div5=6.3$Hz；$40\div2.5=16$Hz，故轨道减振器的固有频率在6.3Hz~16Hz最合理。

答案选【C】。

多选题

在一般场合，对下列哪些设备的隔振属于消极隔振？【2011-1-59】
  (A) 精密天平   (B) 水泵机组
  (C) 柴油发电机   (D) 光栅刻线机

【解析】 根据《教材（第二册）》P405可知，隔振可以分为两类：一类是积极隔振，另一类是消极隔振。积极隔振是对作为振动源的机器设备采取隔振措施；消极隔振是对受到振动干扰的设备采取隔振措施。由此可知，B、C属于振动源，属于积极隔振；A、D属于受到振动干扰的设备，属于消极隔振。

答案选【AD】。

3.2 隔振设计

单选题

1. 请指出下列哪条违背了隔振设计的基本原则？【2007-1-35】
   (A) 为了减少隔振体系中被隔振对象的振动，需要增加隔振体系的质量和质量惯性矩时，应设置刚性台座
   (B) 在隔振设计时，应考虑可能增加隔振体系的中心与扰力作用线之间的距离
   (C) 对消极隔振，应使隔振体系的重心与刚度中心相重合
   (D) 对频繁启动机器的隔振，为避免机器转速经过隔振器工作频率时（共振区）出现过大的振动位移，隔振器应具有一定的阻尼

【解析】 选项A，根据《噪声与振动控制工程手册》P615中5.2.1条之3）可知，为了减少被隔振对象的振动，需要增加隔振体系的质量和质量惯性矩，应设置刚性台座，故A正确；

选项B，根据《噪声与振动控制工程手册》P616中5.2.3条之3）可知，应尽可能缩短隔振体系的重心与扰力作用线之间的距离，故B错误；

选项C，根据《噪声与振动控制工程手册》P616中5.2.3条之4）可知，对消极隔振应使隔振体系的重心与刚度中心重合，故C正确；

选项D，根据《噪声与振动控制工程手册》P617中5.2.3条之7）可知，在开机和停机的过程中，扰频经过共振区时，需避免出现过大的振动位移，一般阻尼比取0.06~0.10，故D正确。

答案选【B】。

2. 根据金属弹簧隔振器和橡胶隔振器的性能特点，判断下面各提法中哪个是错误的？【2007-1-40】
   (A) 橡胶隔振器和金属螺旋弹簧隔振器相比，缺点是其固有频率难以达到5Hz以下
   (B) 螺旋钢弹簧隔振器能够吸收机械振动能量，特别是对高频振动能量的吸收更为突出
   (C) 温度对橡胶隔振器的刚度影响大，温度下降则刚度增加
   (D) 橡胶隔振器的动态弹性模量比静态弹性模量大

【解析】 选项A，根据《教材（第二册）》P493可知，橡胶隔振器对太低的固有频率（如低于5Hz）不适用。再依P495可知，弹簧隔振器可以达到较低的固有频率，例如5Hz以下，故A正确；

选项B，根据《教材（第二册）》P495可知，弹簧隔振器在高频区域的隔振效果差，故B错误；

选项C，根据《教材（第二册）》P495可知，温度对橡胶隔振器的刚度影响很大，温度降低，刚度增大；温度升高，刚度则减小，故C正确；

选项 D，根据《噪声与振动控制工程手册》P680 图 8.8-8 可知，动态弹性模量 (E_d) 大于静态弹性模量 (E_s)，故 D 正确。

答案选【B】。

3. 一套设备系统有高、中、低 3 种转速，问在做隔振设计时，隔振计算应按何种转速作为设计依据？【2009-1-39】
   (A) 高转速 　　　　　　　　　　(B) 中转速
   (C) 低转速 　　　　　　　　　　(D) 高、中、低转速的平均转速

【解析】 根据《教材（第二册）》P500 可知，如果有几个频率不同的振动源都需要隔离，则激振力频率应该取频率最小的那个作为设计计算值。根据《环境工程手册环境噪声控制卷》P203 公式 $f = \dfrac{n}{60}$，其中 n 是机器每分钟的转数或撞击次数，所以选择低转速的设备。

答案选【C】。

4. 已知单层橡胶隔振垫的固有频率为 f_0，3 层相同橡胶隔振垫串联后的固有频率为 f_3，请问它们之间的正确关系是以下哪一项？【2010-1-38】
   (A) $f_3 = f_0$ 　　　　　　　　　(B) $f_3 = \sqrt{3} f_0$
   (C) $f_3 = \dfrac{f_0}{3}$ 　　　　　　　　(D) $f_3 = \dfrac{f_0}{\sqrt{3}}$

【解析】 根据《噪声与振动控制工程手册》P686 可知，设一层垫在某工作载荷下的固有频率为 f_0，那么在相同载荷下 3 层的固有频率为 $\dfrac{f_0}{\sqrt{3}}$。

答案选【D】。

多选题

1. 下列关于隔振元件性能的叙述哪些是正确的？【2008-1-70】
   (A) 空气弹簧的低频隔振性能好
   (B) 橡胶隔振器的适用频率范围为 2Hz～100Hz
   (C) 金属螺旋弹簧载荷特性的线性度较好
   (D) 软木隔振垫的载荷特性的线性度较差

【解析】 选项 A，根据《噪声与振动控制工程手册》P690 中 8.6.1 条之 6)，可知空气弹簧对高、低频振动，冲击以及固体声均有很好的隔离特性，故 A 正确；

选项 B，根据《教材（第二册）》P493 可知，橡胶隔振器的适用频率范围为 5Hz～15Hz，故 B 错误；

选项 C、D，没有明显出处，但根据《噪声与振动控制工程手册》P680 中 8.3.2 条可知，橡胶是一种非线性的弹性材料，几乎是不可压缩的，只有在变形较小时才可近似地作为线性体理解。由此可确定 C、D 正确。

答案选【ACD】。

2. 隔振系统设计中，使用附加质量块的主要作用是哪一项？【2009-1-70】
（A）作为一个局部能量吸收器，以减少振动引起的噪声辐射
（B）抑制机器通过共振转速时的振幅
（C）提高隔振系统质心，以改善系统的隔振性能
（D）使隔振元件受力均匀，设备振幅得到控制

【解析】 根据《环境工程手册环境噪声控制卷》P249 中（5）之附加质量块，可知：
（1）使隔振元件受力均匀，设备振幅得到控制；
（2）降低隔振系统质心，提高系统的稳定性；
（3）减少因机器质心位置计算误差所引起的耦合振动，使系统尽可能地接近垂直方向振动；
（4）抑制机器通过共振转速时的振幅；
（5）对于水泵、风机出口处存在反力矩的流体机械隔振时，可以消除反力矩影响，保证机器的水平位置；
（6）作为一个局部能量吸收器，以减少振动引起的噪声辐射。由此可见 A、B、D 正确。

答案选【ABD】。

3. 以下关于振动控制的结论，哪些是正确的？【2010-1-69】
（A）增加被隔离物体的质量可以减少被隔离物体的惯性矩
（B）隔离系统支撑的阻尼，在隔振区会提高支撑的刚度，增大传递率
（C）隔振器的刚度小，隔振效果好
（D）被隔离物体的质量增加，振动的绝对传递率减小

【解析】 选项 A、D，根据《环境工程手册环境噪声控制卷》P248 中 1.2 可知，同时增加质量，包括采用附加质量块、加大隔振底座的面积等，可以增大被隔离物体的惯性矩，使其摇摆减小。然而这不能减小绝对传递率，传递至基础的力仍保持不变，故 A、D 错误；

选项 B，根据《环境工程手册环境噪声控制卷》P248 中 1.3 可知，阻尼在隔振区为系统提供了一个使弹簧短路的附加连接，以提高支撑的刚度，使传递率增大，故 B 正确；

选项 C，根据《环境工程手册环境噪声控制卷》P248 中 1.1 可知，刚度小，隔振效果好，故 C 正确。

答案选【BC】。

4. 如果降低隔振橡胶的硬度，在允许荷载范围内，下面哪些结论是正确的？【2011-1-66】
（A）弹性模量变小　　　　　　（B）阻尼比变小
（C）压缩量减小　　　　　　　（D）隔振效果变差

【解析】 选项 A，根据《环境工程手册环境噪声控制卷》P254 图 5-37 可知，硬

度降低，弹性模量变小，故 A 正确；选项 B、C，根据《环境工程手册环境噪声控制卷》P254 可知，橡胶的硬度是决定橡胶性能的主要参数，硬度大则强度高、变形小、弹性差、阻尼比大；硬度小则强度低、变形大、弹性好、阻尼比减小，故 B 正确、C 错误；

选项 D，根据《环境工程手册环境噪声控制卷》P255 可知，动态弹性模量小的弹性材料其隔振性能好，结合 A 选项，故 D 错误。

答案选【AB】。

5. 下列哪些选项是金属弹簧隔振器的优点？【2014 - 1 - 68】
   （A）可选用的固有频率较低
   （B）阻尼小
   （C）不会产生驻波效应，不易传播高频振动
   （D）力学性能稳定，承受载荷范围较大

【解析】 根据《环境工程手册环境噪声控制卷》P264 可知：
金属弹簧隔振器的优点是，固有频率低，为 2Hz～4Hz；力学性能稳定，承受荷载范围大；加工制作方便，安装、更换容易；寿命长、耐油污、耐高温。
金属弹簧隔振器的缺点为，阻尼小；产生驻波效应，容易传播高频振动；横向刚度小，容易产生摇晃。

答案选【AD】。

6. 采取下列哪些措施能提高隔振系统的隔振效率？【2014 - 1 - 70】
   （A）增加金属弹簧隔振器的垂直刚度
   （B）由单层橡胶隔振垫改为串联使用多层橡胶隔振垫
   （C）将 8 只性能相同的隔振器由 4 点布置改为 8 点布置
   （D）采用固有频率较低的隔振器

【解析】 根据《教材（第二册）》P409 可知，$\frac{f}{f_0}$ 越大，T 越小，隔振效果越好，因此要提高隔振系统的效率，在激振频率 f 不变的情况下，要降低隔振系统的固有频率 f_0。

选项 A，根据《教材》P407 公式 5 - 1 - 122 可知，弹簧隔振系统的固有频率为 $f_0 = \frac{1}{2\pi}\sqrt{\frac{k}{m}}$，公式中 k 为弹簧刚度，增加弹簧刚度，固有频率变大，隔振效率降低，故 A 错误；

选项 B，根据《环境工程手册环境噪声控制卷》P258 可知，多层橡胶隔振垫的固有频率 f_{0n} 与单层橡胶隔振垫的固有频率 f_0 的关系，见公式 5 - 76 之 $f_{0n} = \frac{f}{\sqrt{n}}$，将单层橡胶隔振垫改为串联使用多层橡胶隔震垫后，固有频率变小，隔振效率提高，故 B 正确；

选项 C，由 4 点布置改为 8 点布置后，每个隔振器承受重量 m 降低，固有频率 $f_0 = \frac{1}{2\pi}\sqrt{\frac{k}{m}}$ 变大，隔振效率降低，故 C 错误；

选项 D，依据上述内容，可知采用固有频率较低的隔振器是适当的，故 D 正确。

答案选【BD】。

3.3 电磁污染防治

单选题

1. 对于频率 $f=2000\text{kHz}$ 的电磁辐射场，下面哪个值为《电磁辐射防护规定》（GB 8702—88）中规定的电场强度职业照射限值？【2007 - 1 - 28】
   (A) 0.25A/m
   (B) 87V/m
   (C) 20W/m²
   (D) 28V/m

【解析】 根据《教材（第三册）》P52《电磁辐射防护规定》表一可知，2000kHz = 2MHz，其对应电场强度为 87V/m。

答案选【B】。

2. 已知某电磁辐射源未加屏蔽时某一点的场强（E_0）为 30V/m，加屏蔽后同一测点的场强（E_1）为 20V/m，则屏蔽效能（SE）为多少？【2007 - 1 - 36】
   (A) 1.5dB
   (B) 0.7dB
   (C) 3.5dB
   (D) 2.0dB

【解析】 根据《教材（第二册）》P625 公式 5-4-22 可知，$SE = 20\lg\dfrac{E_0}{E_1} = 20\lg\dfrac{30}{20} = 3.5\text{dB}$。

答案选【C】。

3. 关于输电线路的电磁环境，下列哪种说法是错误的？【2008 - 1 - 28】
   (A) 交流输电线路运行时会在线下产生恒定电场
   (B) 交流输电线路运行时会在线下产生磁场
   (C) 直流输电线路运行时会在线下产生电场
   (D) 直流输电线路运行时会在线下产生电场和磁场

【解析】 选项 A，根据《教材（第二册）》P538 中 3.1.2 可知，维持恒定电流的电场是恒定电场，而交流电是大小和方向随时间变化而作出周期性变化的电流，故 A 错误；

选项 B、C、D，根据《教材（第二册）》P581 中 3.3.2 可知，输电导线周围将伴有工频电场和工频磁场。其中，工频电场与线路电压有关，工频磁场与线路电流有关，故 B、C、D 正确。

答案选【A】。

4. 采用《高压架空送电线路无线电干扰限值》（GB 15707—1995）推荐的方法，计算得到 500kV 交流输电线路好天气时的无线电干扰场强 50% 值为 40dB（μV/m）。试问，80% 时间、具有 80% 置信度的无线电干扰场强值大约为以下哪一范围？【2009 - 1 - 30】

3 隔振设计及电磁污染防治

  （A）30dB（μV/m）~34dB（μV/m） （B）40dB（μV/m）~50dB（μV/m）
  （C）46dB（μV/m）~50dB（μV/m） （D）40dB（μV/m）~46dB（μV/m）

【解析】 根据《教材（第三册）》P394可知，《高压架空送电线路无线电干扰限值》（GB 15707—1995）附录C.3，可知："80%时间、具有80%置信度的无线电干扰场强值可由计算值增加6dB~10dB（μV/m）"，因此40 + 6~10 = 46dB~50dB（μV/m）。

答案选【C】。

5. 以下哪一组不全是人为电磁污染源？【2009 - 1 - 40】
  （A）交流电气化铁路牵引供电系统和广播发射台
  （B）雷达站和电力系统
  （C）工频加热设备和射频治疗机
  （D）电视发射台和雷电

【解析】 雷电不属于人为电磁污染。

答案选【D】。

6. 从传输途径上进行控制是电磁污染防治的基本方法之一，以下哪个不属于控制电磁污染传播途径的技术措施？【2010 - 1 - 31】
  （A）对污染对象进行屏蔽
  （B）采用光缆作为电子设备的输入线
  （C）确保被污染对象与污染源之间的足够距离
  （D）减少污染源功率

【解析】 根据《教材（第二册）》P623可知，A、B、C都属于控制电磁污染传播途径，D属于控制电磁污染源头。

答案选【D】。

7. 如果通过测量了解电磁辐射体对工作场所的影响，试问以下哪一做法不符合《电磁辐射防护规定》（GB 8702—88）的要求？【2011 - 1 - 32】
  （A）当电磁辐射体的工作频率低于300MHz时，应分别测量电场强度和磁场强度
  （B）当电磁辐射体的工作频率低于300MHz时，可以只测量电场强度
  （C）当电磁辐射体的工作频率高于300MHz时，可以只测量电场强度
  （D）当电磁辐射体的工作频率高于600MHz时，可以只测量电场强度

【解析】 根据《教材（第三册）》P51《电磁辐射防护规定》4.2.1条："当电磁辐射体的工作频率低于300MHz时，应对工作场所的电场强度和磁场强度分别测量。当电磁辐射体的工作频率大于300MHz时，可以只测电场强度"。可知B正确。

答案选【B】。

8. 以下哪种是人们在主动利用电磁能时产生的电磁污染？【2011 - 1 - 33】
  （A）飞机飞行中机身尖端放电对无线电接收的干扰
  （B）雷电对无线电接收的干扰

(C) 人触摸门把手时产生的火花放电
(D) 手机通话对计算机系统的干扰

【解析】 手机通话对计算机的干扰为人们主动利用无线电波所产生的电磁污染。

答案选【D】。

9. 以下哪一叙述不正确？【2012-1-31】
(A) 采用电焊机焊接金属件时可能对附近收音机收听电台节目形成干扰
(B) 输电线路电晕放电可能对附近调幅收音机收听电台节目形成干扰
(C) 电气化铁路运行时不会产生电磁污染
(D) 步话机工作时可能对附近的电子设备产生干扰

【解析】 选项A、B、D，工作时都会产生电流，会对周围电子设备产生干扰，故A、B、D正确；
选项C，电气化铁路运行时电流会产生电磁污染，故C错误。

答案选【C】。

10. 以下哪一项符合《电磁辐射防护规定》（GB 8702—88）中对电磁辐射的解释？【2012-1-32】
(A) 能量以电场的形式存在于空中的现象
(B) 能量以磁场的形式存在于空中的现象
(C) 能量以电磁场的形式存在于空中的现象
(D) 能量以电磁波的形式通过空间传播的现象

【解析】 根据《教材（第三册）》P51《电磁辐射防护规定》6.1条，可知电磁辐射是能量以电磁波的形式通过空间传播的现象。

答案选【D】。

11. 在一开阔区域的某个位于一发射天线的远场区，测得该天线发射电磁波的电场强度为188.5V/m，试问对应的磁场强度为多少？（波阻抗 $Z_0 = 377\Omega$）【2012-1-39】
(A) 0.5A/m
(B) 2V/m
(C) 0.5V/m
(D) 6.28×10^{-7}A/m

【解析】 根据《教材（第二册）》P567 公式5-3-102，可知 $Z_0 = \dfrac{E_\theta}{H_\alpha} = 377\Omega \Rightarrow H_\alpha = \dfrac{188.5\text{V/m}}{377\Omega} = 0.5\text{A/m}$。

答案选【A】。

12. 以下哪一项符合《电磁辐射防护规定》（GB 8702—88）对比吸收率的解释？【2013-1-28】
(A) 生物体所吸收的电磁辐射功率
(B) 生物体每单位质量所吸收的电磁辐射功率

(C) 生物体每单位质量所吸收的电磁能量

(D) 生物体所吸收的电磁能量

【解析】 根据《教材（第三册）》P51《电磁辐射防护规定》6.2条可知，比吸收率即为生物体每单位质量所吸收的电磁辐射功率，即吸收剂量率。

答案选【B】。

13. 《电磁辐射防护规定》中电磁辐射的防护限值频率范围为多少？【2014-1-29】

(A) 100kHz～300kHz　　　　　　　(B) 100GHz～300GHz

(C) 100kHz～300GHz　　　　　　　(D) 100Hz～300GHz

【解析】 根据《教材（第三册）》P51《电磁辐射防护规定》1.2条可知，防护限值的使用频率范围为100kHz～300GHz。

答案选【C】。

14. 测量高压架空输电线路的无线电干扰时，以下哪种做法错误？【2014-1-34】

(A) 使用准峰值检波器

(B) 使用具有电屏蔽的环状天线或柱状天线

(C) 当使用柱状天线进行测量时，如果天线发生电晕放电，则在天线顶部套上圆状金属帽

(D) 参考测量频率可选0.5MHz

【解析】 根据《高压架空输电线、变电站无线电干扰测量方法》(GB 7349) 可知：

选项A，依据2.2条："使用准峰值检波器"，可得出A正确；

选项B，依据2.3条："使用杆状天线或具有电屏蔽的环形天线"，可得出B正确；

选项C，4.1.3条："在使用柱状天线测量时，柱状天线应按其使用要求架设，且应避免杆状天线端部的电晕放电以影响测量结果。如发生电晕放电，应移动天线位置，在不发生电晕放电的地方测量，或改用环状天线"，故C错误；

选项D，参考测量频率为0.5 (1±10%) MHz，也可用1MHz，故D正确。

答案选【C】。

15. 以下哪一种是人类利用电能产生的电磁污染？【2014-1-37】

(A) 干燥天气时人体触碰接地金属体所产生的火花放电

(B) 宇宙电磁辐射

(C) 家用微波炉电磁场

(D) 雷电电磁场

【解析】 只有选项C属于人为利用电能，A、B、D均为自然情况。

答案选【C】。

多选题

1. 根据《高压交流架空送电线无线电干扰限值》的规定，下列关于330kV和

500kV 交流架空送电线无线电干扰限值（距导线投影 20m）的说法，哪些是正确的？【2008-1-59】

(A) 500kV 交流架空线路 1MHz 的无线电干扰场强限值为 55dB（μV/m）
(B) 330kV 交流架空线路 1MHz 的无线电干扰场强限值为 50dB（μV/m）
(C) 330kV 交流架空线路 1MHz 的无线电干扰场强限值为 53dB（μV/m）
(D) 330kV 交流架空线路 1MHz 的无线电干扰场强限值为 48dB（μV/m）

【解析】 根据《教材（第三册）》P390《高压交流架空送电线无线电干扰限值》4.1 条可知，当 0.5MHz 时依据表 1 和 4.2 条频率变为 1MHz 时，高压交流架空送电线无线电干扰限值为表 1 中的数值分别减去 5dB（μV/m）。由此得出，A 应为 50，B 应为 48，C 应为 48，D 应为 48，故 D 正确。

答案选【D】。

【注】 本题为多选题，但答案只有一项。

2. 在无屏蔽空间新建以下哪些电磁辐射体时，需事先向环境保护部门提交环境影响报告书（表）？【2009-1-62】

(A) 频率 1MHz，功率 1kW　　(B) 频率 2MHz，功率 100W
(C) 频率 300MHz，功率 200W　　(D) 频率 2MHz，功率 200W

【解析】 根据《教材（第三册）》P51《电磁辐射防护规定》表 3 及 3.2.1 条，可知 A、C 需要事先向环境保护部门提交环境影响报告书（表）。

答案选【AC】。

3. 以下哪些属于电磁污染危害？【2010-1-70】
(A) 冲击放电使附近计算机损坏
(B) 有线电视信号
(C) 电晕放电使附近收音机无法正常接收电台信号
(D) 输电线路上的电阻产生电能损耗

【解析】 有线电视信号为电磁的应用，输电线路上电阻产生电能损耗不属于电磁污染。

答案选【AC】。

第二篇 案 例 题

第二篇　附錄

4 噪声污染控制基础

4.1 噪声计量与评价

4.1.1 基本概念

※ 真 题

1. 已知在某介质传播的声波频率 f 为 1kHz, 波长为 0.5m, 则该介质中的声速为多少?【2007-1-77】

(A) 2000m/s (B) 50m/s
(C) 500m/s (D) 1000m/s

解:

依据《教材（第二册）》P338 公式 5-1-2 可知, $c = l \times f = 1000 \times 0.5 = 500$m/s。

答案选【C】。

【解析】 注意频率 f 的单位是 Hz; 波长 l 的单位是 m。

2. 某电声喇叭的辐射声功率 W 增大一倍, 则其辐射声功率级增加多少 dB?【2008-2-98】

(A) 2 (B) 3
(C) 4 (D) 6

解:

参考《教材（第二册）》P343 声功率级的定义及公式 5-1-11 可知, 声功率 W 增大一倍为 $2W$, 即得出: $L_{W2} = 10\lg\dfrac{2W}{W_0} = 10\lg 2 + 10\lg\dfrac{W}{W_0} = 3 + L_{W1}$, 则辐射声功率级增加 3dB。

答案选【B】。

4.1.2 声压级的叠加

※ 知识点总结

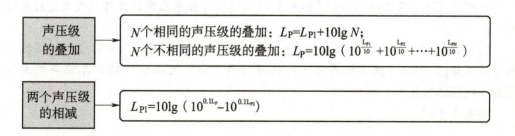

※ 真 题

1. 某车间厂房中，有多台相同型号的机床，单独开其中任一台机床，在远点测得的声压级为65dB，当该点声压级为71dB时，请问车间内有几台机床开动？【2007-1-79】

(A) 6　　　　　　　　　　　　(B) 4
(C) 5　　　　　　　　　　　　(D) 7

解：
依据《教材（第二册）》P364公式5-1-13可知，$L_P = L_{P1} + 10\lg N$，设有 N 台机床开动，则 $71 = 65 + 10\lg N$，可得 $N = 4$。

答案选【B】。

2. 蒸汽发动机停止和运行时，测得总噪声级分别为70dB和77dB，则该发动机运行时由发动机本身产生的噪声级最接近下列哪项？【2007-2-91】

(A) 71dB　　　　　　　　　　(B) 76dB
(C) 78dB　　　　　　　　　　(D) 77dB

解：
由《教材（第二册）》P344公式5-1-14可推出：

$L_{本} = 10\lg(10^{0.1L_{运}} - 10^{0.1L_{停}}) = 10\lg(10^{7.7} - 10^{7.0}) = 76\text{dB}$。

答案选【B】。

3. 在铁路边界附近，有甲乙两个噪声源在工作时会发生噪声。已知甲噪声源单独工作，在火车通过和火车未通过时，在规定的铁路边界测点测得噪声级分别为70dB（A）和63dB（A）；乙噪声源单独工作，在火车未通过时，在规定的铁路边界测点测得噪声级为65dB（A）。试分析当甲乙噪声源同时工作，且火车通过时，在规定的铁路边界测点测得噪声级与铁路边界噪声规定限值的差值为多少？【2008-1-78】

(A) 3dB（A）　　　　　　　　(B) 1dB（A）
(C) 0dB（A）　　　　　　　　(D) 2dB（A）

解：
由题干可知，甲工作噪声为63dB，乙工作噪声为65dB；根据《教材（第二册）》P344公式5-1-14，可推出火车噪声：$L_{火} = 10\lg(10^{0.1L_{总}} - 10^{0.1L_{甲}}) = 10\lg(10^7 - 10^{6.3}) = 69\text{dB}$；

根据《教材（第二册）》P344公式5-1-15，可知甲乙同时工作且火车通过时噪声为：

$L_{总} = 10\lg(10^{0.1L_{火}} + 10^{0.1L_{甲}} + 10^{0.1L_{乙}}) = 10\lg(10^{6.9} + 10^{6.3} + 10^{6.5}) = 71.2\text{dB}$；根据《教材（第三册）》P387《铁路边界噪声限值及测量方法》可知，铁路边界噪声规定值为70dB，故超标1dB。

答案选【B】。

4. 4台机器单独运行时,在某点测得的声压级分别为75dB、80dB、83dB、85dB,若4台机器同时运行时,则该点的总声压级为多少?【2008-2-78】

(A) 80.8dB (B) 85.0dB
(C) 88.1dB (D) 323.0dB

解:

根据《教材(第二册)》P344 公式 5-1-15 可知:

$$L_P = 10\lg\left(\sum_{i=1}^{n} 10^{\frac{L_{Pi}}{10}}\right) = 10\lg(10^{\frac{75}{10}} + 10^{\frac{80}{10}} + 10^{\frac{83}{10}} + 10^{\frac{85}{10}}) = 88.1\text{dB}。$$

答案选【C】。

5. 某宾馆客房与空调机房毗邻,两个房间之间采用了复合轻质隔墙,为评价其隔声量,需测量两房间的声压级差。在空调机组运行时,空调房的平均声压级为78dB,客房内的平均声压级为55dB。在空调机组不运行时,客房内的平均声压级为52dB。问两房间的声压级差是多少?(空调机组已进行有效隔振处理)【2008-2-88】

(A) 55.0dB (B) 23.0dB
(C) 26.0dB (D) 24.5dB

解:

两房间的声压级差实际上就是轻质隔墙的隔声量,空调运行噪声通过隔墙进行隔声后,传到客房的噪声级为:$L_{空} = 10\lg(10^{0.1L_{客运}} + 10^{0.1L_{客停}}) = 10\lg(10^{0.1 \times 55} + 10^{0.1 \times 52}) = 52\text{dB}$。

所以两房间声级差为 $78 - 52 = 26\text{dB}$。

答案选【C】。

【解析】 不要误认为两房间声压级差为 $78 - 55 = 23\text{dB}$,客房的55dB包括空调噪声和客房背景噪声两部分。

6. 宾馆两客房之间采用了复合轻质隔墙,在一个房间内设置了一个噪声源,当声源发声时,这个客房内的平均声压级为92dB,毗邻客房的平均声压级为48dB。在噪声源关闭时,毗邻客房的平均声压级为41dB,问隔墙的声压级差是多少?【2009-2-88】

(A) 51dB (B) 45dB
(C) 44dB (D) 43dB

解:

毗邻客房的背景噪声(噪声源关闭时)为41dB,故噪声源发生时,毗邻客房由噪声源造成的声压级为:$L = 10\lg(10^{4.8} - 10^{4.1}) = 47\text{dB}$;

隔墙的声压级差:$\Delta L = 92 - 47 = 45\text{dB}$。

答案选【B】。

7. 工业区内某车间有①、②、③、④4台设备,当它们单独工作时,在厂界规定测点测得昼间噪声分别为:设备①单独工作时66dB(A);设备②单独工作时64dB(A);设备

③单独工作时 61dB（A）；设备④单独工作时 62dB（A）；厂界的背景噪声均为 50dB（A）。问当排除背景噪声后，下列哪种情况下该测点的噪声值满足《工业企业厂界环境噪声排放标准》的规定？【2012－1－78】

(A) 仅设备①和设备②同时工作时
(B) 仅设备②和设备③同时工作时
(C) 仅设备①、设备②和设备④同时工作时
(D) 仅设备③和设备④同时工作时

解：

工业区为Ⅲ类区，根据《教材（第三册）》P380《工业企业厂界环境噪声排放标准》可知，Ⅲ类区昼间限值为 65dB。厂界测量值中有背景噪声影响，现计算设备本身噪声为：

设备①为 $L_{P1} = 10\lg(10^{0.1 \times 66} - 10^{0.1 \times 50}) = 65.9\text{dB}$；
设备②为 $L_{P2} = 10\lg(10^{0.1 \times 64} - 10^{0.1 \times 50}) = 63.8\text{dB}$；
设备③为 $L_{P3} = 10\lg(10^{0.1 \times 61} - 10^{0.1 \times 50}) = 60.6\text{dB}$；
设备④为 $L_{P4} = 10\lg(10^{0.1 \times 62} - 10^{0.1 \times 50}) = 61.7\text{dB}$。

由此得出：

选项 A，$L_P = 10\lg(10^{0.1 \times 65.9} + 10^{0.1 \times 63.8}) = 68\text{dB} > 65\text{dB}$；
选项 B，$L_P = 10\lg(10^{0.1 \times 63.8} + 10^{0.1 \times 60.6}) = 65.5\text{dB} > 65\text{dB}$；
选项 C，$L_P = 10\lg(10^{0.1 \times 65.9} + 10^{0.1 \times 63.8} + 10^{0.1 \times 60.6}) = 68.7\text{dB} > 65\text{dB}$；
选项 D，$L_P = 10\lg(10^{0.1 \times 60.6} + 10^{0.1 \times 61.7}) = 64.2\text{dB} < 65\text{dB}$。

答案选【D】。

8. 在铁路边界处某住宅楼室外的测点，连续测量 1h 等效连续 A 声级为 70dB（A），该时段内通过铁路列车 10 列，每列车通过时的平均 A 声级为 80dB（A），噪声作用时间为 18s，问该点处的背景噪声水平应为：【2013－1－77】

(A) 60dB（A）　　　　　　　　　　(B) 64dB（A）
(C) 67dB（A）　　　　　　　　　　(D) 70dB（A）

解：

本题意在考查时间间隔不相等情况下，等效连续 A 声级的计算。设背景噪声为 $L_背$，列车通过时采样时间为 $10 \times 18 = 180\text{s}$；因连续测量 1h 等效连续 A 声级为 70dB，故可以忽略列车通过时间段内 $L_背$。列车通过时间段内噪声值为 80dB，则无列车通过时间段为 $3600 - 180 = 3420\text{s}$，噪声为 $L_背$。根据《教材（第二册）》P351 公式 5－1－26 可得出：

$$L_{Aeq} = 10\lg \frac{1}{T} \sum_i (10^{0.1 L_{Ai}} \Delta_{ti}) = 10\lg \frac{1}{3600}(10^{0.1 \times 80} \times 180 + 10^{0.1 \times L_背} \times 3420) = 70 \Rightarrow$$

$L_背 = 67.2\text{dB}$。

答案选【C】。

4.1.3 等效声级

※知识点总结

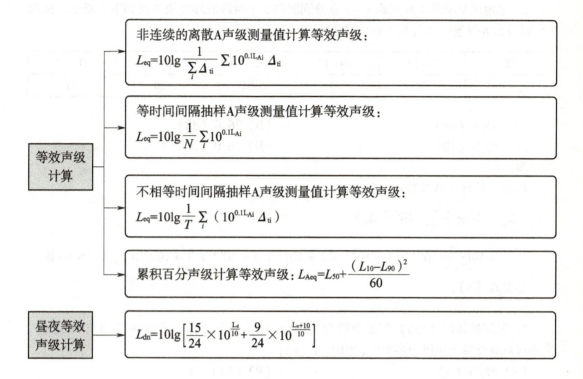

※ 真 题

1. 在铁路边的房屋，夜间有外部运输噪声的干扰。夜间 22 点到次日早晨 8 点，在该房屋中测量噪声结果如下表所示。统计声级为 L_{50} 为 56dB，每整点时段的等效 A 声级如下表所示，问这段时间噪声的等效 A 声级为多少？【2007-2-81】

时间	22~23	23~24	24~1	1~2	2~3	3~4	4~5	5~6	6~7	7~8
等效声级	70	65	50	55	60	40	50	50	40	50

(A) 71.7dB (B) 56.0dB
(C) 61.7dB (D) 53.0dB

解：

依据材料，等效 A 声级为：

$$L_{eq} = 10\lg \frac{1}{N} \sum_i 10^{0.1L_{Ai}}$$
$$= 10\lg \left[\frac{1}{10}(10^7 + 10^{6.5} + 10^5 + 10^{5.5} + 10^6 + 10^4 + 10^5 + 10^5 + 10^4 + 10^5) \right]$$
$$= 61.7 \text{dB}$$

答案选【C】。

【解析】（1）参见《教材（第二册）》P351 公式 5-1-25；
（2）注意等时间间隔采样和不等时间间隔采样的等效 A 声级公式要区别使用。

2. 某地区从早晨 7 点到晚上 10 点分别测得 5 个时段的环境噪声级如下表所示，试求 5 个时段的等效连续 A 计权声级？【2008-2-77】

时段	7~10	10~12	12~18	18~21	21~22
L_{Aeq} (dB)	78	75	72	80	75

(A) 75.1 (dB)　　　　　　　　　　(B) 76.6 (dB)
(C) 83.8 (dB)　　　　　　　　　　(D) 76.0 (dB)

解：
根据《教材（第二册）》P351 公式 5-1-26，可知：

$$L_{eq} = 10\lg \frac{1}{T} \sum_i (10^{0.1L_{Ai}} \Delta_{ti})$$

$$= 10\lg \frac{1}{15}(10^{7.8} \times 3 + 10^{7.5} \times 2 + 10^{7.2} \times 6 + 10^{8.0} \times 3 + 10^{7.5} \times 1) = 76.6 \text{ dB}。$$

答案选【B】。

3. 某区域昼间（15h）等效声级为 76dB (A)，夜间（9h）等效声级为 50dB (A)，求该区域昼夜等效声级为多少？【2010-1-86】

(A) 68dB (A)　　　　　　　　　　(B) 63dB (A)
(C) 74dB (A)　　　　　　　　　　(D) 72dB (A)

解：
根据《教材（第二册）》P351 公式 5-1-27，可得出：

$$L_{dn} = 10\lg\left[\frac{15}{24} \times 10^{\frac{L_d}{10}} + \frac{9}{24} \times 10^{\frac{L_n+10}{10}}\right] = 10\lg\left[\frac{15}{24} \times 10^{\frac{76}{10}} + \frac{9}{24} \times 10^{\frac{50+10}{10}}\right] = 74\text{dB}。$$

答案选【C】。

4. 声环境功能区监测中，在规定时间内测得 100 个按正态分布的瞬时 A 声级数据。经统计得知，累计百分声级 L_{10} 为 73dB (A)，L_{50} 为 60dB (A)。若等效 A 声级为 65.4dB (A)，则噪声的平均本底值是多少？【2013-1-76】

(A) 67dB (A)　　　　　　　　　　(B) 60dB (A)
(C) 50dB (A)　　　　　　　　　　(D) 55dB (A)

解：
根据《环境工程手册环境噪声控制卷》P65 公式 2-18，可得出：

$$L_{Aeq} = L_{50} + \frac{(L_{10} - L_{90})^2}{60} = 60 + \frac{(73 - L_{90})^2}{60} = 65.4 \Rightarrow L_{90} = 55\text{dB}。$$

答案选【D】。

4.1.4 噪声评价数

※ 真　题

某宾馆客房与空调机房毗邻，空调机房 125Hz～4000Hz 的噪声声压级见下表。若使客房的噪声符合 NR-30 曲线，请根据客房与空调机房之间的隔声墙各倍频带所需隔声量，计算隔墙对应的平均隔声量应为多少？【2008-1-90】

倍频带中心频率（Hz）	125	250	500	1000	2000	4000
声压级（dB）	76	72	70	68	65	60

(A) 30.0dB　　　　　　　　　　(B) 32.5dB
(C) 34.6dB　　　　　　　　　　(D) 38.1dB

解：

125Hz 时 NR-30 标准值为：$L_P = a + b\text{NR} = 22 + 0.87 \times 30 = 48.1\text{dB}$，则隔墙需要满足 $76 - 48.1 = 27.9\text{dB}$ 的隔声量；

250Hz 时 NR-30 标准值为：$L_P = a + b\text{NR} = 12 + 0.93 \times 30 = 39.9\text{dB}$，隔墙需要满足 $72 - 39.9 = 32.1\text{dB}$ 的隔声量；

500Hz 时 NR-30 标准值为：$L_P = a + b\text{NR} = 4.8 + 0.974 \times 30 = 34\text{dB}$，隔墙需要满足 $70 - 34 = 36\text{dB}$ 的隔声量；

1000Hz 时 NR-30 标准值为：$L_P = a + b\text{NR} = 0 + 1 \times 30 = 30\text{dB}$，隔墙需要满足 $68 - 30 = 38\text{dB}$ 的隔声量；

2000Hz 时 NR-30 标准值为：$L_P = a + b\text{NR} = -3.5 + 1.015 \times 30 = 27\text{dB}$，隔墙需要满足 $65 - 27 = 38\text{dB}$ 的隔声量；

4000Hz 时 NR-30 标准值为：$L_P = a + b\text{NR} = -6.1 + 1.025 \times 30 = 24.7\text{dB}$，隔墙需要满足 $60 - 24.7 = 35.3\text{dB}$ 的隔声量；

隔墙平均隔声量：$\bar{R} = \dfrac{27.9 + 32.1 + 36 + 38 + 38 + 35.3}{6} = 34.6\text{dB}$。

答案选【C】。

【解析】（1）噪声评价数 NR-30 及取值，参见《教材（第二册）》P352 公式 5-1-28 和表 5-1-12；

（2）平均隔声量，参见《教材（第二册）》P395。

4.1.5 累积百分声级

※ 真　题

在城市交通噪声评价中常采用 L_{10}、L_{50} 和 L_{90}，则如下数值大小相对关系正确的是：【2007-2-80】

(A) $L_{10} < L_{50} < L_{90}$　　　　　　(B) $L_{90} < L_{50} < L_{10}$
(C) $L_{50} < L_{10} < L_{90}$　　　　　　(D) $L_{10} = L_{50} = L_{90}$

解：

依据《教材（第二册）》P353 可知，在噪声统计工作中，常用 L_{10} 表示规定时间内噪声的平均峰值，称为峰值声级。用 L_{50} 表示规定时间内噪声的平均噪声值，称为中值声级。用 L_{90} 表示规定时间内的背景噪声，称为本底声级。故 $L_{90} < L_{50} < L_{10}$。

答案选【B】。

4.1.6 混响时间

※知识点总结

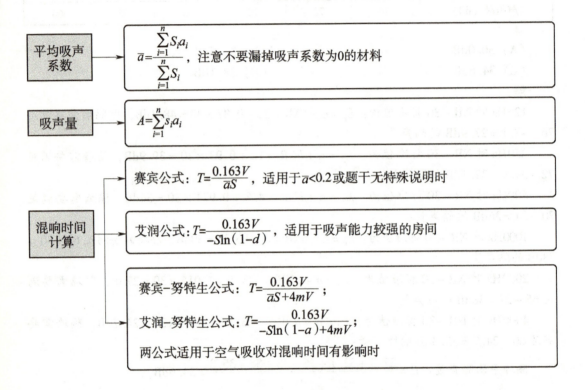

※ 真 题

1. 一个 15m×11m×4.3m 的矩形房间，4 个墙面、地面及顶面均为混凝土面，墙面挂有 180m² 的丝绒，下表为混凝土面和挂有丝绒的混凝土面在各频率下的吸声系数，试计算房间 2000Hz 的混响时间？【2007－2－82】

倍频程中心频率	125	250	500	1000	2000	4000
混凝土面	0.01	0.01	0.01	0.02	0.02	0.02
挂有丝绒的混凝土面	0.03	0.04	0.11	0.17	0.24	0.36

(A) 5.14s   (B) 2.32s
(C) 3.12s   (D) 1.41s

解：

房间内表面积：$S_内 = 15 \times 11 \times 2 + (15+11) \times 2 \times 4.3 = 553.6\text{m}^2$；

房间内2000Hz平均吸声系数为：$\bar{a} = \dfrac{\sum\limits_{i=1}^{n} s_i a_i}{\sum\limits_{i=1}^{n} s_i} = \dfrac{180 \times 0.24 + (553.6 - 180) \times 0.02}{553.6} = 0.09$；

因为 $\bar{a} < 0.2$，所以混响时间可用赛宾公式计算，则房间内2000Hz混响时间为：

$T = \dfrac{0.163V}{\bar{a}S} = \dfrac{0.163 \times 15 \times 11 \times 4.3}{0.091 \times 553.6} = 2.32\text{s}$。

答案选【B】。

【解析】（1）参见《教材（第二册）》P355 公式5-1-30、公式5-1-31；
（2）注意壁面吸声系数应选取该倍频带的吸声系数。

（2、3题共用此题干）一个 70m×50m×8m 的游泳馆，顶棚拟安装微穿孔板（孔径0.8mm、板厚0.8mm、穿孔率1%、空腔厚度为100mm）进行吸声处理。吸声处理之前，馆内的各频率吸声系数及拟采用的某种微穿孔板吸声系数见下表。

倍频程中心频率（Hz）	250	500	1000	2000
吸声处理前馆内的吸声系数	0.02	0.03	0.05	0.07
某微穿孔板吸声系数	0.83	0.54	0.75	0.28

2. 据上述资料，请计算吸声处理前室内 250Hz、500Hz、1000Hz及2000Hz 4个倍频程中心频率的混响时间依次为多少？【2007-2-93】

倍频程中心频率（Hz）	250	500	1000	2000
A	56.7s	37.8s	22.7s	16.2s
B	25.6s	17.1s	10.2s	7.3s
C	5.8s	3.8s	2.3s	1.6s
D	2.6s	1.7s	1.0s	0.7s

解：

游泳馆内表面积：$S_1 = 70 \times 50 \times 2 + (70+50) \times 2 \times 8 = 8920\text{m}^2$；

游泳馆体积：$V = 70 \times 50 \times 8 = 28000\text{m}^3$。

根据《教材（第二册）》P355可知，由于 $\bar{\alpha} < 0.2$，混响时间可用赛宾公式（公式5-1-31）计算，可得出：

250Hz 时，$T_{60} = \dfrac{0.163V}{\bar{\alpha}S} = \dfrac{0.163 \times 28000}{0.02 \times 8920} = 25.6\text{s}$；

500Hz 时，$T_{60} = \dfrac{0.163V}{\bar{\alpha}S} = \dfrac{0.163 \times 28000}{0.03 \times 8920} = 17.1\text{s}$；

1000Hz 时，$T_{60} = \dfrac{0.163V}{\bar{\alpha}S} = \dfrac{0.163 \times 28000}{0.05 \times 8920} = 10.2\text{s}$；

2000Hz 时，$T_{60} = \dfrac{0.163V}{\bar{\alpha}S} = \dfrac{0.163 \times 28000}{0.07 \times 8920} = 7.31\text{s}$；

答案选【B】。

3. 如采用上述规格的微穿孔板吸声结构面积为 1800m²，请问游泳馆内上述 4 个频带的平均混响时间为多少？【2007-2-95】

(A) 2.9s　　　　　　　　　　(B) 3.5s
(C) 4.0s　　　　　　　　　　(D) 4.2s

解：
根据《教材（第二册）》P355 公式 5-1-30，可知：

250Hz 时平均吸声系数为 $\bar{\alpha} = \dfrac{\sum_{i=1}^{n} s_i\alpha_i}{\sum_{i=1}^{n} s_i} = \dfrac{0.83 \times 1800 + 0.02 \times (8920 - 1800)}{8920} = 0.183$；

500Hz 时平均吸声系数为 $\bar{\alpha} = \dfrac{\sum_{i=1}^{n} s_i\alpha_i}{\sum_{i=1}^{n} s_i} = \dfrac{0.54 \times 1800 + 0.03 \times (8920 - 1800)}{8920} = 0.133$；

1000Hz 时平均吸声系数为 $\bar{\alpha} = \dfrac{\sum_{i=1}^{n} s_i\alpha_i}{\sum_{i=1}^{n} s_i} = \dfrac{0.75 \times 1800 + 0.05 \times (8920 - 1800)}{8920} = 0.191$；

2000Hz 时平均吸声系数为 $\bar{\alpha} = \dfrac{\sum_{i=1}^{n} s_i\alpha_i}{\sum_{i=1}^{n} s_i} = \dfrac{0.28 \times 1800 + 0.07 \times (8920 - 1800)}{8920} = 0.112$；

由于 $\bar{\alpha} < 0.2$，混响时间可用赛宾公式《教材（第二册）》P355 公式 5-1-31 计算：

250Hz 时混响时间为，$T_{60} = \dfrac{0.163V}{\bar{\alpha}S} = \dfrac{0.163 \times 28000}{1636.4} = 2.79\text{s}$；

500Hz 时混响时间为，$T_{60} = \dfrac{0.163V}{\bar{\alpha}S} = \dfrac{0.163 \times 28000}{1185.6} = 3.85\text{s}$；

1000Hz 时混响时间为，$T_{60} = \dfrac{0.163V}{\bar{\alpha}S} = \dfrac{0.163 \times 28000}{1706} = 2.68\text{s}$；

2000Hz 时混响时间为，$T_{60} = \dfrac{0.163V}{\bar{\alpha}S} = \dfrac{0.163 \times 28000}{1002.4} = 4.55\text{s}$；

则平均混响时间为，$T_{60} = \dfrac{2.79 + 3.85 + 2.68 + 4.55}{4} = 3.47\text{s}$。

答案选【B】。

4. 某大型车间的长、宽、高分别为 50m、30m、15m，其室内平均吸声系数为 0.2。当相对湿度为 20%，考虑空气吸声时，车间内 6kHz 声波的混响时间为多少秒？（考虑空

气吸收时，计算室内混响时间可采用赛宾—努特生公式）【2008-1-82】

(A) 0.40s　　　　　　　　　　(B) 0.30s
(C) 0.87s　　　　　　　　　　(D) 0.70s

解：

车间体积：$V = 50 \times 30 \times 15 = 22500 \text{m}^3$；

车间内表面积：$S = 50 \times 30 \times 2 + (50+30) \times 2 \times 15 = 5400 \text{m}^2$；

由于题干未给出车间温度，根据《教材（第二册）》P356 表 5-1-14，可知 6300Hz、相对湿度20%、温度15℃时，混响时间最短；当温度为15℃，相对湿度20%时，空气吸收系数 $4m = 0.146$，再根据《教材（第二册）》P355 公式 5-1-33，可得出：

混响时间：$T = \dfrac{0.163V}{\bar{a}S + 4mV} = \dfrac{0.163 \times 22500}{0.2 \times 5400 + 0.146 \times 22500} = 0.84\text{s}$。

答案选【C】。

5. 某会议室容积为 1500m³，可容纳 150 人。假设平均每个听众的等效吸声量为 0.5m²，满场时 500Hz 室内的混响时间为 1.6s。若要求满场时，500Hz 室内的混响时间为 0.8s，仅对四壁进行吸声处理，试计算四壁的吸声量需要增加多少？【2008-1-83】

(A) 75m²　　　　　　　　　　(B) 306m²
(C) 100m²　　　　　　　　　(D) 153m²

解：

根据《教材（第二册）》P355 公式 5-1-31，可知：

吸声处理前吸声量为，$T_{60} = \dfrac{0.163V}{\bar{a}S} = \dfrac{0.163 \times 1500}{A_1} = 1.6\text{s} \Rightarrow A_1 = 152.8 \text{m}^2$；

吸声处理后吸声量为，$T_{60} = \dfrac{0.163V}{\bar{a}S} = \dfrac{0.163 \times 1500}{A_1 + A_2} = 0.8\text{s} \Rightarrow A_1 + A_2 = 305.6 \text{m}^2$。

因此，吸声增加量为：$A_2 = 152.8 \text{m}^2$。

答案选【D】。

6. 某矩形房间的长宽高分别为9m、7m、3.5m，吸声降噪处理之前房间内 500Hz 的混响时间为 1.6s。在安装 80m² 的 500Hz 吸声系数为 0.65 的吸声材料后，该房间内 500Hz 的平均吸声系数变为多少？【2009-1-76】

(A) 0.56　　　　　　　　　　(B) 0.46
(C) 0.12　　　　　　　　　　(D) 0.28

解：

房间内表面积：$S = 9 \times 7 \times 2 + (9+7) \times 2 \times 3.5 = 238 \text{m}^2$；房间体积：$V = 9 \times 7 \times 3.5 = 220.5 \text{m}^3$；

根据《教材（第二册）》P355 公式 5-1-30、5-1-31，可得出：

处理前房间总吸声量为，$T_{60} = \dfrac{0.163V}{A_{前}} = 1.6 \Rightarrow A_{前} = \dfrac{0.163 \times 220.5}{1.6} = 22.5 \text{m}^2$；

处理前房间平均吸声系数为，$\alpha_{前} = \dfrac{A_{前}}{S} = \dfrac{22.5}{238} = 0.095$；

处理后房间总吸声量为，$A_后 = A_前 + 0.65 \times 80 - 0.095 \times 80 = 22.5 + 52 - 7.6 = 66.9 \text{m}^2$；

处理后房间平均吸声系数为，$\alpha_前 = \dfrac{A_后}{S} = \dfrac{66.9}{238} = 0.28$。

答案选【D】。

7. 某矩形房间的长宽高分别为 6m、5m、3.2m，混凝土地面上铺设厚地毯，四壁有 4 扇厚度为 3mm 的玻璃窗（单扇玻璃窗尺寸 125mm×350mm），顶面 70% 的面积采用微穿孔板吸声结构（板厚 0.8mm，孔径 0.8mm，穿孔率 2%，板后空腔 10cm），其余表面为油漆混凝土表面。试计算房间内 2000Hz 的混响时间。（忽略油漆混凝土表面的吸声）【2009-1-77】

相关吸声材料各频率下的吸声系数表

中心频率（Hz）	125	250	500	1000	2000	4000
厚地毯铺在混凝土表面	0.02	0.06	0.15	0.37	0.6	0.65
玻璃窗规格 125×350，厚度 3mm	0.35	0.25	0.18	0.12	0.07	0.04
微穿孔板（板厚 0.8mm，孔径 0.8mm，穿孔率 2%，板后空腔 10cm）	0.1	0.46	0.92	0.31	0.40	0.13

(A) 1.31s (B) 2.42s
(C) 0.59s (D) 0.88s

解：
根据《教材（第二册）》P355 公式 5-1-31，可得出：

$$T_{60} = \dfrac{0.163V}{\bar{\alpha}S} = \dfrac{0.163 \times 6 \times 5 \times 3.2}{0.4 \times 6 \times 5 \times 0.7 + 0.07 \times 4 \times 0.125 \times 0.35 + 0.6 \times 6 \times 5} = 0.59\text{s}。$$

答案选【C】。

8. 一多功能厅容积为 2000m³，内表面积 1200m²，满场时 500Hz 的混响时间为 1.35s。当该多功能厅作为报告厅使用时，为改善语言清晰度，拟在四周墙面增设吸声帘布 300m²，请问吸声帘布 500Hz 的平均吸声系数为多少才能达到满场时厅内该频率混响时间为 0.8s 的要求？【2009-1-93】

(A) 0.55 (B) 0.92
(C) 0.43 (D) 0.76

解：
房间内表面积：$S = 1200\text{m}^2$；房间体积：$V = 2000\text{m}^3$。
根据《教材（第二册）》P355 公式 5-1-30、5-1-31，可得出：

处理前房间总吸声量为，$T_{60} = \dfrac{0.163V}{A_前} = 1.35 \Rightarrow A_前 = \dfrac{0.163 \times 2000}{1.35} = 241.5\text{m}^2$；

处理前房间平均吸声系数为，$\alpha_前 = \dfrac{A_前}{S} = \dfrac{241.5}{1200} = 0.2$；

处理后房间总吸声量为，$T_{60} = \dfrac{0.163V}{A_{后}} = 0.8 \Rightarrow A_{后} = \dfrac{0.163 \times 2000}{0.8} = 407.5\text{m}^2$；

处理后房间平均吸声系数为，$\alpha_{后} = \dfrac{A_{后}}{S} = \dfrac{407.5}{1200} = 0.34$。

设吸声帘布的平均吸声系数为 α，则有：

$\alpha_{后} = \dfrac{900 \times \alpha_{前} + 300 \times \alpha}{S} = \dfrac{900 \times 0.2 + 300 \times \alpha}{1200} = 0.34 \Rightarrow \alpha = 0.76$。

答案选【D】。

9. 室内场所 $V = 2100\text{m}^3$，$S = 1300\text{m}^2$，1000Hz 的混响时间为 2s，设计要求降到 1.3s，相同吸声材料的吸声系数 1000Hz 为 0.65，则设计需吸声处理的面积为多少？【2009 - 2 - 84】

(A) 168m² (B) 236m²
(C) 181m² (D) 142m²

解：

吸声处理前平均吸声系数：$T_{60} = \dfrac{0.163V}{\alpha_1 S} = \dfrac{0.163 \times 2100}{\alpha_1 \times 1300} = 2 \Rightarrow \alpha_1 = 0.13$；

需要吸声处理的面积：$T_{60} = \dfrac{0.163V}{A} = \dfrac{0.163 \times 2100}{0.13 \times (1300 - S_1) + 0.65 \times S_1} = 1.3 \Rightarrow S_1 = 181\text{m}^2$。

答案选【C】。

【解析】 混响时间、平均吸声系数，参见《教材（第二册）》P355 公式 5-1-31。

10. 长、宽、高分别为 25m、15m、5m 的厅内悬挂吸声体，吸声体为直径 1m 的球体，其高频吸声系数为 0.8。试问，在空场状况下需悬挂多少个吸声体才能使厅内的高频混响时间由原来 2s 降到 1s？【2010 - 2 - 88】

(A) 70 (B) 68
(C) 61 (D) 58

解：

厅体积：$V = 25 \times 15 \times 5 = 1875\text{m}^3$；

吸声处理前总吸声量：$T_{60} = \dfrac{0.163V}{A_1} = \dfrac{0.163 \times 1875}{A_1} = 2 \Rightarrow A_1 = 152.8\text{m}^2$；

吸声处理后总吸声量：$T_{60} = \dfrac{0.163V}{A_2} = \dfrac{0.163 \times 1875}{A_2} = 1 \Rightarrow A_2 = 305.6\text{m}^2$；

直径 1m 球体吸声量：$A = 4\pi\left(\dfrac{D}{2}\right)^2 \times 0.8 = 4\pi\left(\dfrac{1}{2}\right)^2 \times 0.8 = 2.51\text{m}^2$；

需要球体数量：$n = \dfrac{A_2 - A_1}{2.51} = \dfrac{305.6 - 152.8}{2.51} = 60.8$，取 61 个。

答案选【C】。

【解析】 混响时间，参见《教材（第二册）》P355 公式 5-1-31。

11. 某矩形教室，尺寸为 10m×6m×3.5m（长×宽×高），墙面装有 8m² 普通玻璃窗户，其余均为混凝土表面。现需要对该教室进行改造，使室内 500Hz 的混响时间达到 0.6s，玻璃窗及改造用吸声材料的吸声系数如下表所示，则该教室的音质改造中需要多少吸声材料？（设混凝土表面吸声系数为 0，时间用赛宾公式计算）【2011-2-87】

(A) 70m² (B) 103m²
(C) 107m² (D) 138m²

吸声系数 材料	倍频程中心频率（Hz）						
	63	125	250	500	1000	2000	4000
玻璃窗	0.20	0.02	0.18	0.18	0.10	0.07	0.04
吸声材料	0.20	0.25	0.30	0.40	0.60	0.70	0.07

解：

根据《教材（第二册）》P355 公式 5-1-30 及公式 5-1-31，可得出：

教室内表面积为，$S = 10 \times 6 \times 2 + (10+6) \times 2 \times 3.5 = 232 \text{m}^2$；

室内平均吸声系数为，$T = \dfrac{0.163V}{S\bar{a}} \Rightarrow \bar{a}S = \dfrac{0.163V}{ST} = \dfrac{0.163 \times 10 \times 6 \times 3.5}{232 \times 0.6} = 0.246$。

设需要面积为 S 的吸声材料，则有：

$$\bar{a} = \dfrac{\sum_{i=1}^{n} S_i a_i}{\sum_{i=1}^{n} S_i} = \dfrac{S \times 0.4 + 8 \times 0.18 + (232 - S - 8) \times 0}{232} = 0.246 \Rightarrow S = 139 \text{m}^2$$

答案选【D】。

12. 一个体育馆体积为 40000m³，1000Hz 的混响时间为 2.77s。为了降低混响时间，在体育馆内悬挂 300 个板式空间吸声体，板式空间吸声体的吸声面积为 5m²，1000Hz 时的吸声系数为 1。问悬挂了空间吸声体后，体育馆 1000Hz 的混响时间为多少？（时间用赛宾公式计算，不计板式吸声体体积）【2011-2-88】

(A) 1.76s (B) 1.84s
(C) 2.21s (D) 2.29s

解：

根据《教材（第二册）》P355 公式 5-1-31，可得出：

悬挂吸声体前体育馆内吸声量为，$T_{60} = \dfrac{0.163V}{A_1} \Rightarrow A_1 = \dfrac{0.163V}{T} = \dfrac{0.163 \times 40000}{2.77} = 2354\text{m}^2$；

悬挂吸声体后总吸声量为，$A_2 = 300 \times 5 \times 1 + 2354 = 3854 \text{m}^2$；

悬挂吸声体后混响时间为，$T_{60} = \dfrac{0.163V}{A_2} = \dfrac{0.163 \times 40000}{3854} = 1.7\text{s}$。

答案选【A】。

13. 一个体育馆体积为 60000m³，体育馆内悬挂了 200 个板式空间吸声体。单个板式吸声体的投影面积为 6.0m²，材料为 200mm 厚玻璃棉板。已知 100mm 厚玻璃棉板在背面为刚性和自由条件下，500Hz 的无规入射吸声系数分别为 0.65 和 0.85，体育馆看台面积为 4000m²，500Hz 吸声系数为 0.7，其他界面的吸声量可以忽略。问这时体育馆 500Hz 的混响时间为下列哪个数值？（混响时间用赛宾公式计算）【2012 - 1 - 80】

  (A) 1.9s   (B) 2.1s
  (C) 2.3s   (D) 2.6s

解：

板式空间吸声体吸声系数：$\bar{\alpha} = \frac{1}{2}(\alpha_1 + \alpha_2) = \frac{1}{2}(0.65 + 0.85)$；

板式空间吸声体吸声量：$A_{板} = 2\bar{\alpha}S = 2 \times \frac{1}{2}(\alpha_1 + \alpha_2) \times S = 2 \times \frac{1}{2}(0.65 + 0.85) \times 6 \times 200 = 1800 \text{m}^2$；

看台吸声量：$A_{台} = \bar{\alpha}S = 0.7 \times 4000 = 2800 \text{m}^2$；

混响时间：$T_{60} = \frac{0.163V}{A_{板} + A_{台}} = \frac{0.163 \times 60000}{1800 + 2800} = 2.13 \text{s}$。

答案选【B】。

【解析】 参见《噪声与振动控制工程手册》P442 公式 6.3-34、6.3-35。

14. 某体育馆尺寸为 40m×40m×12.25m，满场时 500Hz 混响时间为 3.2s。需对其进行吸声改造，使之在满场时 500Hz 混响时间为 2s。拟将整个顶面改成吸声构造，则该改造工程中使用的吸声构造 500Hz 的吸声系数应为多少？（改造之前顶面 500Hz 的吸声系数近似为 0，采用赛宾公式计算）【2012 - 1 - 90】

  (A) 0.30   (B) 0.37
  (C) 0.42   (D) 0.47

解：

根据《教材（第二册）》P355 公式 5-1-31，可得出：

改造前体育馆内吸声量为，$T_{60} = \frac{0.163V}{A_1} \Rightarrow A_1 = \frac{0.163V}{T} = \frac{0.163 \times 40 \times 40 \times 12.25}{3.2} = 998.4\text{m}^2$；

改造后体育馆内吸声量为，$T_{60} = \frac{0.163V}{A_2} \Rightarrow A_2 = \frac{0.163V}{T} = \frac{0.163 \times 40 \times 40 \times 12.25}{2} = 1597.4\text{m}^2$；

吸声构造的吸声量为，$A = A_2 - A_1 = 1597.4 - 998.4 = 599\text{m}^2$；

吸声构造的吸声系数为，$\bar{\alpha} = \frac{A}{S} = \frac{599}{40 \times 40} = 0.37$。

答案选【B】。

15. 某包装车间的体积为 6400m³，内部噪声污染情况比较严重，拟悬挂 217 个直径为 1.2m 的球形空间吸声体进行降噪处理，将车间内平均混响时间由 4s 降低到 1s，则单

个吸声体的高频吸声系数应为多少？（混响时间按照赛宾公式计算）【2012-1-95】

(A) 0.9   (B) 0.8
(C) 0.6   (D) 0.4

解：

包装车间现有吸声量：$T_1 = \dfrac{0.163V}{A_1} = \dfrac{0.163 \times 6400}{A_1} = 4 \Rightarrow A_1 = 260.8 \text{m}^2$；

包装车间改造后吸声量：$T_2 = \dfrac{0.163V}{A_2} = \dfrac{0.163 \times 6400}{A_2} = 1 \Rightarrow A_2 = 1043.2 \text{m}^2$；

需要增加的吸声量：$A = A_2 - A_1 = 1043.2 - 260.8 = 782.4 \text{m}^2$；

吸声体吸声系数为：$a = \dfrac{A}{S} = \dfrac{782.4}{217 \times 4\pi \times 0.6^2} = 0.8$。

答案选【B】。

【解析】 参见《教材（第二册）》P355 公式 5-1-30、5-1-31。

16. 一个房间的尺寸为 30m×19m×6m（长×宽×高），在房间的一个角隅处落地安装了一台机器，其 500Hz 声功率级为 90dB。若要让室内距离机器 18m 处 500Hz 的声压级为 65dB，问房间 500Hz 的混响时间应为多少？（混响时间用艾润公式计算）【2013-1-92】

(A) 0.30s   (B) 0.44s
(C) 0.49s   (D) 0.62s

解：

房间常数：$L_p = L_W + 10\lg\left(\dfrac{Q_\theta}{4\pi r^2} + \dfrac{4}{R}\right) = 90 + 10\lg\left(\dfrac{8}{4\pi \cdot 18^2} + \dfrac{4}{R}\right) = 65 \Rightarrow R = 3341$；

房间内表面积：$S = 30 \times 19 \times 2 + (30+19) \times 2 \times 6 = 1728 \text{m}^2$；

房间平均吸声系数：$R = \dfrac{Sa}{1-a} = \dfrac{1728a}{1-a} = 3341 \Rightarrow a = 0.66$；

混响时间：$T = \dfrac{0.163V}{-S\ln(1-a)} = \dfrac{0.163 \times 30 \times 19 \times 6}{-1728 \times \ln(1-0.66)} = 0.3 \text{s}$。

答案选【A】。

【解析】 参见《教材（第二册）》P355 公式 5-1-32 及 P430 公式 5-2-13。

17. 一个矩形房间的长、宽、高分别为 15m、11m、4.2m，内表面均为混凝土油漆面。计划对顶面 100m² 进行吸声处理，要求 250Hz 的混响时间不大于 1.6s，顶面吸声材料的吸声系数至少为多少才能达到此要求？（250Hz 时混凝土油漆面的吸声系数为 0.01，混响时间按赛宾公式计算）【2014-1-79】

(A) 0.45   (B) 0.25
(C) 0.56   (D) 0.66

解：

房间内表面积：$S = 15 \times 11 \times 2 + (15+11) \times 2 \times 4.2 = 548.4 \text{m}^2$；设顶面吸声材料的吸声系数为 a，则房间吸声量为：$A = (548.4 - 100) \times 0.01 + 100a = (4.484 + 100a) \text{m}^2$。

根据《教材（第二册）》P355 公式 5-1-31，可得出：

吸声系数为，$T_{60} = \dfrac{0.163V}{A} = \dfrac{0.163 \times 15 \times 11 \times 4.2}{4.484 + 100a} = 1.6 \Rightarrow a = 0.66$。

答案选【D】。

18. 在长、宽、高分别为 50m、30m、15m 的大型车间内，其室内各频带平均吸声系数均为 0.4。当室内相对湿度为 30%、考虑空气吸收时，求该车间内的 6000Hz、8000Hz 和 10000Hz 的混响时间分别为多少？（混响时间用赛宾公式计算）【2014 - 1 - 84】

(A) 0.95s、0.75s、0.54s   (B) 2.10s、1.67s、1.20s
(C) 0.83s、0.68s、0.50s   (D) 1.84s、1.50s、1.11s

解：

车间内表面积：$S = 50 \times 30 \times 2 + (50 + 30) \times 2 \times 15 = 5400 \text{m}^2$；

车间体积：$V = 50 \times 30 \times 15 = 22500 \text{m}^3$；

按相对湿度 30%、温度 20℃ 考虑空气吸收，根据《教材（第二册）》P355 公式 5 - 1 - 33，可得出：

6000Hz 混响时间为，$T = \dfrac{0.163V}{\bar{a}S + 4mV} = \dfrac{0.163 \times 22500}{0.4 \times 5400 + 0.084 \times 22500} = 0.91\text{s}$；

8000Hz 混响时间为，$T = \dfrac{0.163V}{\bar{a}S + 4mV} = \dfrac{0.163 \times 22500}{0.4 \times 5400 + 0.127 \times 22500} = 0.73\text{s}$；

10000Hz 的 4m 值无法确认，根据 6000Hz、8000Hz 即可确定答案为 A。

答案选【A】。

19. 某剧院观众厅容积约为 3000m³，其混响时间为 0.9s。为满足演奏音乐的需要，现需要对大厅的墙壁进行声学处理使其混响时间达到 1.4s，问墙壁的吸声改变量为多少？（混响时间用赛宾公式计算）【2014 - 1 - 85】

(A) 减少 194m²   (B) 减少 349m²
(C) 增加 349m²   (D) 增加 194m²

解：

根据《教材（第二册）》P355 公式 5 - 1 - 31，可得出：

吸声处理前厅内吸声量为，$T_1 = \dfrac{0.163V}{A_2} \Rightarrow A_1 = \dfrac{0.163V}{T_1} = \dfrac{0.163 \times 3000}{0.9} = 543\text{m}^2$；

吸声处理后厅内吸声量为，$T_2 = \dfrac{0.163V}{A_2} \Rightarrow A_2 = \dfrac{0.163V}{T_2} = \dfrac{0.163 \times 3000}{1.4} = 349\text{m}^2$；

墙壁吸声改变量为，$\Delta A = A_2 - A_1 = 349 - 543 = -194\text{m}^2$，即减少 194m²。

答案选【A】。

4.1.7 相关标准、规范

※ 真 题

1. 位于城郊的高级别墅区，按标准要求，在不同测点测得环境噪声值分别如下，问哪一组符合《城市区域环境噪声标准》的规定值？【2007 - 1 - 85】

(A) 昼48dB；夜34dB　　　　　　(B) 昼50dB；夜40dB
(C) 昼43dB；夜34dB　　　　　　(D) 昼44dB；夜37dB

解：

根据《城市区域环境噪声标准》（GB 3096—93）可知，0类标准（昼间50dB，夜间40dB）适用于疗养区、高级别墅区、高级宾馆区等特别需要安静的区域。位于城郊和乡村的这一类区域分别按严于0类标准5dB执行。因此，昼间限值为45dB，夜间限值为35dB（GB 3096—93已被GB 3096—2008取代，此题是2007年考题按老标准执行，仅供参考）。

答案选【C】。

2. 在一居民文教区，有一条道路在夜间的车流量平均为每2分钟通过3辆车。现在道路一侧的标准规定测点，测得铅垂向Z振级为68dB。按《城市区域环境振动标准》，下列哪个结论是正确的？【2007-1-86】

(A) 低于规定标准的4dB　　　　(B) 超过规定标准值1dB
(C) 低于规定标准值7dB　　　　(D) 超过规定标准值3dB

解：

依据题干可知，车流量为90辆/小时＜100辆/小时，不属于交通干线道路两侧。按居民文教区，执行《城市区域环境振动标准》，故夜间铅垂向Z振级标准值为67dB，因此测量值超过标准值1dB。

答案选【B】。

3. 在某居住、商业、工业混杂区内，一工厂的厂界与居民住宅毗邻，无法直接测量厂界噪声。现在毗邻住宅的居室中央，测得夜间的噪声值为42dB，当时当地的背景噪声为35dB，若排除背景噪声后，按《工业企业厂界环境噪声排放标准》，下面哪种结论正确？【2007-1-87】

(A) 厂界噪声超过规定标准值12dB　　(B) 厂界噪声低于规定标准1dB
(C) 厂界噪声超过规定标准值1dB　　　(D) 厂界噪声低于规定标准8dB

解：

去除背景噪声后的厂界噪声：$L_{P1}=10\lg(10^{\frac{L_P}{10}}-10^{\frac{L_{P2}}{10}})=10\lg(10^{\frac{42}{10}}-10^{\frac{35}{10}})=41dB$。

居住、商业、工业混杂区属于声环境功能Ⅱ类区，根据《教材（第三册）》P380《工业企业厂界环境噪声排放标准》表1及4.1.5条，可知夜间噪声限值为50dB－10dB＝40dB，故厂界噪声超过规定1dB。

答案选【C】。

4. 某建筑工地的北面是空旷地带，西面是交通干线，南面是一商业区，东面是居民住宅，工地在施工阶段中，混凝土搅拌机发出噪声，昼间在该施工工地的场界测得的噪声值结果如下。试分析哪组结果符合建筑施工场界的噪声限值标准要求？【2008-1-79】

(A) 在北面场界测得噪声值为72dB（A），在西面场界测得噪声值为75dB（A），在

南面场界测得噪声值为 71dB（A），在东面场界测得的噪声值为 68dB（A）

（B）在北面场界测得噪声值为 68dB（A），在西面场界测得噪声值为 70dB（A），在南面场界测得噪声值为 72dB（A），在东面场界测得的噪声值为 69dB（A）

（C）在北面场界测得噪声值为 70dB（A），在西面场界测得噪声值为 75dB（A），在南面场界测得噪声值为 68dB（A），在东面场界测得的噪声值为 72dB（A）

（D）在北面场界测得噪声值为 72dB（A），在西面场界测得噪声值为 76dB（A），在南面场界测得噪声值为 70dB（A），在东面场界测得的噪声值为 68dB（A）

解：

由于北面和西面不是噪声敏感区，不需要考虑，只需考虑东、南两面的噪声不超过限值即可。根据《建筑施工场界噪声排放标准》可知，建筑施工场界的噪声排放昼间限值为 70dB，故 D 满足要求。

答案选【D】。

5. 宾馆某高级客房与空调机房毗邻空调机组运行噪声的 125Hz～4000Hz 倍频带声压级见下表。按《工业企业噪声控制设计规范》隔声设计要求，以下哪一组隔声特性的隔墙能够使得客房内的噪声符合 NR-25 曲线？【2009-1-81】

中心频率（Hz）	125	250	500	1000	2000	4000
声压级（dB）	68	71	68	65	62	58
NR-25	43.7	35.2	29.2	25	21.9	19.5

（A）125Hz～4000Hz 倍频带隔声量分别为：20dB、31dB、34dB、35dB、36dB、36dB
（B）125Hz～4000Hz 倍频带隔声量分别为：25dB、36dB、39dB、40dB、41dB、41dB
（C）125Hz～4000Hz 倍频带隔声量分别为：30dB、41dB、44dB、45dB、46dB、46dB
（D）125Hz～4000Hz 倍频带隔声量分别为：43dB、46dB、43dB、40dB、37dB、33dB

解：

依据《教材（第三册）》P1480《工业企业噪声控制设计规范》4.2.4 条之各倍频带需要隔声量按公式 4.2.4 $R = L_P - L_{PA} + 5$ 计算，故隔声量计算如下表：

中心频率（Hz）	125	250	500	1000	2000	4000
声压级（dB）	68	71	68	65	62	58
NR-25	43.7	35.2	29.2	25	21.9	19.5
R（dB）	29.3	40.8	43.8	45	45.1	43.5

答案选【C】。

6. 一个会议室与空调机房相邻，在尚未安装隔墙前空调机组运行时，会议室内 125Hz～4000Hz 的频带声压级及设计要求见下表：

中心频率（Hz）	125	250	500	1000	2000	4000
声压级（dB）	75	73	72	75	69	63
设计要求（dB）	52	45	39	35	32	30

按照《工业企业噪声控制设计规范》的隔声设计方法，会议室与空调机房之间隔墙的平均隔声量至少为多少？【2011-1-95】

(A) 45dB (B) 40dB
(C) 37dB (D) 32dB

解：
依据《工业企业噪声控制设计规范》4.2.4条之各倍频带需要的隔声量按 $R = L_P - L_{PA} + 5$ 计算，则会议室与空调机房之间隔墙各倍频带隔声量为：

中心频率（Hz）	125	250	500	1000	2000	4000
声压级（dB）	75	73	72	75	69	63
设计要求（dB）	52	45	39	35	32	30
需要的隔声量（dB）	28	33	38	45	42	38

依据《教材（第二册）》P395，采用125Hz~4000Hz 6个倍频带的隔声量的算术平均值作为平均隔声量，平均隔声量：$\bar{R} = \dfrac{28+33+38+45+42+38}{6} = 37.3\text{dB}$。

答案选【C】。

7. 某车间由于机器工作时发出噪声，影响周围一办公环境。在办公现场测得各倍频带的声压级为：

倍频带中心频率（Hz）	125	250	500	1000	2000	4000
声压级（dB）	70	78	80	77	80	76

要求厂区办公室各频带的声压级不超过下表所列数值：

倍频带中心频率（Hz）	125	250	500	1000	2000	4000
声压级（dB）	68	61	55	52	51	51

现打算对机器设计隔声装置，甲、乙、丙、丁4个备选隔声装置的隔声性能如下：

倍频带中心频率（Hz）		125	250	500	1000	2000	4000
倍频带隔声量（dB）	甲	20	26	31	30	33	34
	乙	20	25	30	31	35	35
	丙	19	24	31	29	36	36
	丁	21	23	28	32	34	35

使用上述哪个隔声装置后能满足厂区办公室各频带的声压级要求？【2012-1-77】

(A) 甲　　　　　　　　　　　　　　(B) 乙
(C) 丙　　　　　　　　　　　　　　(D) 丁

解：

根据《教材（第三册）》P1480《工业企业噪声控制设计规范》4.2.4 条公式 4.2.4：$R = L_P - L_{PA} + 5$，可知：

倍频带中心频率（Hz）	125	250	500	1000	2000	4000
L_P 声压级（dB）	70	78	80	77	80	76
L_{PA} 允许声压级（dB）	68	61	55	52	51	51
R 需要的隔声量（dB）	7	22	30	30	34	30

由此可看出，隔声装置乙符合要求。

答案选【B】。

8. 在 4 个墙体的检测报告中给出的空气声隔声性能分别为：墙体 1 的 $R_W(C; C_{tr}) = 49(-1, -4)$，墙体 2 的 $R_W(C; C_{tr}) = 55(-2, -15)$，墙体 3 的 $R_W(C; C_{tr}) = 49(-1, -3)$，墙体 4 的 $R_W(C; C_{tr}) = 62(-1, -19)$，问上述哪种墙体的隔声性能可以满足《民用建筑隔声设计规范》中住宅外墙 $R_W + C_{tr} > 45dB$ 的标准？【2013-1-78】

(A) 墙体 1　　　　　　　　　　　　(B) 墙体 2
(C) 墙体 3　　　　　　　　　　　　(D) 墙体 4

解：

依据《民用建筑隔声设计规范》（GB 50118—2010）表 4.2.6 之外墙空气声隔声性能为计权隔声量 + 交通噪声频谱修正量（$R_W + C_{tr}$）。由此，选项 A，$R_W + C_{tr} = 49 - 4 = 45dB$；选项 B，$R_W + C_{tr} = 55 - 15 = 40dB$；选项 C，$R_W + C_{tr} = 49 - 3 = 46dB$；选项 D，$R_W + C_{tr} = 62 - 19 = 43dB$。

可知 C 选项满足 $R_W + C_{tr} = 49 - 3 = 46dB > 45dB$。

答案选【C】。

9. 4 个墙体的倍频程空气声隔声量 R 的实验室测量数据如下表，问其中哪个墙体的计权隔声量 R_W 为 50dB？【2013-2-77】

墙 体	倍频程空气声隔声量（dB）				
	125	250	500	1000	2000
墙体1	36	39	42	45	56
墙体2	38	45	46	49	53
墙体3	25	38	52	55	58
墙体4	42	46	48	51	58

（A）墙体1　　　　　　　　　　　　（B）墙体2
（C）墙体3　　　　　　　　　　　　（D）墙体4

解：

根据《建筑隔声评价标准》（GB/T 50121—2005）表3.1.1-1，可知计权隔声量 R_W 的相应测量量为隔声量 R。单值评价量 R_W 的计算公式分为测量量 R 用1/3倍频程测量时的 $\sum_{i=1}^{16} P_i \leq 32.0$ 和 R 用倍频程测量时的 $\sum_{i=1}^{5} P_i \leq 10.0$，根据题干可知，测量量为125Hz~2000Hz共5个，故测量量 R 用倍频程测量，所以采用 $\sum_{i=1}^{5} P_i \leq 10.0$ 计算 R_W。

当 $R_W + K_i - R_i > 0$ 时，不利偏差 $P_i = R_W + K_i - R_i$，测量值 R_i 由题表可知，基准值 K_i 由表3.1.2可知，故对墙体1可得出下表：

倍频程	125	250	500	1000	2000
R_i	36	39	42	45	56
K_i	-16	-7	0	3	4
$R_W + K_i - R_i$	50-16-36=-2	50-7-39=4	50+0-42=8	50+3-45=8	50+4-56=-2

验算 R_W 值是否满足 $\sum_{i=1}^{5} P_i \leq 10.0$，因为 $R_W + K_i - R_i \leq 0$ 时 $P_i = 0$，

$P_i = 0 + 4 + 8 + 8 + 0 = 22 > 10$ 不符合 $\sum_{i=1}^{5} P_i \leq 10.0$，故A不符合；

对墙体2可得出下表：

倍频程	125	250	500	1000	2000
R_i	38	45	46	49	53
K_i	-16	-7	0	3	4
$R_W + K_i - R_i$	50-16-38=-4	50-7-45=-2	50+0-46=4	50+3-49=4	50+4-53=1

验算 R_W 值是否满足 $\sum_{i=1}^{5} P_i \ll 10.0$，因为 $R_W + K_i - R_i \leq 0$ 时 $P_i = 0$，

$P_i = 0 + 0 + 4 + 4 + 1 = 9 < 10$ 符合 $\sum_{i=1}^{5} P_i \leq 10.0$，

令 $R_W = 51$，可得 $P_i = 0 + 0 + 5 + 5 + 2 = 12 > 10$ 不符合 $\sum_{i=1}^{5} P_i \leq 10.0$，故 B 符合；

故对墙体 3 可得出下表：

倍频程	125	250	500	1000	2000
R_i	25	38	52	55	58
K_i	-16	-7	0	3	4
$R_W + K_i - R_i$	50-16-25=9	50-7-38=5	50+0-52=-2	50+3-55=-2	50+4-58=-4

验算 R_W 值是否满足 $\sum_{i=1}^{5} P_i \leq 10.0$，因为 $R_W + K_i - R_i \leq 0$ 时 $P_i = 0$，

$P_i = 9 + 5 + 0 + 0 + 0 = 14 > 10$ 不符合 $\sum_{i=1}^{5} P_i \leq 10.0$，故 C 不符合；

故对墙体 4 可得出下表：

倍频程	125	250	500	1000	2000
R_i	42	46	48	51	58
K_i	-16	-7	0	3	4
$R_W + K_i - R_i$	50-16-42=-8	50-7-46=-3	50+0-48=2	50+3-51=2	50+4-58=-4

验算 R_W 值是否满足 $\sum_{i=1}^{5} P_i \leq 10.0$，因为 $R_W + K_i - R_i \leq 0$ 时 $P_i = 0$，

$P_i = 0 + 0 + 2 + 2 + 0 = 4 < 10$ 符合 $\sum_{i=1}^{5} P_i \leq 10.0$，

令 $R_W = 51$，可得 $P_i = 0 + 0 + 3 + 3 + 0 = 6 < 10$；令 $R_W = 52$，可得 $P_i = 0 + 0 + 4 + 4 + 0 = 8 < 10$；

令 $R_W = 53$，可得 $P_i = 0 + 0 + 5 + 5 + 0 = 10$，故墙体 4 计权隔声量为 53dB。故 D 不符合。

答案选【B】。

10. 已知有两个毗邻房间，其中一个房间内有一台主要辐射中低频噪声的设备，现用一道墙体对两个房间进行隔声处理，墙体的高度为 5m，由于结构的限制，每延米墙体的质量不能大于 500kg，下表中给出的哪种墙体最合理？【2013-2-87】

序号	材料和构造	面密度	空气声隔声测量结果
墙体1	100mm 厚混凝土空心砌块墙体（单面10mm 抹灰）	236kg/m²	$R_W(C; C_{tr}) = 52(-1, -3)$
墙体2	200mm 厚加气混凝土砌块墙体（双面10mm 抹灰）	120kg/m²	$R_W(C; C_{tr}) = 48(-1, -3)$
墙体3	双层60mm 厚 GRC 多孔条板，中间填50mm 岩棉	80kg/m²	$R_W(C; C_{tr}) = 51(-1, -4)$
墙体4	双层10mm 厚 NALC 板，中间填75mm 岩棉	43kg/m²	$R_W(C; C_{tr}) = 54(-4, -9)$

(A) 墙体1 (B) 墙体2
(C) 墙体3 (D) 墙体4

解：
首先判断确定各墙体每延米质量不大于500kg，其次根据《教材（第三册）》《建筑隔声设计规范》P1571 附录 A 之主要辐射中低频率噪声的设施采用 C_{tr} 修正。由此可知，

墙体1，墙体每延米质量 $m = 236 \times 5 = 1180kg > 500kg$，墙体1不合理；

墙体2，墙体每延米质量 $m = 120 \times 5 = 600kg > 500kg$，墙体2不合理；

墙体3，墙体每延米质量 $m = 80 \times 5 = 400kg < 500kg$，对墙体空气声隔声进行修正：$R_W + C_{tr} = 51 - 4 = 47dB$；

墙体4，墙体每延米质量 $m = 43 \times 5 = 215kg < 500kg$，对墙体空气声隔声进行修正：$R_W + C_{tr} = 54 - 9 = 45dB$。

墙体3和4隔声量相近，但墙体4每延米质量近似为墙体3的一半，故墙体4最合理。

答案选【D】。

【解析】 每延米墙质量是指每平方米墙的质量×墙高。

11. 下列哪项结构满足住宅分户楼板隔声基本要求？（已知普通钢筋混凝土密度2300kg/m³，弹性模量 $2.4 \times 10^{10} N/m^2$；轻质钢筋混凝土密度1800kg/m³，弹性模量 $1.9 \times 10^{10} N/m^2$）【2014-2-78】

(A) 110mm 厚普通钢筋混凝土楼板，20mm 厚水泥砂浆面层，$R_W(C, C_{tr}) = 49(-2, -5)$
(B) 120mm 厚轻质钢筋混凝土楼板，20mm 厚水泥砂浆面层，$R_W(C, C_{tr}) = 47(-1, -3)$
(C) 110mm 厚普通钢筋混凝土楼板实贴木地板，$R_W(C, C_{tr}) = 48(-2, -5)$
(D) 120mm 厚轻质钢筋混凝土楼板实贴木地板，$R_W(C, C_{tr}) = 46(-2, -5)$

解：
依据《民用建筑隔声设计规范》表 4.2.1 之分户楼板计权隔声量+粉红噪声频谱修正量 $R_W + C > 45dB$，表 4.2.7 之分户楼板计权规范化撞击声压级 $L_{n,W} < 75dB$，由此可知，

选项 A，$R_W + C = 49 - 2 = 47 > 45dB$；选项 B，$R_W + C = 47 - 1 = 46 > 45dB$；

选项 C，$R_W + C = 48 - 2 = 46 > 45dB$；选项 D，$R_W + C = 46 - 2 = 44 < 45dB$。

选项 A、B、C 满足分户楼板计权隔声量+粉红噪声频谱修正量 $R_W + C > 45dB$ 的要求；

根据《噪声与振动控制工程手册》P388 表 5.2-7 之钢筋混凝土板实贴木地面，平均撞击声为69.2dB，满足分户楼板计权规范化撞击声压级 $L_{n,W} < 75dB$ 要求。

答案选【C】。

4.2 声波的传播和衰减

※知识点总结

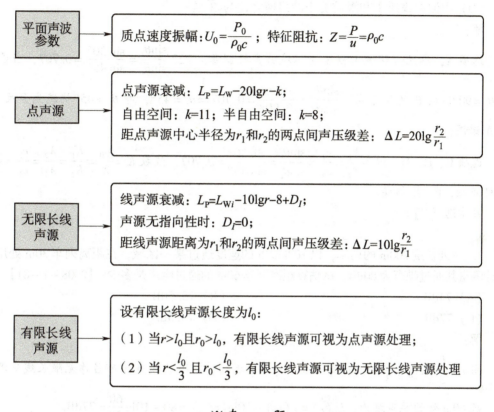

※真 题

1. 已知20℃时,空气的特性阻抗 $\rho_0 c_0 = 415\text{N}\cdot\text{s}/\text{m}^3$,在此条件下频率为1000Hz、声压级为0dB的平面声波的质点速度幅值为多少？【2007 – 1 – 78】

(A) 4.82×10^{-8} m/s (B) 4.82×10^{-7} m/s

(C) 8.3×10^{-8} m/s (D) 8.3×10^{-7} m/s

解:

依据《教材（第二册）》P364: $U_0 = \dfrac{P_0}{\rho_0 c_0} = \dfrac{2\times10^{-5}}{415} = 4.82\times10^{-8}$ m/s。

答案选【A】。

【解析】(1) 根据《环境工程手册环境噪声控制卷》P5, P_0 在平面波中是一个恒量,声压级为0dB时, $P_0 = 2\times10^{-5}$Pa;(2) 注意空气的特性阻抗 $\rho_0 c_0$ 的单位 N·s/m³ = Pa·s/m³。

2. 声波从媒质Ⅰ中入射至媒质Ⅱ,入射角为30°,透射角为45°,则下面说法正确的

是哪一项？【2007-2-99】

(A) 无论入射角怎样变也不会产生全反射
(B) 声波在媒质Ⅰ和媒质Ⅱ中的波数 k 之比为 $1:\sqrt{2}$
(C) 声波在媒质Ⅰ和媒质Ⅱ中的波长之比为 $1:\sqrt{2}$
(D) 声波在媒质Ⅰ和媒质Ⅱ中的声速之比为 $\sqrt{2}:1$

解：

选项 A，参见《环境工程手册环境噪声控制卷》P22 $\dfrac{\sin\theta_i}{\sin\theta_t}=\dfrac{\sin 30°}{\sin 45°}=0.707$，当透射角 $\theta_t=90°$ 时的 θ_i 为临界角，$\dfrac{\sin\theta_i}{\sin\theta_t}=\dfrac{\sin\theta_i}{\sin 90°}=0.707\Rightarrow\theta_i=45°$，即 $\theta_i>45°$ 就发生全反射，故 A 错误；

选项 B、C、D，因为 $\dfrac{\lambda_1}{\lambda_2}=\dfrac{c_1}{c_2}=\dfrac{\sin\theta_i}{\sin\theta_t}=\dfrac{\sin 30°}{\sin 45°}=0.707$，波数 $K=\dfrac{2\pi}{\lambda}\Rightarrow\dfrac{K_1}{K_2}=\dfrac{\lambda_2}{\lambda_1}=\dfrac{c_2}{c_1}=\dfrac{\sqrt{2}}{1}$，故 C 正确，B、D 错误。

答案选【C】。

3. 一列长度 200m 的列车，以 100km/h 的速度通过某一区域，在距离列车 30m 处用声级计测得其通过噪声为 80dB，试估算距离列车 60m 的通过噪声是多少？【2008-1-81】

(A) 74dB (B) 75.5dB
(C) 77dB (D) 78.5dB

解：

当 $r<\dfrac{l_0}{3}$ 且 $r_0<\dfrac{l_0}{3}$ 时，在有限长线声源的近场，有限长线声源可当作无限长线声源处理，故 60m 处的噪声级为：$L_P(r)=L(r_0)-10\lg(r/r_0)=80-10\lg\dfrac{60}{30}=77\mathrm{dB}$。

答案选【C】。

【解析】 有限长线声源的判断方法参见《环境影响评价技术方法》P194 公式 8-17。

4. 某大型车间内表面积为 9500m²，内表面平均吸声系数为 0.5，刚性地面中央置一声功率级为 85dB 的点声源，则距离点声源 5m 处的直达声压级为多少？【2008-2-80】

(A) 69dB (B) 60dB
(C) 66dB (D) 63dB

解：

声源 5m 处的直达声压级只考虑传播过程中的衰减即可，不需考虑房间吸声的影响，根据《教材（第二册）》P366 公式 5-1-66 有：声源 5m 处的直达声压级为 $L_P=L_W-20\lg r-K=85-20\lg 5-8=63\mathrm{dB}$。

答案选【D】。

5. 已知某房间地面中央有一个点声源，若要求距声源 16m 处的声压级不能大于

40dB，假设房间内除地面以外其他界面都消除了反射声，问理论上该点声源的声功率级最高不能大于下列哪个数值？【2012-1-79】

(A) 60dB (B) 72dB
(C) 75dB (D) 85dB

解：

房间除地面外其他面消除了反射声，根据《噪声与振动控制工程手册》P62可知道，房间为半自由空间，根据《教材（第二册）》P366公式5-1-66有：$L_P = L_W - 20\lg r - K = L_W - 20\lg 16 - 8 = 40 \Rightarrow L_W = 72\text{dB}$。

答案选【B】。

6. 已知一个宽为60m、长为80m、高度为4m的房间中央有一个点声源，声功率级为80dB，如果在房间内采取吸声降噪措施，问房间2m高平面内理论上能够达到的最低声压级为：【2012-1-83】

(A) 32dB (B) 35dB
(C) 40dB (D) 42dB

解：

2m高平面内点声源传播可近似看做自由空间传播（忽略反射声影响），2m高平面内距离声源最远点距离为 $\sqrt{\left(\frac{80}{2}\right)^2 + \left(\frac{60}{2}\right)^2} = 50\text{m}$，根据《教材（第二册）》P366公式5-1-66有：

$L_P = L_W - 20\lg r - K = 80 - 20\lg 50 - 11 = 35\text{dB}$。

答案选【B】。

7. 某厂房位于一空旷场地，厂房一侧外墙长52m、高9m，在厂房外距离该墙面中垂线中心1m、2m、10m和20m处，分别设测点1、测点2、测点3和测点4，当在测点1测得声压级 $L_{P1} = 75\text{dB}$ 时，则测点2、测点3和测点4的声压级分别应为哪一项？【2013-1-82】

(A) 测点2：$L_{P2}=72\text{dB}$；测点3：$L_{P3}=69\text{dB}$；测点4：$L_{P4}=63\text{dB}$
(B) 测点2：$L_{P2}=75\text{dB}$；测点3：$L_{P3}=72\text{dB}$；测点4：$L_{P4}=66\text{dB}$
(C) 测点2：$L_{P2}=72\text{dB}$；测点3：$L_{P3}=70\text{dB}$；测点4：$L_{P4}=63\text{dB}$
(D) 测点2：$L_{P2}=75\text{dB}$；测点3：$L_{P3}=70\text{dB}$；测点4：$L_{P4}=66\text{dB}$

解：

此厂房外墙为面声源，根据《环境影响评价技术导则 声环境》8.3.2.3，有：$r < \frac{a}{\pi} = \frac{9}{\pi} = 2.86\text{m}$ 时，噪声级不衰减，即 $r=1\text{m}$，$r=2\text{m}$ 处噪声级都不衰减，均为75dB；

$\frac{a}{\pi} < r < \frac{b}{\pi} \Rightarrow \frac{9}{\pi} < r < \frac{52}{\pi} \Rightarrow 2.86\text{m} < r < 16.55\text{m}$ 时，$r = 10\text{m}$ 处噪声级衰减量为：

$\Delta A = 10\lg\frac{10}{2.86} = 5.4\text{dB}$，2.86m 处噪声级为75dB，则 $r=10\text{m}$ 噪声级为 $75 - 5.4 = 69.6\text{dB}$；

$r > \dfrac{b}{\pi} \Rightarrow r > \dfrac{52}{\pi} \Rightarrow r > 16.55\text{m}$ 时，$r = 20\text{m}$ 处噪声级衰减量为：

$\Delta A = 20\lg\dfrac{20}{16.86} = 1.6\text{dB}$，$16.55\text{m}$ 处噪声级为 $75 - 10\lg\dfrac{16.55}{2.86} = 67.4\text{dB}$，则 $r = 20\text{m}$ 处噪声级为 $67.4 - 1.6 = 65.8\text{dB}$。

答案选【D】。

8. 在一个乡村居住点户外 29.5m 处安装一台小型设备，需在夜间连续运行，其 1m 处的噪声级为 92dB（A），2m 处的噪声级为 89dB（A），距离设备 2m 以外可视为点声源衰减。计算设备运行时乡村居住点的噪声级。【2014-1-76】

(A) 62.6dB（A）   (B) 69.0dB（A）
(C) 65.6dB（A）   (D) 67.0dB（A）

解：

依据《教材（第二册）》P367 公式 5-1-67，有：$A_d = L_{P1} - L_{P2} = 20\lg\dfrac{r_2}{r_1} \Rightarrow 89 - L_{P2} = 20\lg\dfrac{29.5}{2} \Rightarrow L_{P2} = 65.6\text{dB}$。

答案选【C】。

4.3 噪声污染防治原理

4.3.1 吸声降噪原理

※知识点总结

降噪系数：$NRC = (\alpha_{250} + \alpha_{500} + \alpha_{1000} + \alpha_{2000})/4$；$NRC$ 以 0.05 为计算间隔，意思是算术平均值尾数四舍五入到 0.05 的倍数

※ 真 题

1. 一个 70m × 50m × 8m 的游泳馆，顶棚拟安装微穿孔板（孔径 0.8mm、板厚 0.8mm、穿孔率 1%、空腔厚度为 100mm）进行吸声处理，吸声处理之前馆内的各频率吸声系数及拟采用的某种微穿孔板吸声系数见下表。

倍频程中心频率（Hz）	250	500	1000	2000
吸声处理前馆内的吸声系数	0.02	0.03	0.05	0.07
某微穿孔板吸声系数	0.83	0.54	0.75	0.28

请问拟采用的微穿孔板吸声结构的降噪系数为多少？【2007-2-94】
(A) 0.83   (B) 0.75

(C) 0.60   (D) 0.28

解：

依据《教材（第二册）》P389：$NRC = \dfrac{\alpha_{250} + \alpha_{500} + \alpha_{1000} + \alpha_{2000}}{4} = \dfrac{0.83 + 0.54 + 0.75 + 0.28}{4} = 0.6$。

答案选【C】。

2. 一个矩形房间的长、宽、高分别为 8.0m、6.0m、3.3m，混凝土地面上铺设厚地毯，4 个壁面及顶面为混凝土油漆，同时四壁 25% 的面积采用阻燃装饰布贴实安装，试计算房间内表面 250Hz~2000Hz 倍频程中心频率各频带的平均吸声系数。【2008-2-81】

中心频率（Hz）	125	250	500	1000	2000	4000
厚地毯在混凝土地面	0.02	0.06	0.15	0.37	0.6	0.65
混凝土油漆	0.01	0.01	0.01	0.02	0.02	0.02
阻燃装饰布贴实安装	0.14	0.36	0.58	0.65	0.72	0.86

(A) 0.310   (B) 0.015
(C) 0.160   (D) 0.540

解：

房间内表面积：$S = 8 \times 6 \times 2 + (8+6) \times 2 \times 3.3 = 188.4 \text{m}^2$；厚地毯面积：$S_1 = 8 \times 6 = 48 \text{m}^2$；

油漆面面积：$S_2 = 8 \times 6 + (8+6) \times 2 \times 3.3 \times 0.75 = 117.3 \text{m}^2$；

阻燃布面积：$S_3 = (8+6) \times 2 \times 3.3 \times 0.25 = 23.1 \text{m}^2$；根据《教材（第二册）》P392 公式 5-1-101，

250Hz 时平均吸声系数：$\bar{\alpha} = \dfrac{\sum_{i=1}^{n} s_i \alpha_i}{\sum_{i=1}^{n} s_i} = \dfrac{0.06 \times 48 + 0.01 \times 117.3 + 0.36 \times 23.1}{188.4} = 0.066$；

500Hz 时平均吸声系数：$\bar{\alpha} = \dfrac{\sum_{i=1}^{n} s_i \alpha_i}{\sum_{i=1}^{n} s_i} = \dfrac{0.15 \times 48 + 0.01 \times 117.3 + 0.58 \times 23.1}{188.4} = 0.116$；

1000Hz 时平均吸声系数：$\bar{\alpha} = \dfrac{\sum_{i=1}^{n} s_i \alpha_i}{\sum_{i=1}^{n} s_i} = \dfrac{0.37 \times 48 + 0.02 \times 117.3 + 0.65 \times 23.1}{188.4} = 0.186$；

2000Hz 时平均吸声系数：$\bar{\alpha} = \dfrac{\sum_{i=1}^{n} s_i \alpha_i}{\sum_{i=1}^{n} s_i} = \dfrac{0.6 \times 48 + 0.02 \times 117.3 + 0.72 \times 23.1}{188.4} = 0.254$；

平均吸声系数：$\bar{\alpha} = \dfrac{0.066+0.116+0.186+0.254}{4} = 0.156$。

答案选【C】。

3. 采用混响室测试某材料的无规入射吸声系数，测得的倍频带吸声系数如下表所示，求该材料的降噪系数？【2008-2-83】

倍频带中心频率（Hz）	125	250	500	1000	2000	4000
吸声系数	0.13	0.47	0.69	0.76	0.63	0.51

(A) 0.53 (B) 0.60
(C) 0.64 (D) 0.65

解：

依据《教材（第二册）》P389 公式 5-1-94，降噪系数为：

$NRC = \dfrac{\alpha_{250}+\alpha_{500}+\alpha_{1000}+\alpha_{2000}}{4} = \dfrac{0.47+0.69+0.76+0.63}{4} = 0.6375$，因以 0.05 为间隔，$NRC = 0.65$。

答案选【D】。

【解析】（1）降噪系数 NRC 定义参见《教材（第二册）》P389 及公式 5-1-94；

（2）以 0.05 为计算间隔，意思是四舍五入后取以 0.05 倍数的值，举例如 0.60、0.65、0.70、0.75 等，不能出现 0.63、0.68 这样的值。

4.3.2 隔声降噪原理

※知识点总结

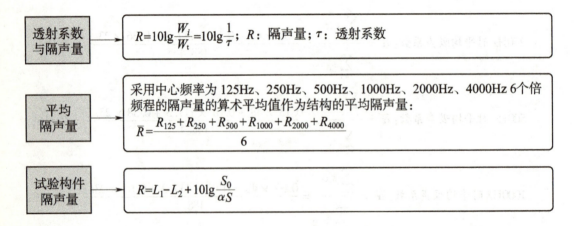

※真　题

1. 一个隔声构件倍频程中心频率为 31.5Hz~16000Hz 的透射损失如下表，请根据这些数据计算该隔声构件的平均隔声量？【2007-2-100】

4 噪声污染控制基础

中心频率（Hz）	31.5	63	125	250	500	1000	2000	4000	8000	16000
透射损失（dB）	9.5	13	26	42	52	60	62	46	38	32

(A) 52dB　　　　　　　　　　　(B) 54dB
(C) 48dB　　　　　　　　　　　(D) 38dB

解：

依据《环境工程手册环境噪声控制卷》P152，隔声量又叫透射损失，一般采用中心频率为125Hz、250Hz、500Hz、1000Hz、2000Hz、4000Hz 6个倍频程的隔声量的算术平均值作为平均隔声量。

$$\overline{R} = \frac{26+42+52+60+62+46}{6} = 48 \text{dB}。$$

答案选【C】。

2. A、B两个房间的长、宽、高均为10m、8m、6m，两房间之间有一面积为10m²的公共墙，已知该墙500Hz时的透射系数为0.0002，房间A、B的平均吸声系数分别为0.1和0.2。若在房间A中央放置一台机器，房内500Hz的平均声压级为100dB，试计算房间B内500Hz的平均声压级为多少？【2008 - 1 - 88】

(A) 57.2dB　　　　　　　　　　(B) 63.0dB
(C) 45.3dB　　　　　　　　　　(D) 54.2dB

解：

根据《教材（第二册）》P396 公式 5-1-112 $R = L_1 - L_2 + 10\lg\frac{S_0}{\alpha S}$，已知B房间（接受室）面积为：$S = 10 \times 8 \times 2 + (10+8) \times 2 \times 6 = 376 \text{m}^2$；$S_0 = 10 \text{m}^2$；

隔墙的隔声量：$R = 10\lg\frac{1}{\tau} = 10\lg\frac{1}{0.0002} = 37 \text{dB}$；

房间B声压级：$37 = L_1 - L_2 + 10\lg\frac{S_0}{\alpha S} = 100 - L_2 + 10\lg\frac{10}{0.2 \times 376} \Rightarrow L_2 = 54.2 \text{dB}$。

答案选【D】。

3. 一个2.4m×2.4m的隔声门在隔声实验室进行空气隔声量的测定，声源室容积为158m³；500Hz的混响时间为2.85s，受声室的容积为108m³，500Hz的混响时间为2.25s，在声源室测得500Hz的平均声压级为98dB，受声室测得500Hz的平均声压级为68dB，试计算该隔声门的隔声量是多少？【2008 - 1 - 92】

(A) 30.0dB　　　　　　　　　　(B) 28.3dB
(C) 28.7dB　　　　　　　　　　(D) 27.3dB

解：

B房间（接受室）吸声量：$T_{60} = \frac{0.163V}{\alpha S} = 2.25 \Rightarrow \alpha S = \frac{0.163 \times 108}{2.25} = 7.824 \text{m}^2$；

隔声门的面积：$S_0 = 2.4 \times 2.4 = 5.76 \text{m}^2$；

隔声门的隔声量：$R = L_1 - L_2 + 10\lg\dfrac{S_0}{\alpha S} = 98 - 68 + 10\lg\dfrac{5.76}{7.824} = 28.7\text{dB}$。

答案选【C】。

【解析】（1）混响时间参见《教材（第二册）》P355 公式 5-1-31；

（2）构件实验室隔声量测量参见《教材（第二册）》P395 及 P396 公式 5-1-112。

4. 入射到某隔声构件的声功率为 6×10^{-11} W，透射到该构件另一面的声功率为 1.2×10^{-11} W，则此隔声构件的透射损失为多少？【2010-1-80】

　　(A) 0.5　　　　　　　　　　　　(B) 7dB

　　(C) 0.224　　　　　　　　　　　(D) 5dB

解：

根据《教材（第二册）》P395 公式 5-1-111 有：

$R = 10\lg\dfrac{W_i}{W_t} = 10\lg\dfrac{6 \times 10^{-11}}{1.2 \times 10^{-11}} = 7\text{dB}$。

答案选【B】。

5. 已知入射声功率为 1.2×10^{-10} W，某隔声构件的隔声量为 13dB，问该隔声构件的透射系数是多少？【2012-2-85】

　　(A) 0.05　　　　　　　　　　　　(B) 6×10^{-12} W

　　(C) 0.224　　　　　　　　　　　(D) 13dB

解：

根据《教材（第二册）》P395 公式 5-1-111 可得透射系数：$\tau = 10^{-0.1R} = 10^{-0.1 \times 13} = 0.05$。

答案选【A】。

6. 一个隔声构件在 31.5Hz~16kHz 各倍频程的透射系数如下表，计算该隔声构件的平均隔声量。【2014-2-79】

中心频率（Hz）	31.5	63	125	250	500	1k	2k	4k	8k	16k
透射系数	0.11	0.05	2.5×10^{-3}	6.3×10^{-5}	6.3×10^{-6}	1.0×10^{-5}	6.3×10^{-7}	2.5×10^{-5}	1.5×10^{-4}	6.3×10^{-4}

　　(A) 52dB　　　　　　　　　　　　(B) 54dB

　　(C) 48dB　　　　　　　　　　　(D) 38dB

解：

依据《教材（第二册）》P395，一般采用中心频率 125Hz、250Hz、500Hz、1000Hz、2000Hz、4000Hz 6 个倍频程的隔声量的算术平均值作为结构的平均隔声量。

根据《教材（第二册）》P395 公式 5-1-11 有：

125Hz 隔声量：$R = 10\lg\dfrac{1}{\tau} = 10\lg\dfrac{1}{2.5 \times 10^{-3}} = 26\text{dB}$；依次计算 250Hz、500Hz、

1000Hz、2000Hz、4000Hz，得下表：

倍频程中心频率（Hz）	125	250	500	1000	2000	4000
隔声量（dB）	26	42	52	50	62	46

平均隔声量：$\bar{R} = \dfrac{26+42+52+50+62+46}{6} = 46.33 \text{dB}$。

答案选【C】。

5 噪声及振动污染控制实践

5.1 吸声降噪

5.1.1 多孔吸声材料

※知识点总结

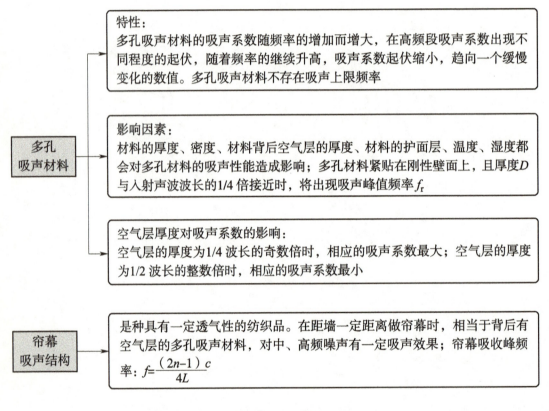

※真　题

1. 某车间内噪声频谱中，1000Hz 频率的声压级最为突出，为了有效地降低车间内该峰值的噪声级，如果采用在刚性壁面上铺设多孔吸声材料的技术措施，那么该多孔材料厚度至少应为多少？【2010－1－79】

　　(A) 100mm
　　(B) 85mm
　　(C) 170mm
　　(D) 56mm

解：

依据《环境工程手册环境噪声控制卷》P141，当吸声材料层紧贴在刚性壁面上，且厚度 D 与入射声波波长的 1/4 倍接近时，将出现吸声峰值频率 f_r。

$$D = \frac{\lambda_r}{4} = \frac{c}{4f_r} = \frac{340}{4 \times 1000} = 0.085\text{m} = 85\text{mm}。$$

答案选【B】。

2. 某工程拟以幕帘作为吸声材料以改善吸声效果。当幕帘距离刚性墙面为 0.34m 时，该吸声结构的第一个吸收峰频率为多少？（$c = 340\text{m/s}$）【2010-2-78】
(A) 350Hz 　　　　　　　　　(B) 250Hz
(C) 300Hz 　　　　　　　　　(D) 200Hz

解：

依据《噪声与振动控制工程手册》P424 公式 6.2-11 有：

$$f = \frac{(2n-1)c}{4L} = \frac{(2n-1)340}{4 \times 0.34}, \quad n=1 \text{ 时 } f = \frac{(2n-1)c}{4L} = \frac{340}{4 \times 0.34} = 250\text{Hz},$$

$n=2$ 时 $f = \frac{(2n-1)c}{4L} = \frac{3 \times 340}{4 \times 0.34} = 750\text{Hz}$，故第一个吸收峰频率为 250Hz。

答案选【B】。

3. 声速及波长随温度的变化而增减，可导致多孔吸声材料吸声系数的频率特性曲线发生漂移，请指出下列图中哪幅符合环境温度升高后多孔吸声材料吸声性能的变化特性？（虚线为温升，实线为常温）【2010-2-82】

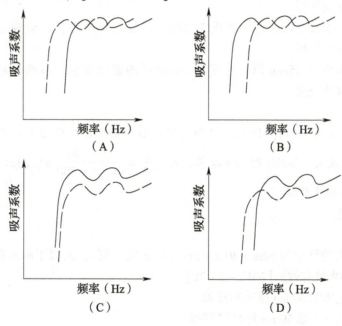

解：

根据《噪声与振动控制工程手册》P413 图 6.2-23，可知 B 正确。

答案选【B】。

4. 某实验室内的噪声频谱如下表所示，为降低噪声并达到 NR-20 的要求，拟采用在实验室内墙悬挂帘幕的方法进行吸声，则帘幕间距为？（声速 $c = 340\text{m/s}$）【2010-2-83】

中心频率（Hz）	31.5	63	125	250	500	1000
声压（dB）	68	50	38	29	27	18
NR-20（dB）	69	51.3	39.4	30.6	24.3	20
噪声降低量	-1	-1.3	-1.4	-1.6	2.7	-2

(A) 17cm (B) 25cm
(C) 34cm (D) 45cm

解：

500Hz 所需降噪量最大，所以帘幕的吸收峰频率为 500Hz，根据《噪声与振动控制工程手册》P424 公式 6.2-11 有：

$$f = \frac{(2n-1)c}{4L} = \frac{(2n-1)340}{4 \times L} = 500, \ n=1 \ 时, \ L = \frac{340}{4 \times 500} = 0.17\text{m}。$$

答案选【A】。

5. 在一个房间中进行吸声降噪处理，通过测试，房间的混响时间在 400Hz 有一个峰值，问在房间中设置以下哪种吸声构造对降低 400Hz 混响时间最有效？【2011-1-90】

(A) 墙壁上安装 25mm 厚，密度为 24kg/m³ 的玻璃棉毡，玻璃棉毡实粘在墙壁上
(B) 墙壁上安装 25mm 厚，密度为 24kg/m³ 的玻璃棉毡，玻璃棉毡与墙壁之间留 200mm 空气层
(C) 墙壁上安装 25mm 厚，密度为 24kg/m³ 的玻璃棉毡，玻璃棉毡与墙壁之间留 450mm 空气层
(D) 墙壁上安装 25mm 厚，密度为 24kg/m³ 的玻璃棉毡，玻璃棉毡与墙壁之间留 100mm 空气层

解：

依据《教材（第二册）》P417，可知材料背后的空气层厚度为 1/4 波长的奇数倍时，相应的吸声系数最大。400Hz 时 1/4 波长，即：$\frac{\lambda}{4} = \frac{c}{4f} = \frac{340}{4 \times 400} = 0.2125\text{m}$，只有 200mm 最接近 0.2125m 的奇数倍。

答案选【B】。

6. 一个房间的尺寸为 50m×40m×3m（长×宽×高），问以下哪种吸声构造对降低房间内中低频噪声最有效？【2011-2-78】

(A) 在墙上实贴 50mm 厚玻璃棉板
(B) 在顶板下实贴 50mm 厚玻璃棉板
(C) 在墙壁上安装 50mm 厚玻璃棉板，留有空气层 50mm
(D) 在顶板下安装 50mm 厚玻璃棉板，留有空气层 50mm

解：

顶板下安装吸声结构，吸声面积为 2000m² 大于墙壁的吸声面积 540m²，所以在顶板安装更有效。根据《教材（第二册）》P418 可知，在材料后设置空气层可以改善低、

中频区域的吸声特性。

答案选【D】。

7. 一个房间地面到结构顶板的高度为5.0m，欲通过增加吸声吊顶来降低室内的混响时间，吊顶材料为10mm厚玻纤吸声板，问当吊顶距地面的高度为多少时对降低125Hz混响时间最有效？（设声速c=340m/s）【2012-1-88】

(A) 3.5m　　　　　　　　　　　　(B) 4.3m
(C) 4.5m　　　　　　　　　　　　(D) 4.7m

解：

依据《教材（第二册）》P417，可知材料背后的空气层厚度为1/4波长的奇数倍时，相应的吸声系数最大。125Hz时1/4波长$\frac{\lambda}{4}=\frac{c}{4f}=\frac{340}{4\times 125}=0.68$m，吸声顶距地面高度为：$5-0.01-0.68=4.31$m。

答案选【B】。

8. 在一个房间中进行吸声降噪处理，通过测试，房间的混响时间在800Hz有一个峰值，问在房间中设置以下哪种吸声构造对降低800Hz的混响时间最有效？【2013-1-83】

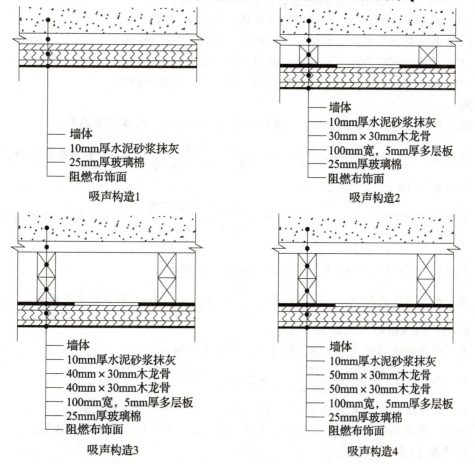

（A）吸声构造 1　　　　　　　（B）吸声构造 2
（C）吸声构造 3　　　　　　　（D）吸声构造 4

解：
选项中的 4 种吸声构造都是利用 25mm 厚玻璃棉来吸声，而玻璃棉对 800Hz（中低频）效果一致，通过在玻璃棉后设置空气层可以提高中低频的吸声效果，空气层厚度为 1/4 波长的奇数倍时，相应的吸声系数最大。$\frac{\lambda}{4}(2n+1) = \frac{1}{4}(2n+1)\frac{c}{f} = \frac{1}{4}(2n+1)\frac{340}{800} = 106(2n+1)$ mm，可知 $n=0$ 时，$\frac{\lambda}{4} = 106$ mm，吸声构造 3 的空气层厚度为 80mm，吸声构造 4 的空气层厚度为 100mm，吸声构造 4 的吸声系数最大，故吸声构造 4 的对降低 800Hz 混响时间最有效。

答案选【D】。

9. 在体育馆内用密度为 30kg/m³ 的匀质多孔吸声材料制成的空间吸声体进行吸声降噪，由于荷载的限制，要求每个吸声体的重量为 27kg，现有 4 种可以选择的吸声体类型，分别是球形空间吸声体，高度为 0.8m 的圆柱形空间吸声体，正方形空间吸声体和厚度为 0.25m、高度为 1.5m 的片式吸声体，如果按吸声效率从高到低排列，下列哪种排列是正确的？（不考虑内部龙骨和挂件的重量）【2013-1-87】
（A）球形空间吸声体、片式空间吸声体、正方形空间吸声体
（B）片式空间吸声体、球形空间吸声体、圆柱形空间吸声体
（C）片式空间吸声体、正方形空间吸声体、球形空间吸声体
（D）圆柱形空间吸声体、球形空间吸声体、片式空间吸声体

解：
吸声材料相同，吸声系数相同，故吸声体表面积越大，吸声效率越高；

球形吸声体表面积：$m = \rho\frac{4\pi r^3}{3} \Rightarrow r = \sqrt[3]{\frac{3m}{4\pi\rho}} = \sqrt[3]{\frac{3 \times 27}{4\pi \times 30}} = 0.6$ m，则球形表面积：
$S = 4\pi r^2 = 4\pi \times 0.6^2 = 4.52$ m²；

圆柱形吸声体表面积：$m = \rho\pi r^2 h \Rightarrow r = \sqrt{\frac{m}{\rho\pi h}} = \sqrt{\frac{27}{30 \times \pi \times 0.8}} = 0.6$ m，则圆柱形表面积：
$S = 2\pi r^2 + 2\pi rh = 2\pi \times 0.6^2 + 2\pi \times 0.6 \times 0.8 = 5.28$ m²；

正方形吸声体表面积：$m = \rho a^3 \Rightarrow a = \sqrt[3]{\frac{m}{\rho}} = \sqrt[3]{\frac{27}{30}} = 0.97$ m，则正方形表面积：
$S = 6a^2 = 6 \times 0.97^2 = 5.65$ m²；

片式吸声体看作板式吸声体，则片式吸声体表面积为：
$m = \rho lwh \Rightarrow l = \frac{m}{\rho wh} = \frac{27}{30 \times 1.5 \times 0.25} = 2.4$ m，所以片式表面积为：
$S = 2lw + 2(l+w)h = 2 \times 2.4 \times 1.5 + 2 \times (2.4+1.5) \times 0.25 = 9.15$ m²；

因此，吸声体表面积大小依次为：片式（板式）、正方形、圆柱形、球形。

答案选【C】。

5.1.2 共振吸声结构

※知识点总结

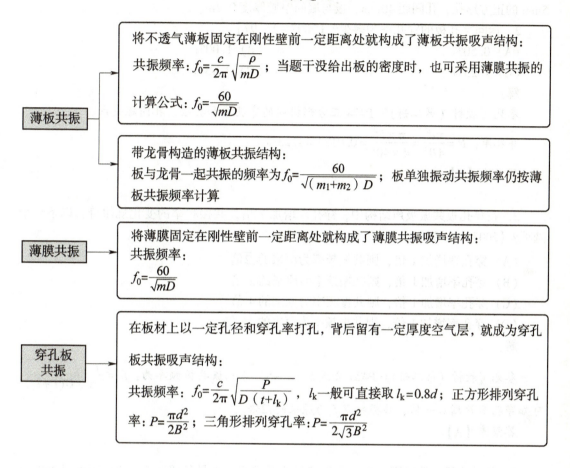

※ 真 题

1. 下列各图中哪种带空腔吸声结构能更明显地改善低频区的吸声性能？【2007-1-80】

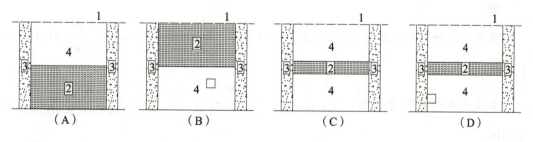

解：

依据《噪声与振动控制工程手册》P433 图 6.3-15 和图 6.3-16，可知 B 在低频区的吸声效果更好。

答案选【B】。

(2、3、4题共用此题干) 已知穿孔板共振吸声结构的板厚1mm，板上排列有直径为5mm的正方形孔，孔间距40mm，板与墙间空腔厚度0.2m。

2. 请问穿孔板的穿孔率为多少？【2007-1-97】

(A) 0.50%   (B) 1.00%
(C) 1.23%   (D) 2.45%

解：

参见《教材（第二册）》P424 正方形排列的穿孔率和孔径、孔间距关系。

穿孔率：$P = \dfrac{\pi d^2}{4B^2} = \dfrac{\pi \times 5^2}{4 \times 40^2} = 0.0123 = 1.23\%$。

答案选【C】。

3. 在穿孔板共振吸声结构中，穿孔率增加1倍，共振频率的变化规律符合以下哪个选项？【2007-1-98】

(A) 穿孔率增加1倍，则共振频率为原来的$\sqrt{2}$倍
(B) 穿孔率增加1倍，则共振频率为原来的2倍
(C) 穿孔率增加1倍，则共振频率为原来的4倍
(D) 穿孔率增加1倍，则共振频率为原来的16倍

解：

参见《教材（第二册）》P423 公式5-2-5，穿孔板共振频率为：$f_0 = \dfrac{c}{2\pi}\sqrt{\dfrac{P}{D(t+l_k)}}$，可知穿孔率$P$增加一倍，共振频率$f_0$为原来的$\sqrt{2}$倍。

答案选【A】。

4. 如果孔径、孔间距不变，孔为正三角形排列，则最佳吸声频率为多少？【2007-1-99】

(A) 131Hz   (B) 205Hz
(C) 417Hz   (D) 650Hz

解：

参见《教材（第二册）》P424 三角形排列的穿孔率：$P = \dfrac{\pi d^2}{2\sqrt{3}B^2} = \dfrac{\pi \times 5^2}{2\sqrt{3} \times 40^2} = 0.0142 = 1.42\%$；

最佳吸声频率即为共振频率：$f_0 = \dfrac{c}{2\pi}\sqrt{\dfrac{P}{D(t+l_k)}} = \dfrac{340}{2\pi}\sqrt{\dfrac{0.0142}{0.2(0.001+0.8\times0.005)}} = 204$Hz。

答案选【B】。

5. 0.5mm厚的钢板与50mm厚的空腔所组成的薄板共振吸声结构的共振频率为多

少?(设钢板的密度为 7800kg/m³)【2007-2-76】

(A) 43Hz (B) 136Hz
(C) 430Hz (D) 1359Hz

解:

根据《教材(第二册)》P421 公式 5-2-2,可知共振频率:

$$f_0 = \frac{c}{2\pi}\sqrt{\frac{\rho}{mD}} = \frac{340}{2\pi}\sqrt{\frac{1.2}{0.5\times10^{-3}\times7800\times0.05}} = 134\text{Hz}。$$

答案选【B】。

【解析】 注意此公式中 m 为板的面密度,单位为 kg/m²。

6. 在 3mm 厚的板上钻直径为 5mm 的圆孔,孔群为正方形排列,板后空腔深度为 20cm,若要使该穿孔板结构的共振频率为 200Hz,试求板的孔心间距是多少?【2008-2-79】

(A) 16.0mm (B) 34.6mm
(C) 32.1mm (D) 10.9mm

解:

根据《教材(第二册)》P423 公式 5-2-5,有:

$$\text{穿孔率} f_0 = \frac{c}{2\pi}\sqrt{\frac{P}{D(t+l_k)}} = \frac{340}{2\pi}\sqrt{\frac{P}{0.2\times(0.003+0.8\times0.005)}} = 200\text{Hz} \Rightarrow P = 0.0191;$$

根据《教材(第二册)》P424 有:

$$\text{孔间距} P = \frac{\pi d^2}{4B^2} = \frac{\pi\times5^2}{4\times B^2} = 0.0191 \Rightarrow B = 32.06\text{mm}。$$

答案选【C】。

7. 某吸声降噪处理中,拟采用薄板共振吸声结构,钢板厚 0.5mm,板厚空腔 10cm,求共振吸声频率?【2009-2-76】

(A) 122Hz (B) 96Hz
(C) 30Hz (D) 304Hz

解:

根据《教材(第二册)》P421 公式 5-2-2 有:

$$\text{共振频率} f_0 = \frac{c}{2\pi}\sqrt{\frac{\rho}{mD}} = \frac{340}{2\pi}\sqrt{\frac{1.29}{3.925\times0.1}} = 98.1\text{Hz}。$$

答案选【B】。

8. 穿孔板共振吸声结构常用于演出场馆壁面的声学处理,以调整室内低频混响。如果穿孔板的穿孔率略有减少,则穿孔板的共振吸声特性会发生变化,请问下列各共振吸声特性变化图中,哪一个是正确的?(图中 f_0 为共振频率,实线为原有吸声特性曲线,虚线为穿孔率减少后的吸声特性曲线)【2010-1-76】

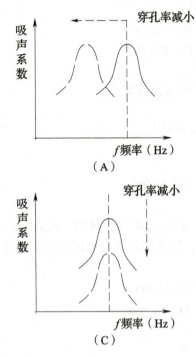
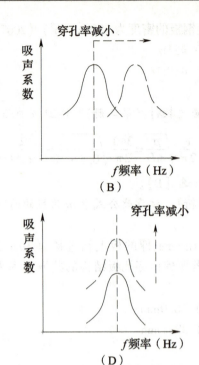

解：

根据《噪声与振动控制工程手册》P428 表 6.3-1，可知减小穿孔率，则吸收峰移向低频。

答案选【A】。

9. 拟采用阻燃纤维板作为薄板共振吸声结构，以吸收 100Hz 的低频噪声。试计算该结构板后的空气层厚度应为多少？（阻燃纤维板面密度为 3.6kg/m²）【2010-1-77】
（A）0.20m　　　　　　　　　（B）0.10m
（C）0.15m　　　　　　　　　（D）0.05m

解：

根据《环境工程手册环境噪声控制卷》P143 公式 4-4，有：

板后空气层厚度 $f_0 = \dfrac{60}{\sqrt{mD}} = \dfrac{60}{\sqrt{3.6 \times D}} = 100 \Rightarrow D = 0.1\text{m}$。

答案选【B】。

10. 某风机房内，风机转速 960r/min，风机叶片为 10 片，现拟在其墙面安装薄板共振结构来降低最突出的低频混响噪声。当板后空气层厚度仅为 5cm 时，则该共振吸声结构的薄板面密度应为多少？【2010-1-78】
（A）3.8kg/m²　　　　　　　　（B）2.8kg/m²
（C）3.2kg/m²　　　　　　　　（D）2.1kg/m²

解：

风机叶片产生的旋转噪声的频率：$f_0 = \dfrac{nZ}{60}i = \dfrac{10 \times 960}{60} \times 1 = 160\text{Hz}$；

薄板面密度：$f_0 = \dfrac{c}{2\pi}\sqrt{\dfrac{\rho}{mD}} = \dfrac{340}{2\pi}\sqrt{\dfrac{1.29}{m \times 0.05}} = 160 \Rightarrow m = 2.95 \text{kg/m}^2$。

答案选【B】。

【解析】（1）风机叶片旋转噪声参见《环境工程手册环境噪声控制卷》P323 公式 6-21，$i=1$ 时为基频，对应的噪声最高；

（2）薄板共振吸声参见《教材（第二册）》P421 公式 5-2-2。

11. 已知穿孔共振吸声结构的板厚为 1.2mm，板上正三角形排列直径为 4.5mm 的孔，孔间距 2.5cm，板与墙间空气层厚度为 0.2m，试计算该结构的最佳吸声频率为多少？（声速 $c=340$m/s）【2010-1-89】

  (A) 415Hz   (B) 688Hz
  (C) 386Hz   (D) 299Hz

解：

参见《教材（第二册）》P424 三角形排列的穿孔率：$P = \dfrac{\pi d^2}{2\sqrt{3}B^2} = \dfrac{\pi \times 4.5^2}{2\sqrt{3} \times 25^2} = 0.029$；

最佳吸声频率即为共振频率：

$f_0 = \dfrac{c}{2\pi}\sqrt{\dfrac{P}{D(t+l_k)}} = \dfrac{340}{2\pi}\sqrt{\dfrac{0.029}{0.2 \times (0.0012 + 0.8 \times 0.0045)}} = 297.4\text{Hz}$。

答案选【D】。

12. 某薄板共振吸声结构，薄板面密度为 1.5kg/m²，若要求其共振频率为 50Hz，刚性薄板后的空气层厚度应为多少？【2010-2-79】

  (A) 0.80m   (B) 0.72m
  (C) 0.96m   (D) 0.60m

解：

根据《环境工程手册环境噪声控制卷》P143 公式 4-4，有：

板后空气层厚度 $f_0 = \dfrac{60}{\sqrt{mD}} = \dfrac{60}{\sqrt{1.5 \times D}} = 50 \Rightarrow D = 0.96\text{m}$。

答案选【C】。

13. 某场馆采用穿孔板共振吸声结构，以调整室内低频混响。温度为 18℃时，共振频率为 80Hz，当温度升至 28℃时，其共振频率是多少？【2010-2-89】

  (A) 81.4Hz   (B) 85.0Hz
  (C) 78.0Hz   (D) 80.0Hz

解：

根据《噪声与振动控制工程手册》P428 f_0 与热力学温度平方根成正比，有：

$\dfrac{f_2}{f_1} = \sqrt{\dfrac{273+28}{273+18}} = 1.017 \Rightarrow f_2 = 1.017 f_1 = 1.017 \times 80 = 81.36\text{Hz}$。

答案选【A】。

14. 已知某房间内设备噪声在 220Hz 有一个峰值，采用薄板共振吸声构造降噪。板材后设置空气层（密封），试问采用以下哪种构造对降低设备噪声最有效？（已知三夹板的面密度为 1.5kg/m^2，五夹板的面密度为 2.5kg/m^2）【2011-2-77】

(A) 板材为三夹板，空气层厚度为 5cm　　(B) 板材为五夹板，空气层厚度为 5cm
(C) 板材为三夹板，空气层厚度为 10cm　　(D) 板材为五夹板，空气层厚度为 10cm

解：

根据《环境工程手册环境噪声控制卷》P143 公式 4-4 $f_0 = \dfrac{60}{\sqrt{mD}}$ 可知：

选项 A，$f_0 = \dfrac{60}{\sqrt{1.5 \times 0.05}} = 219\text{Hz}$；选项 B，$f_0 = \dfrac{60}{\sqrt{2.5 \times 0.05}} = 170\text{Hz}$；

选项 C，$f_0 = \dfrac{60}{\sqrt{1.5 \times 0.1}} = 155\text{Hz}$；选项 D，$f_0 = \dfrac{60}{\sqrt{2.5 \times 0.1}} = 120\text{Hz}$。

答案选【A】。

15. 一薄板吸声构造，面材为五夹板（面密度为 2.5kg/m^2），龙骨为 40mm×40mm 木龙骨（每 m 重 0.8kg），龙骨间距为 500mm×500mm，龙骨与墙体之间有 3mm，试问该薄板吸声构造在下述哪个频段范围内的平均吸声系数最高？【2011-2-99】

(A) 80Hz~120Hz　　(B) 100Hz~150Hz
(C) 120Hz~180Hz　　(D) 140Hz~220Hz

解：

当龙骨稍离墙时，形成一振动组合体，具有两个共振频率，在两个共振频率之间吸声结构平均吸声系数最高；

龙骨面密度：$m_1 = 0.8 \times 4 = 3.2\text{kg/m}^2$；薄板面密度：$m_2 = 2.5\text{kg/m}^2$；

板后空气层厚度：$L = 40 + 3 = 43\text{mm} = 0.043\text{m}$；

龙骨和薄板一起振动的频率：$f_{01} = \dfrac{60}{\sqrt{(m_1 + m_2)L}} = \dfrac{60}{\sqrt{(3.2+2.5) \times 0.043}} = 118\text{Hz}$

薄板振动的频率：$f_{02} = \dfrac{60}{\sqrt{m_2 L}} = \dfrac{60}{\sqrt{2.5 \times 0.043}} = 183\text{Hz}$；

因此该吸声结构在 118Hz~183Hz 范围内平均吸声系数最高。

答案选【C】。

【解析】　参见《噪声与振动控制工程手册》P438 及 P439 公式 6.3-31、6.3-32。

16. 以穿孔板共振吸声结构作为吸声降噪时，以下哪项措施不能拓宽该类结构的吸声频带？【2012-1-81】

(A) 穿孔板后的空气层填多孔吸声材料
(B) 穿孔板后贴织物
(C) 减小穿孔板与墙体之间的距离
(D) 以双层结构"串联"或"并联"在一起

解：

根据《教材（第二册）》P425 可知，在穿孔板背后填充一些多孔材料或在其背后贴敷声阻较大的纺织物等材料，可改进吸声特性，展宽有效吸声频率范围。根据《噪声与振动控制工程手册》P434 可知，双层穿孔板吸声结构的组合（串联、并联），具有两个吸收峰，在一定程度上扩展了吸收频带宽度，故 A、B、D 都可以拓宽吸声频带。

选项 C，根据《教材（第二册）》P423 公式 5-2-5 可知，减小穿孔板与墙体之间的距离 D，只能使共振频率提高，不能拓宽频带宽度。

答案选【C】。

17. 某车间环境噪声频谱如下表。试分析下列哪种吸声降噪方案不适合该车间混响声？（设声速为340m/s）【2012-1-84】

倍频带中心频率（Hz）	125	250	500	1000	2000	4000	8000
声压级（dB）	30	80	35	45	43	39	30

(A) 以共振吸声砖作为吸声降噪
(B) 以离墙适当距离的薄板作吸声
(C) 5cm 厚多孔吸声材料直接固定在墙面
(D) 以与墙适当距离的穿孔板作吸声

解：

依据《教材（第二册）》P420，可知各种共振吸声结构的优点是具有较好的低频吸声效果，吸收的频率容易选择和控制，因此可对突出的 250Hz 噪声有效吸声，选项 A、B、D 适合；依据《教材（第二册）》P416，可知多孔吸声材料对中、高频噪声有较好效果，故 C 不适合。

答案选【C】。

18. 已知一个房间所有墙壁均采用薄板共振吸声结构，板后设置空气层，板后空气层密封，空气层厚度为 3.8cm，这时房间内 250Hz 混响时间出现低谷，而 200Hz 混响时间偏长。为了改善混响时间频率特性，降低 200Hz 混响时间，修改部分墙壁的薄板共振吸声结构。若薄板材料不变，问应将板后空腔改成多厚？【2012-1-85】

(A) 2.4cm (B) 5.0cm
(C) 6.0cm (D) 9.5cm

解：

根据《环境工程手册环境噪声控制卷》P143 公式 4-4，可知薄板共振吸声频率为：

$f_0 = \dfrac{60}{\sqrt{MD}}$；

250Hz 混响时间出现低谷，说明共振频率在 250Hz 出现峰值。为改善 200Hz 的混响时间，需将共振频率调整为 200Hz；

250Hz 时共振频率：$f_{01} = \dfrac{60}{\sqrt{M_1 D_1}} = 250$；200Hz 时共振频率：$f_{02} = \dfrac{60}{\sqrt{M_2 D_2}} = 200$；

因为 $M_1 = M_2$，$D_1 = 3.8\text{cm}$，$\dfrac{f_{01}}{f_{02}} = \dfrac{\frac{60}{\sqrt{M_1 D_1}}}{\frac{60}{\sqrt{M_2 D_2}}} = \sqrt{\dfrac{D_2}{D_1}} \Rightarrow \dfrac{D_2}{D_1} = \left(\dfrac{f_{01}}{f_{02}}\right)^2 = \left(\dfrac{250}{200}\right)^2 = 1.5625$；

$D_2 = 1.5625 \quad D_1 = 1.5625 \times 3.8 = 5.93 \approx 6\text{cm}$。

答案选【C】。

19. 一房间内中心频率为250Hz的1/3倍频带混响时间偏长，用下图中哪种共振吸声构造来控制混响时间最合理？（三夹板的面密度为1.5kg/m^2，五夹板的面密度为2.5kg/m^2）【2013-1-84】

（A）吸声构造1　　　　　　　　（B）吸声构造2
（C）吸声构造3　　　　　　　　（D）吸声构造4

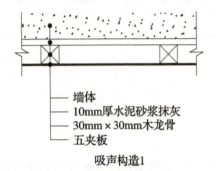
吸声构造1

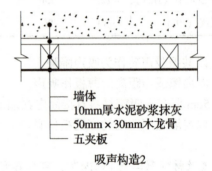
吸声构造2

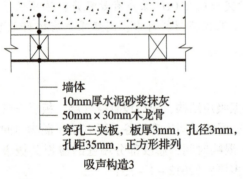
吸声构造3

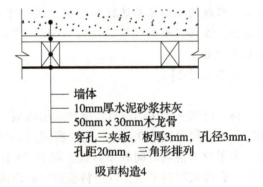
吸声构造4

解：

需要用共振频率为250Hz的吸收构造来降低混响时间；

吸声结构1为薄板共振吸声结构，共振频率：$f_0 = \dfrac{60}{\sqrt{MD}} = \dfrac{60}{\sqrt{2.5 \times 0.03}} = 219\text{Hz}$；

吸声结构2为薄板共振吸声结构，共振频率：$f_0 = \dfrac{60}{\sqrt{MD}} = \dfrac{60}{\sqrt{2.5 \times 0.05}} = 170\text{Hz}$；

吸声结构3为穿孔板共振吸声结构，穿孔率：$P = \dfrac{\pi d^2}{4B^2} = \dfrac{\pi \times 3^2}{4 \times 35^2} = 5.77 \times 10^{-3}$；

共振频率：$f_0 = \dfrac{c}{2\pi}\sqrt{\dfrac{P}{D(t+0.8d)}} = \dfrac{340}{2\pi}\sqrt{\dfrac{5.77 \times 10^{-3}}{0.05 \times (3 \times 10^{-3} + 0.8 \times 3 \times 10^{-3})}} = 250\text{Hz}$；

吸声结构4为穿孔板共振吸声结构，穿孔率：$P = \dfrac{\pi d^2}{2\sqrt{3}B^2} = \dfrac{\pi \times 3^2}{2\sqrt{3} \times 20^2} = 2 \times 10^{-2}$；

共振频率：$f_0 = \dfrac{c}{2\pi}\sqrt{\dfrac{P}{D(t+0.8d)}} = \dfrac{340}{2\pi}\sqrt{\dfrac{2 \times 10^{-2}}{0.05 \times (3 \times 10^{-3} + 0.8 \times 3 \times 10^{-3})}} = 466\text{Hz}$。

答案选【C】。

【解析】（1）薄板共振参见《环境工程手册环境噪声控制卷》P143 公式 4-4；

（2）穿孔板共振参见《环境工程手册环境噪声控制卷》P145 公式 4-6。

20. 已知薄板吸声构造，面材为五夹板（面密度为 2.5kg/m²），龙骨与墙体之间有 3mm 缝隙，若要让该薄板吸声结构在 100Hz~165Hz 频段范围内的平均吸声系数最高，应该如何选用和布置木龙骨？（木龙骨材料密度为 500kg/m³）【2013-1-85】

（A）木龙骨尺寸为 30mm×30mm，间距为 400mm×400mm

（B）木龙骨尺寸为 40mm×40mm，间距为 500mm×500mm

（C）木龙骨尺寸为 50mm×50mm，间距为 600mm×600mm

（D）木龙骨尺寸为 60mm×60mm，间距为 800mm×800mm

解：

当龙骨稍离墙时，形成一振动组合体，具有两个共振频率，在两个共振频率之间吸声结构平均吸声系数最高，即龙骨和薄板一起振动的频率 f_{01}，薄板振动的频率 f_{02} 均应在 100Hz~165Hz 范围内。

选项 A，龙骨面密度：$m_1 = 500 \times 0.03^2 \times 1 \times \dfrac{2 \times 0.4}{0.4^2} = 2.25\text{kg/m}^2$；薄板面密度：$m_2 = 2.5\text{kg/m}^2$；

板后空气层厚度：$L = 30 + 3 = 33\text{mm} = 0.033\text{m}$；

龙骨和薄板一起振动的频率：$f_{01} = \dfrac{60}{\sqrt{(m_1 + m_2)L}} = \dfrac{60}{\sqrt{(2.25+2.5) \times 0.033}} = 151.5\text{Hz}$；

薄板振动的频率：$f_{02} = \dfrac{60}{\sqrt{m_2 L}} = \dfrac{60}{\sqrt{2.5 \times 0.033}} = 209\text{Hz}$。故 A 不符合；

选项 B，龙骨面密度：$m_1 = 500 \times 0.04^2 \times 1 \times \dfrac{2 \times 0.5}{0.5^2} = 3.2\text{kg/m}^2$；薄板面密度：$m_2 = 2.5\text{kg/m}^2$；

板后空气层厚度：$L = 40 + 3 = 43\text{mm} = 0.043\text{m}$；

龙骨和薄板一起振动的频率：$f_{01} = \dfrac{60}{\sqrt{(m_1 + m_2)L}} = \dfrac{60}{\sqrt{(3.2+2.5) \times 0.043}} = 121\text{Hz}$；

薄板振动的频率：$f_{02} = \dfrac{60}{\sqrt{m_2 L}} = \dfrac{60}{\sqrt{2.5 \times 0.043}} = 183\text{Hz}$。故 B 不符合；

选项 C，龙骨面密度：$m_1 = 500 \times 0.05^2 \times 1 \times \dfrac{2 \times 0.6}{0.6^2} = 4.2\text{kg/m}^2$；薄板面密度：$m_2 = 2.5\text{kg/m}^2$；

板后空气层厚度：$L = 50 + 3 = 53\text{mm} = 0.053\text{m}$；

龙骨和薄板一起振动的频率：$f_{01} = \dfrac{60}{\sqrt{(m_1+m_2)L}} = \dfrac{60}{\sqrt{(4.2+2.5)\times 0.053}} = 101\text{Hz}$；

薄板振动的频率：$f_{02} = \dfrac{60}{\sqrt{m_2 L}} = \dfrac{60}{\sqrt{2.5\times 0.053}} = 164.8\text{Hz}$。故 C 符合；

选项 D，龙骨面密度：$m_1 = 500\times 0.06^2 \times 1 \times \dfrac{2\times 0.8}{0.8^2} = 4.5\text{kg/m}^2$；薄板面密度：$m_2 = 2.5\text{kg/m}^2$；

板后空气层厚度：$L = 60 + 3 = 63\text{mm} = 0.063\text{m}$；

龙骨和薄板一起振动的频率：$f_{01} = \dfrac{60}{\sqrt{(m_1+m_2)L}} = \dfrac{60}{\sqrt{(4.5+2.5)\times 0.063}} = 90.3\text{Hz}$；

薄板振动的频率：$f_{02} = \dfrac{60}{\sqrt{m_2 L}} = \dfrac{60}{\sqrt{2.5\times 0.063}} = 151\text{Hz}$。故 D 不符合；

C 吸声结构在 101Hz～164.8Hz 范围内平均吸声系数最高。
答案选【C】。
【解析】 参见《噪声与振动控制工程手册》P438 及 P439 公式 6.3-31、6.3-32。

21. 已知在一个安装了设备的房间内测得的噪声声压级如下表所示。若要求房间内的噪声满足 NR-40 的要求，问应采用下图中哪种吸声构造对房间进行吸声降噪处理？【2013-1-89】

频率（Hz）	63	125	250	500	1000	2000	4000
声压级（dB）	63	59	40	38	35	30	28
NR-40（dB）	67	56	49	43	40	37	35

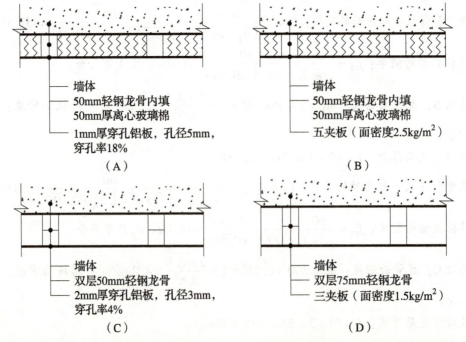

解：

由题干表可知 125Hz 噪声超出 NR – 40 3dB，需要对 125Hz 的噪声进行治理；

选项 A，穿孔板共振频率：$f_0 = \dfrac{c}{2\pi}\sqrt{\dfrac{P}{D(t+0.8d)}} = \dfrac{340}{2\pi}\sqrt{\dfrac{0.18}{0.05\times(0.001+0.8\times0.005)}} = 1451\text{Hz}$；

选项 B，薄板共振频率：$f_0 = \dfrac{60}{\sqrt{MD}} = \dfrac{60}{\sqrt{2.5\times 0.05}} = 170\text{Hz}$；

选项 C，穿孔板共振频率：$f_0 = \dfrac{c}{2\pi}\sqrt{\dfrac{P}{D(t+0.8d)}} = \dfrac{340}{2\pi}\sqrt{\dfrac{0.04}{0.1\times(0.002+0.8\times 0.003)}} = 516\text{Hz}$；

选项 D，薄板共振频率：$f_0 = \dfrac{60}{\sqrt{MD}} = \dfrac{60}{\sqrt{1.5\times 0.15}} = 126\text{Hz}$。

答案选 **【D】**。

【解析】（1）薄板共振参见《环境工程手册环境噪声控制卷》P143 公式 4 – 4；

（2）穿孔板共振参见《环境工程手册环境噪声控制卷》P145 公式 4 – 6。

22. 已知穿孔板共振吸声结构的板厚 1mm，板上正三角形排列直径为 4mm 的孔，孔间距 20mm，板与墙间空气层厚度 150mm，则该结构的共振吸声频率为多少？（声速为 344m/s）【2014 – 1 – 86】

(A) 1315Hz (B) 386Hz
(C) 688Hz   (D) 415Hz

解：

根据《教材（第二册）》P423 公式 5 – 2 – 5 及 P424 例题，有：

穿孔率 $P = \dfrac{\pi d^2}{2\sqrt{3}B^2} = \dfrac{\pi\times 4^2}{2\sqrt{3}\times 20^2} = 0.036$；

共振频率 $f_0 = \dfrac{c}{2\pi}\sqrt{\dfrac{P}{D(t+l_k)}} = \dfrac{340}{2\pi}\sqrt{\dfrac{0.036}{0.15\times(0.001+0.5\pi\times 0.002)}} = 412\text{Hz}$。

答案选 **【D】**。

5.1.3 吸声降噪计算

※知识点总结

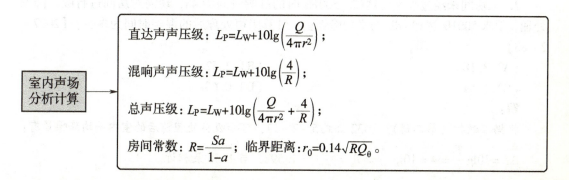

| 吸声降噪效果计算 | $\Delta L = 10\lg\left(\dfrac{Q_\theta}{4\pi r^2} + \dfrac{4}{R}\right) - 10\lg\left(\dfrac{Q_\theta}{4\pi r^2} + \dfrac{4}{R_2}\right)$ |

声源较多且分布分散的规则房间室内：
① $\Delta L = 10\lg\left(\dfrac{A_2}{A_1}\right)$；② $\Delta L = 10\lg\left(\dfrac{T_1}{T_2}\right)$；③ $\Delta L = 10\lg\left(\dfrac{a_2}{a_1}\right)$

| 扁平房间吸声降噪 | 当距离小于空间半高度 $h/2$ 时，声场仍由直达声决定，距离加倍，声压级降低约6dB；当距离大于 $h/2$ 小于 $8h$ 时，反射声场有明显影响，距离加倍，声压级降低至近似值（$3.3+2.7\alpha$）dB |

※ 真 题

1. 设车间经过吸声处理前后的房间常数 R_1 和 R_2 分别为 105m^2 和 320m^2，车间内无指向性声源放置于车间地面中央，求吸声降噪前后距离无指向性声源 2m、6m 处的噪声级降低量为多少？【2007 - 1 - 100】

(A) 1.7dB；4.0dB
(B) 3.5dB；8.0dB
(C) 2.5dB；4.4dB
(D) 5.0dB；8.8dB

解：

参见《教材（第二册）》P432 公式 5 - 2 - 15，可知：

吸声处理前后室内噪声降低量 $\Delta L = 10\lg\left(\dfrac{Q_\theta}{4\pi r^2} + \dfrac{4}{R_1}\right) - 10\lg\left(\dfrac{Q_\theta}{4\pi r^2} + \dfrac{4}{R_2}\right)$，无指向性声源放置于车间地面中央 $Q_\theta = 2$。代入 $r=2$，$R_1=105$，$R_2=320$，有：

$\Delta L = 10\lg\left(\dfrac{2}{4\pi \times 2^2} + \dfrac{4}{105}\right) - 10\lg\left(\dfrac{2}{4\pi \times 2^2} + \dfrac{4}{320}\right) = 1.7\text{dB}$；

代入 $r=6$，$R_1=105$，$R_2=320$，有：

$\Delta L = 10\lg\left(\dfrac{2}{4\pi \times 6^2} + \dfrac{4}{105}\right) - 10\lg\left(\dfrac{2}{4\pi \times 6^2} + \dfrac{4}{320}\right) = 4.0\text{dB}$。

答案选【A】。

2. 某房间未经过吸声处理前，500Hz 时的混响时间为 4s，现需对房间进行吸声降噪处理，要求 500Hz 达到 4dB 的平均降噪量，计算吸声处理后的混响时间为多少？【2007 - 2 - 83】

(A) 3.18s
(B) 2.52s
(C) 1.5s
(D) 0.63s

解：

根据《教材（第二册）》P432 公式 5 - 2 - 17，可知吸声处理前后的室内平均降噪量有：

$\Delta L = 10\lg\dfrac{T_1}{T_2} \Rightarrow 4 = 10\lg\dfrac{4}{T_2} \Rightarrow T_2 = \dfrac{4}{10^{0.4}} = 1.59\text{s}$，与 1.5s 最相近。

答案选【C】。

3. 某长、宽、高分别为 6m、5m、4m 的房间中央有一噪声源，房间内壁为水泥砂浆粉刷，房间内表面平均吸声系数为 0.04，问该房间内经过吸声处理后，降噪效果在距离噪声源多少 m 以外开始显现？【2008-1-80】

(A) 0.48m
(B) 0.55m
(C) 0.35m
(D) 1.00m

解：

房间内表面积：$S = 6 \times 5 \times 2 + (6+5) \times 2 \times 4 = 148 m^2$；

房间常数：$R = \dfrac{Sa}{1-a} = \dfrac{148 \times 0.04}{1-0.04} = 6.17 m^2$；

临界距离：$r_0 = 0.14\sqrt{RQ_\theta} = 0.14\sqrt{6.17 \times 1} = 0.35 m$；

因为只有在混响区域进行吸声降噪才有效果，故在离声源 0.35m 以外有效果。

答案选【C】。

【解析】 房间常数、临界距离参见《教材（第二册）》P429 公式 5-2-9 附 1，以及 P430 公式 5-2-14。

4. 在一个长宽尺寸远远大于高度的大车间内，房间高度为 6m，顶面的平均吸声系数为 0.6，问距离车间内地面中央的点声源小于 3m 范围内，距离加倍时声压降低多少？【2008-2-82】

(A) 不能确定
(B) 4.9dB
(C) 3.0dB
(D) 6.0dB

解：

根据《噪声与振动控制工程手册》P450 可知，对于扁平房间，其长宽尺度比高度大得多，吸声处理多集中于顶棚，声场很不扩散，此时声场视为直达声和顶面一次和多次反射三部分叠加而成。当距离小于空间半高度 $h/2$ 时，声场仍由直达声决定，距离加倍，声压级降低约 6dB；当距离大于 $h/2$ 小于 $8h$ 时，反射声场有明显影响，距离加倍，声压级降低近似值 $(3.3+2.7\alpha)$ dB。

答案选【D】。

5. 未经过吸声处理的某房间 500Hz 时的吸声量 $12m^2$，平均吸声系数 0.03，现需对该房间进行吸声降噪，要求的吸声材料 500Hz 时达到 6dB 的平均降噪量，按照设计方案，拟对顶棚进行吸声处理，选择的吸声材料 500Hz 时的吸声系数为 0.65，则需要对多大面积进行吸声降噪处理才能满足降噪要求？【2008-2-84】

(A) 57.7m²
(B) 47.8m²
(C) 98.3m²
(D) 20.0m²

解：

未处理前吸声面积：$A = \alpha S = 12 m^2 \Rightarrow S = \dfrac{12}{\alpha} = \dfrac{12}{0.03} = 400 m^2$；设需要面积 S 的吸声降噪

处理，根据《教材（第二册）》P432 公式 5-2-17 有：

$$\Delta L = 10\lg\left(\frac{A_2}{A_1}\right) = 10\lg\frac{0.65S + 0.03 \times (400-S)}{12} = 6\text{dB} \Rightarrow S = 58\text{m}^2。$$

答案选【A】。

6. 一扁平厂房高度为 10m，长宽尺度远远大于其高度，厂房顶面的平均吸声系数为 0.8，请问距离厂房内点声源小于 4m 的范围内，距点声源的距离加倍，声压级降低多少 dB？【2008-2-97】

(A) 2　　　　　　　　　　　　　(B) 3
(C) 6　　　　　　　　　　　　　(D) 不能确定

解：
根据《噪声与振动控制工程手册》P450 可知，对于扁平房间，其长宽尺度比高度大得多，吸声处理多集中于顶棚，声场很不扩散，此时声场视为直达声和顶面一次和多次反射三部分叠加而成。当距离小于空间半高度 $h/2$ 时，声场仍由直达声决定，距离加倍，声压级降低约 6dB；当距离大于 $h/2$ 小于 $8h$ 时，反射声场有明显影响，距离加倍，声压级降低近似值 $(3.3 + 2.7\alpha)$ dB。

答案选【C】。

7. 某车间的长宽高分别为 25m、20m、10m，车间内表面 1000Hz 平均吸声系数为 0.1，现准备对壁面进行吸声降噪处理，所采用的吸声材料其 1000Hz 的吸声系数为 0.85，如果需要使车间内 1000Hz 噪声平均降低 5dB，则需要多少面积这样的吸声材料？【2009-1-83】

(A) 241.4m²　　　　　　　　　　(B) 547.8m²
(C) 894.1m²　　　　　　　　　　(D) 410.4m²

解：
车间内表面积：$S = 25 \times 20 \times 2 + (25+20) \times 2 \times 10 = 1900\text{m}^2$；

处理前吸声量：$A_1 = 0.1 \times 1900 = 190\text{m}^2$；

处理后吸声量：$\Delta L = 10\lg\frac{A_2}{A_1} = 5 \Rightarrow A_2 = 600.8\text{m}^2$；

设需要面积 S_1 的吸声材料，则有：

$0.85S_1 + 0.1(S - S_1) = 0.85S_1 + 0.1(1900 - S_1) = 600.8 \Rightarrow S_1 = 547.7\text{m}^2$。

答案选【B】。

【解析】室内平均降噪量参见《教材》P432 公式 5-2-17，吸声量参见《教材》P355 公式 5-1-30。

8. 一个压缩机房的内表面积为 1350m²，房间内的平均吸声系数 $\alpha = 0.45$，该房间内只有压缩机这一个噪声源，压缩机位于房内中央地面上，视为点声源，其声功率级为 92dB(A)，有一工位距离压缩机 6m，请问该工位处的噪声级是多少？【2009-1-84】

(A) 68dB(A)　　　　　　　　　　(B) 71dB(A)

(C) 79dB(A) (D) 82dB(A)

解：

根据《教材（第二册）》P430 公式 5-2-13，有：

房间常数 $R = \dfrac{Sa}{1-a} = \dfrac{1350 \times 0.45}{1-0.45} = 1104.5$；

$L_P = L_W + 10\lg\left(\dfrac{Q_\theta}{4\pi r^2} + \dfrac{4}{R}\right) = 92 + 10\lg\left(\dfrac{2}{4\pi \times 6^2} + \dfrac{4}{1104.5}\right) = 71\text{dB}$。

答案选【B】。

9. 一个长宽高分别为 7m、13m、4.5m 的房间，唯一点声源位于房内中央地面上，吸声降噪处理前后的平均混响时间分别为 1.6s、0.8s，求距点声源 3m 处平均吸声降噪量为多少？【2009-1-94】

(A) 6.0dB (B) 3.0dB
(C) 2.1dB (D) 条件不够，不能计算

解：

房间内表面积：$S = 17 \times 13 \times 2 + (17+13) \times 4.5 \times 2 = 712\text{m}^2$；

房间体积：$V = 17 \times 13 \times 4.5 = 994.5\text{m}^3$；

处理前房间常数：

$T_{60} = \dfrac{0.163V}{A_前} = 1.35 \Rightarrow A_前 = \dfrac{0.163 \times 994.5}{1.6} = 101.3\text{m}^2$，$\alpha_前 = \dfrac{A_前}{S} = \dfrac{101.3}{712} = 0.14$，

$R_前 = \dfrac{S\alpha_前}{1-\alpha_前} = \dfrac{101.3}{1-0.14} = 117.8$；

处理后房间常数：

$T_{60} = \dfrac{0.163V}{A_后} = 1.35 \Rightarrow A_后 = \dfrac{0.163 \times 994.5}{0.8} = 202.6\text{m}^2$，$\alpha_后 = \dfrac{A_后}{S} = \dfrac{202.6}{712} = 0.28$，

$R_后 = \dfrac{S\alpha_后}{1-\alpha_后} = \dfrac{202.6}{1-0.28} = 281.4$；

吸声处理前后距声源 r 处的声压级差为：

$\Delta L = 10\lg\left(\dfrac{Q_\theta}{4\pi r^2} + \dfrac{4}{R_前}\right) - 10\lg\left(\dfrac{Q_\theta}{4\pi r^2} + \dfrac{4}{R_后}\right)$

$= 10\lg\left(\dfrac{2}{4\pi \times 3^2} + \dfrac{4}{117.8}\right) - 10\lg\left(\dfrac{2}{4\pi \times 3^2} + \dfrac{4}{281.4}\right)$

$= 2.1\text{dB}$

答案选【C】。

【解析】（1）总吸声量及混响时间参见《教材（第二册）》P355 公式 5-1-30、5-1-31；

（2）房间常数参见《教材（第二册）》P429，吸声处理后室内声压级差参见《教材（第二册）》P432 公式 5-2-15。

10. 大型车间内有一点声源，车间内吸声系数 $a = 0.06$，降噪处理后车间内吸声系数

$a = 0.23$，请问车间最大吸声降噪量是多少？【2009-2-77】

(A) 10dB　　　　　　　　　　　　(B) 5.8dB
(C) 6.7dB　　　　　　　　　　　　(D) 9.01dB

解：

根据《教材（第二册）》P32 公式 5-2-17，有：

降噪量 $\Delta L = 10\lg\left(\dfrac{a_2}{a_1}\right) = 10\lg\left(\dfrac{0.23}{0.06}\right) = 5.8\text{dB}$。

答案选【B】。

11. 某矩形房间 $V = 308\text{m}^3$，内表面积 $S = 298\text{m}^2$，250Hz 房间的混响时间 3s，房间内唯一点声源位于天花板一侧边线中心，如吸声处理后该频率的混响时间下降 1.5s，请问房间吸声降噪后的临界半径 r_0 为多少？【2009-2-83】

(A) 0.8m　　　　　　　　　　　　(B) 1.2m
(C) 1.7m　　　　　　　　　　　　(D) 2.4m

解：

设吸声降噪后房间总吸声量为 A，代入数据有：

$T_{60} = \dfrac{0.163V}{A} = \dfrac{0.163 \times 308}{A} = 3 - 1.5 \Rightarrow A = 33.4\text{m}^2$；

房间内平均吸声系数：$\alpha = \dfrac{A}{S} = \dfrac{33.4}{298} = 0.11$；房间常数：$R = \dfrac{S\alpha}{1-\alpha} = \dfrac{298 \times 0.11}{1-0.11} = 36.8$；

临界距离：$r_0 = 0.14\sqrt{RQ_\theta} = 0.14\sqrt{36.8 \times 4} = 1.7\text{m}$。

答案选【C】。

【解析】（1）混响时间、平均吸声系数参见《教材（第二册）》P355 公式 5-1-30、5-1-31；

（2）临界距离参见《教材（第二册）》P430 公式 5-2-14，房间常数参见《教材（第二册）》P429。

12. 一个表面积 2270m² 的厅堂，经测试室内平均吸声系数 $a = 0.36$，厅堂中央悬挂一个点声源，求此时的混响半径为多少？【2009-2-93】

(A) 7.1m　　　　　　　　　　　　(B) 10.0m
(C) 5.0m　　　　　　　　　　　　(D) 6.6m

解：

房间常数：$R = \dfrac{S\alpha}{1-\alpha} = \dfrac{2270 \times 0.36}{1-0.36} = 1277$；

临界距离：$r_0 = 0.14\sqrt{RQ_\theta} = 0.14\sqrt{1277 \times 1} = 5\text{m}$。

答案选【C】。

【解析】临界距离参见《教材（第二册）》P430 公式 5-2-14，房间常数参见《教材（第二册）》P429。

13. 一配电室装一台小型电力变压器，运行时室内噪声70dB，远离变压器处有一玻璃结构的值班休息间，休息间插入损失18dB，配电室为混凝土壁面平均吸声系数 $a = 0.02$，平均吸声量 $10m^2$，配电室采用吸声处理，吸声材料的 $a = 0.6$，吸声面积需多少才能使休息间噪声达到45dB？【2009-2-94】

(A) $69.2m^2$　　　　　　　　　　(B) $50.1m^2$
(C) $98.3m^2$　　　　　　　　　　(D) $36.0m^2$

解：

若使休息间噪声达到45dB，需要配电室噪声为 $45+18=63dB$，因此配电室需要 $70-63=7dB$ 的降噪量。根据《教材（第二册）》P432 公式5-2-17可知，设需要面积 S 的吸声材料，则有：

配电室面积 $S_{总} = \dfrac{A}{\alpha} = \dfrac{10}{0.02} = 500m^2$；

$\Delta L = 10\lg\dfrac{A_2}{A_1} = 10\lg\dfrac{0.6\times S + 0.02\times(500-S)}{10} = 7 \Rightarrow S = 69.2m^2$。

答案选【A】。

14. 某大型车间内表面平均吸声系数为0.07，经吸声降噪处理后，其内表面平均吸声系数为0.28，问在该车间离声源大于临界距离的远场的范围能达到的最大降噪量为多少？【2010-1-88】

(A) 0dB(A)　　　　　　　　　　(B) 3dB(A)
(C) 7.1dB(A)　　　　　　　　　(D) 6dB(A)

解：

根据《教材（第二册）》P432 公式5-2-17，有：

降噪量 $\Delta L = 10\lg\dfrac{a_2}{a_1} = 10\lg\dfrac{0.28}{0.07} = 6dB$。

答案选【D】。

15. 一个车间的内表面积为 $1620m^2$，车间内500Hz的吸声系数 $\bar{\alpha} = 0.38$，唯一点声源位于车间一角隅，其500Hz的声功率级为93dB，问距声源10m工位处500Hz的声压级是多少？【2010-1-90】

(A) 69dB　　　　　　　　　　　(B) 79dB
(C) 73dB　　　　　　　　　　　(D) 82dB

解：

根据《教材（第二册）》P430 公式5-2-13，有：

房间常数 $R = \dfrac{Sa}{1-a} = \dfrac{1620\times 0.38}{1-0.38} = 993$；

10m处声压级 $L_P = L_W + 10\lg\left(\dfrac{Q_\theta}{4\pi r^2} + \dfrac{4}{R}\right) = 93 + 10\lg\left(\dfrac{8}{4\pi\times 10^2} + \dfrac{4}{993}\right) = 73dB$。

答案选【C】。

16. 在一个长宽尺度远大于高度的扁平车间内，房间高度为4m，顶面为平顶，采用吸声处理，其平均吸声系数为0.6，问距离车间内点声源3m～20m范围内，距离加倍声压级降低多少？【2010－1－99】

  （A）不能确定   （B）6.0dB
  （C）3.0dB   （D）4.9dB

解：

  根据《噪声与振动控制工程手册》P450可知，对于扁平房间，其长宽尺度比高度大得多，吸声处理多集中于顶棚，声场很不扩散，此时声场视为直达声和顶面一次和多次反射三部分叠加而成。当距离小于空间半高度$h/2$时，声场仍由直达声决定，距离加倍，声压级降低约6dB；当距离大于$h/2$小于$8h$时，反射声场有明显影响，距离加倍，声压级降低近似值$(3.3+2.7\alpha)$ dB，3m～20m介于2m～32m之间，声压级降低$3.3+2.7\times 0.6=4.9$dB。

  答案选【D】。

17. 自由空间距离一无指向性点声源1m处的某频率声压级为109dB，如将该声源移至室内墙角处，且该房间的房间常数为400m²，求声源10m处的声压级？【2010－2－87】

  （A）117dB   （B）102dB
  （C）118dB   （D）99dB

解：

  首先判断1m处声压级是直达声还是混响声，$r_0=0.14\sqrt{RQ_\theta}=0.14\times\sqrt{400\times 1}=2.8$m，所以1m处点声源的声压级为直达声压。

  声源声功率级：$L_P=L_W-20\lg r-k=L_W-20\lg 1-11=109\Rightarrow L_W=120$dB；

  10m处声压级：$L_P=L_W+10\lg\left(\dfrac{Q_\theta}{4\pi r^2}+\dfrac{4}{R}\right)=120+10\lg\left(\dfrac{8}{4\pi\times 10^2}+\dfrac{4}{400}\right)=102$dB。

  答案选【B】。

  【解析】 参考《教材（第二册）》P366公式5－1－66及《教材（第二册）》P430公式5－2－13、5－2－14。

18. 某大型车间，其内表面积为2000m²，平均吸声系数为0.04，现对其进行吸声降噪，吸声球体的半径为1m，吸声系数为0.5。问需要多少个球体，才能在远离声源的位置使最大降噪量达到5dB？（计算噪声量时忽略吸声体的表面积）【2011－2－84】

  （A）96个   （B）55个
  （C）140个   （D）175个

解：

  处理前车间内吸声量：$A_1=2000\times 0.04=80$m²；

  设需要n个球体，则增加的吸声球体吸声量：$A_2=n\times 4\pi r^2\times 0.5=n\times 4\pi\times 1^2\times 0.5=6.28n$m²；

  处理后车间内吸声量：$A_1+A_2=(80+6.28n)$ m²；

根据《教材（第二册）》P432 公式 5-2-17，有：$\Delta L = 10\lg\dfrac{A_1 + A_2}{A_1} = 10\lg\dfrac{80 + 6.28n}{80} = 5 \Rightarrow n = 27.5$，因此须取 28 个球体。

答案选【无】。

19. 某车间的尺寸为 30m×25m×8m（长×宽×高），一声功率级为 88dB 的点声源置于房间中央，室内平均吸声系数为 0.04，则离该声源 3m 及 10m 处噪声级为多少？【2011-2-85】

  (A) 74dB；71dB   (B) 71dB；71dB
  (C) 71dB；68dB   (D) 65dB；65dB

解：

房间内表面积：$S = 30 \times 25 \times 2 + (30 + 25) \times 2 \times 8 = 2380 \text{m}^2$；

房间常数：$R = \dfrac{Sa}{1-a} = \dfrac{2380 \times 0.04}{1 - 0.04} = 99.2$；

点声源位于房间中央时，声源指向因子：$Q = 1$；

根据《教材（第二册）》P430 公式 5-2-13，有：

3 米处噪声级 $L_P = L_W + 10\lg\left(\dfrac{Q_\theta}{4\pi r^2} + \dfrac{4}{R}\right) = 88 + 10\lg\left(\dfrac{1}{4\pi \times 3^2} + \dfrac{4}{99.2}\right) = 74.9\text{dB}$；

10 米处噪声级 $L_P = L_W + 10\lg\left(\dfrac{Q_\theta}{4\pi r^2} + \dfrac{4}{R}\right) = 88 + 10\lg\left(\dfrac{1}{4\pi \times 10^2} + \dfrac{4}{99.2}\right) = 74.1\text{dB}$。

答案选【无】。

20. 一个车间的尺寸为 50m×40m×15m（长×宽×高），某频带混响时间为 5.0s，车间内的平均噪声为 63dB，问在车间内至少增加多少吸声量才可以使车间内平均噪声降低到 60dB？（时间用赛宾公式计算，不计吸声体体积）【2011-2-86】

  (A) 978m²   (B) 1204m²
  (C) 1563m²   (D) 1956m²

解：

车间处理前吸声量：$T = \dfrac{0.163V}{A_1} \Rightarrow A_1 = \dfrac{0.163V}{T} = \dfrac{0.163 \times 50 \times 40 \times 15}{5} = 978\text{m}^2$；

设需要增加 ΔA 的吸声量，则有：

$\Delta L = 10\lg\left(\dfrac{A_1 + \Delta A}{A_1}\right) = 10\lg\left(\dfrac{978 + \Delta A}{978}\right) = 3 \Rightarrow \Delta A = 978\text{m}^2$。

答案选【A】。

【解析】参考《教材（第二册）》P355 公式 5-1-31 和 P432 公式 5-2-17。

21. 一个车间的尺寸为 50m×40m×15m（长×宽×高），其地面的吸声系数为 0.05，墙面和屋顶的吸声系数为 0.15，在车间角隅处安装了一台小型机器。为了降噪，在车间上空悬吊了 150 个矩形空间吸声体，每个吸声体吸声量为 6.3m²，问车间在悬挂了空间吸声体后在距声源 20m 处的噪声降低量为多少？【2011-2-94】

(A) 2.7dB (B) 3.2dB
(C) 3.0dB (D) 4.2dB

解:

车间内表面积: $S = 50 \times 40 \times 2 + (50+40) \times 2 \times 15 = 6700 m^2$;

吸声处理前:

车间吸声量 $A_1 = 50 \times 40 \times 0.05 + 50 \times 40 \times 0.15 + (50+40) \times 2 \times 15 \times 0.15 = 805 m^2$;

车间平均吸声系数 $\bar{a}_1 = \dfrac{A_1}{S} = \dfrac{805}{6700} = 0.12$;

房间常数 $R_1 = \dfrac{A_1}{1-\bar{a}_1} = \dfrac{805}{1-0.12} = 915$;

吸声处理后:

车间吸声量 $A_2 = 805 + 150 \times 6.3 = 1750 m^2$;

车间平均吸声系数 $\bar{a}_2 = \dfrac{A_2}{S} = \dfrac{1750}{6700} = 0.26$;

房间常数 $R_2 = \dfrac{A_2}{1-\bar{a}_2} = \dfrac{1750}{1-0.26} = 2365$;

声源位于角隅时,声源指向因子 $Q=8$,临界半径 $r_0 = 0.14\sqrt{QR} = 0.14\sqrt{8 \times 2365} = 19.3 m$,距声源20m处位于混响区,吸声处理前后声压级差: $\Delta L = 10\lg\dfrac{R_2}{R_1} = 10\lg\dfrac{2365}{915} = 4.1 dB$。

答案选【D】。

【解析】 参考《教材(第二册)》P429 和 P430 公式 5-2-14、P432 公式 5-2-16。

22. 已知房间长50m,宽30m,总内表面积为5000m²,房间角隅处有一个点声源,当平均吸声系数由0.10增加到0.31时,降噪量能达到6dB的位置与声源的距离至少为多少?【2011-2-95】

(A) 22.2m (B) 9.4m
(C) 13.2m (D) 18.8m

解:

吸声处理前房间常数: $R_1 = \dfrac{S\bar{a}_1}{1-\bar{a}_1} = \dfrac{5000 \times 0.1}{1-0.1} = 555.6$;

吸声处理后房间常数: $R_2 = \dfrac{S\bar{a}_2}{1-\bar{a}_2} = \dfrac{5000 \times 0.31}{1-0.31} = 2246$;

$\Delta L = 10\lg\left(\dfrac{Q_\theta}{4\pi r^2} + \dfrac{4}{R_1}\right) - 10\lg\left(\dfrac{Q_\theta}{4\pi r^2} + \dfrac{4}{R_2}\right) = 10\lg\left(\dfrac{8}{4\pi r^2} + \dfrac{4}{555.6}\right) - 10\lg\left(\dfrac{8}{4\pi r^2} + \dfrac{4}{2246}\right) = 6 dB$

$\Rightarrow r = 132 m$。

答案选【无】。

【解析】 参考《教材(第二册)》P429 和 P430 公式 5-2-15。

23. 已知房间的内表面积为6000m², 平均吸声系数为0.2, 点声源位于房间中央, 落地安装。此时在房间内距声源8m处的噪声为68dB, 在房间内增加了100m²的吸声量后, 则在该点的噪声应为多少?【2011-2-100】

　　(A) 小于65dB　　　　　　　　(B) 等于65dB
　　(C) 大于65dB, 且小于68dB　　(D) 等于68dB

解:

增加吸声量前:

房间常数 $R_1 = \dfrac{S\bar{a}_1}{1-\bar{a}_1} = \dfrac{6000 \times 0.2}{1-0.2} = 1500$; 临界距离 $r_1 = 0.14\sqrt{QR} = 0.14\sqrt{2 \times 1500} = 7.7\text{m}$;

增加吸声量后:

房间平均吸声系数 $\bar{a}_2 = \dfrac{A_2}{S} = \dfrac{6000 \times 0.2 + 100}{6000} = 0.217$;

房间常数 $R_2 = \dfrac{S\bar{a}_2}{1-\bar{a}_2} = \dfrac{6000 \times 0.217}{1-0.217} = 1663$;

临界距离 $r_2 = 0.14\sqrt{QR_2} = 0.14\sqrt{2 \times 1663} = 8\text{m}$;

根据《教材(第二册)》P430 公式 5-2-13, 可知:

声源声功率 $L_{P1} = L_W + 10\lg\left(\dfrac{Q_\theta}{4\pi r_1^2} + \dfrac{4}{R_1}\right) = L_W + 10\lg\left(\dfrac{2}{4\pi \times 8^2} + \dfrac{4}{1500}\right) = 68 \Rightarrow L_W = 90.9\text{dB}$;

增加吸声量后该点噪声 $L_{P2} = L_W + 10\lg\left(\dfrac{Q_\theta}{4\pi r_2^2} + \dfrac{4}{R_2}\right) = 90.9 + 10\lg\left(\dfrac{2}{4\pi \times 8^2} + \dfrac{4}{1663}\right) = 67.8\text{dB}$。

答案选【C】。

24. 已知房间体积为50000m³, 总内表面积为7000m², 房间混响时间为1.85s, 房间内有2个点声源, 其中声源1安装在房间的一个角落, 声功率级为83dB; 声源2位于房间两个壁面交接线的中央位置, 声功率级为85dB。房间内某点距声源1的距离为11.6m, 距声源2的距离为10.6m, 问该点的总声压级为多少? (混响时间用赛宾公式计算, 混响时间、声功率级和总声压级均为1000Hz数值)【2012-1-82】

　　(A) 58dB　　　　　　　　　　(B) 60dB
　　(C) 63dB　　　　　　　　　　(D) 120dB

解:

房间平均吸声系数: $T_{60} = \dfrac{0.163V}{S\bar{a}} = \dfrac{0.163 \times 50000}{7000 \times \bar{a}} = 1.85 \Rightarrow \bar{a} = 0.63$;

房间常数: $R = \dfrac{S\bar{a}}{1-\bar{a}} = \dfrac{7000 \times 0.63}{1-0.63} = 11919$;

声源1在该点声压级: $L_{P1} = L_W + 10\lg\left(\dfrac{Q_\theta}{4\pi r_1^2} + \dfrac{4}{R}\right) = 83 + 10\lg\left(\dfrac{8}{4\pi \times 11.6^2} + \dfrac{4}{11919}\right) = 60\text{dB}$;

声源 2 在该点声压级：$L_{P2} = L_W + 10\lg\left(\dfrac{Q_\theta}{4\pi r_2^2} + \dfrac{4}{R}\right) = 85 + 10\lg\left(\dfrac{4}{4\pi \times 10.6^2} + \dfrac{4}{11919}\right) = 60\text{dB}$；

该点总声压级：$L_P = 10\lg(10^{0.1\times 60} + 10^{0.1\times 60}) = 63\text{dB}$。

答案选【C】。

【解析】 参见《教材（第二册）》P355 公式 5-1-31、P430 公式 5-2-13。

25. 一个平面面积为 6300m^2 的矩形房间，墙面面积为 2800m^2，500Hz 时，墙面的吸声系数为 0.52，地面的吸声系数为 0.04，吊顶的吸声系数为 0.81，在房间的一个角落有一台设备（可视作点声源），要求距设备 46m 处 500Hz 的声压级不能超过 45dB，问该设备 500Hz 的声功率级最大不能超过多少？【2012-1-86】

(A) 63dB　　　　　　　　　　(B) 71dB
(C) 77dB　　　　　　　　　　(D) 80dB

解：

房间平均吸声系数：$\bar{a} = \dfrac{\sum\limits_{i=1}^{n} S_i a_i}{\sum\limits_{i=1}^{n} S_i} = \dfrac{6300\times 0.04 + 6300\times 0.81 + 2800\times 0.52}{6300\times 2 + 2800} = 0.44$；

房间常数：$R = \dfrac{S\bar{a}}{1-\bar{a}} = \dfrac{6300\times 0.04 + 6300\times 0.81 + 2800\times 0.52}{1-0.44} = 12163$；

设备声功率级：$L_P = L_W + 10\lg\left(\dfrac{Q_\theta}{4\pi r^2} + \dfrac{4}{R}\right) = L_W + 10\lg\left(\dfrac{8}{4\pi \times 46^2} + \dfrac{4}{12163}\right) = 45 \Rightarrow L_W = 77\text{dB}$；

答案选【C】。

【解析】 参见《教材（第二册）》P355 公式 5-1-30、P430 公式 5-2-13。

26. 一个房间的尺寸为 $100\text{m} \times 80\text{m} \times 4\text{m}$（长×宽×高），吊顶为吸声吊顶，吊顶的平均吸声系数为 0.63，在房间中央有一个点声源，距声源为 1m 时声压级为 80dB，问距声源 8m 的位置，声压级为多少？【2012-1-87】

(A) 62dB　　　　　　　　　　(B) 64dB
(C) 65dB　　　　　　　　　　(D) 69dB

解：

根据《噪声与振动控制工程手册》P450 可知，对于扁平房间，其长宽尺度比高度大得多，吸声处理多集中于顶棚，声场很不扩散，此时声场视为直达声和顶面一次和多次反射三部分叠加而成。当距离小于空间半高度 $h/2$ 时，声场仍由直达声决定，距离加倍，声压级降低约 6dB；当距离大于 $h/2$ 小于 $8h$ 时，反射声场有明显影响，距离加倍，声压级降低近似值 $(3.3+2.7\alpha)\text{dB}$。由此可知题干房间临界距离为 $\dfrac{h}{2} = 2\text{m}$，1m 处声压级为 80dB，2 米处声压级为 74dB；8m 处相对于 2m 处距离增加 2 倍，声压级衰减 $2\times(3.3+$

$2.7\alpha) = 2 \times (3.3 + 2.7 \times 0.63) = 10dB$，则 8 米处声压级为：$74 - 10 = 64dB$。

答案选【B】。

27. 已知一个房间长 30m、宽 20m、高 6m，欲对该房间进行吸声降噪处理，下表给出了房间内各频率的噪声声压级、混响时间和所用吸声构造的吸声系数，问至少需要多少面积的吸声构造才能使房间内的噪声满足 NR-40 的要求？（混响时间用赛宾公式计算）【2013-1-88】

频率（Hz）	63	125	250	500	1000	2000	4000
声压级（dB）	66	54	48	46	44	36	34
混响时间（dB）	2.4	2.3	2.2	2.3	2.4	1.8	1.6
吸声构造的吸声系数	0.16	0.23	0.25	0.35	0.41	0.52	0.55
NR-40（dB）	67	56	49	43	40	37	35

(A) $1000m^2$ (B) $900m^2$
(C) $800m^2$ (D) $700m^2$

解：

由题干表可知 500Hz 噪声超出 NR-40 3dB，1000Hz 噪声超出 NR-40 4dB；根据《教材》P355 公式 5-1-31 及 P432 公式 5-2-17，有：

500Hz 时，$T_{60} = \frac{0.163V}{A_1} \Rightarrow A_1 = \frac{0.163V}{T_{60}} = \frac{0.163 \times 30 \times 20 \times 6}{2.3} = 255m^2$；

$\Delta L = 10\lg\frac{A_2}{A_1} = 10\lg\frac{A_2}{255} = 3 \Rightarrow A_2 = 509m^2$，则需要增加 $S = \frac{A_2 - A_1}{a_2} = \frac{509 - 255}{0.35} = 726m^2$；

1000Hz 时，$T_{60} = \frac{0.163V}{A_1} \Rightarrow A_1 = \frac{0.163V}{T_{60}} = \frac{0.163 \times 30 \times 20 \times 6}{2.4} = 245m^2$；

$\Delta L = 10\lg\frac{A_2}{A_1} = 10\lg\frac{A_2}{245} = 4 \Rightarrow A_2 = 615m^2$，则需要增加 $S = \frac{A_2 - A_1}{a_2} = \frac{615 - 245}{0.41} = 902m^2$；

故需要至少增加 $902m^2$ 的吸声面积。

答案选【B】。

28. 已知在长 30m、宽 20m、高 8m 的车间内，地面和一面墙交界的中心处有一个噪声源，500Hz 时噪声源声功率级为 90dB，对房间进行吸声降噪处理。在距声源 10m 位置，500Hz 的声压级降噪处理前为 70dB，降噪处理后为 67dB，问吸声降噪处理后房间远场最大降噪量是多少？【2013-1-90】

(A) 3.9dB (B) 4.5dB
(C) 5.8dB (D) 6.9dB

解：

根据《教材（第二册）》P430 公式 5-2-13、P432 公式 5-2-16，可得出降噪处理前：

房间常数 $L_P = L_W + 10\lg\left(\dfrac{Q_\theta}{4\pi r^2} + \dfrac{4}{R_1}\right) = 90 + 10\lg\left(\dfrac{4}{4\pi \cdot 10^2} + \dfrac{4}{R_1}\right) = 70 \Rightarrow R_1 = 587$；

降噪处理后：

房间常数 $L_P = L_W + 10\lg\left(\dfrac{Q_\theta}{4\pi r^2} + \dfrac{4}{R_2}\right) = 90 + 10\lg\left(\dfrac{4}{4\pi \cdot 10^2} + \dfrac{4}{R_2}\right) = 67 \Rightarrow R_2 = 2186$；

房间远场可不考虑直达声的影响，故最大降噪量为：

$\Delta L = 10\lg\dfrac{R_2}{R_1} = 10\lg\dfrac{2186}{587} = 5.7\text{dB}$。

答案选【C】。

29. 某厂房宽24m、长30m、高15m，厂房内等间距布置有高噪声机床数台，并配有吊车及天窗，厂房内噪声级达90dB，厂房内墙面及顶棚均为普通粉刷，厂房内表面平均吸声系数0.05，为使厂房内噪声降低至85dB，同时不影响工人操作，最经济可行的措施是哪一项？【2014-1-77】

(A) 满铺平均吸声系数为0.6的吸声吊顶

(B) 在屋架梁底以上吊挂约40%顶棚面积的空间吸声板（单侧吸声系数为0.6，板面垂直于地面吊挂）

(C) 在屋架梁底以上吊挂约78%顶棚面积的空间吸声板（单侧吸声系数为0.6，板面垂直于地面吊挂）

(D) 机床加装隔声罩

解：

厂房内表面积：$S = 24 \times 30 \times 2 + (24 + 30) \times 2 \times 15 = 3060\text{m}^2$；

吸声处理前厂房内吸声量：$A_1 = 3060 \times 0.05 = 153\text{m}^2$；需要的降噪量：$\Delta L = 90 - 85 = 5\text{dB}$；

吸声处理后厂房内吸声量：$\Delta L = 10\lg\dfrac{A_2}{A_1} = 10\lg\dfrac{A_2}{153} = 5 \Rightarrow A_2 = 484\text{m}^2$；

则需要增加吸声量：$\Delta A = A_2 - A_1 = 484 - 153 = 331\text{m}^2$。

选项A，增加的吸声量 $\Delta A = 24 \times 30 \times 0.6 = 432\text{m}^2$。

选项B，增加的吸声量 $\Delta A = 24 \times 30 \times 0.4 \times 2 \times 0.6 = 345.6\text{m}^2$；

选项C，增加的吸声量 $\Delta A = 24 \times 30 \times 0.78 \times 2 \times 0.6 = 674\text{m}^2$；

选项D，机床加隔声罩影响工人操作。

答案选【B】。

【解析】（1）降噪量公式参见《教材》P432公式5-2-17；

（2）空间板式吸声体吸声量参见《噪声与振动控制工程手册》P442公式6.3-35。

30. 在一个面积为200m²、高度为5m、水泥地面的房间内，以下哪种情况再增加相同数量的吸声构造，降噪效果最明显？【2014-1-78】

(A) 墙壁为抹灰涂料，混凝土楼板，房间内有1个声源

(B) 墙壁为抹灰涂料，混凝土楼板，房间内有 4 个相同声源，均匀分布在地面上
(C) 墙壁为玻璃棉板吸声构造，混凝土楼板，房间内有 1 个声源
(D) 墙壁为抹灰涂料，吊顶为矿棉吸声板，房间内有 1 个声源

解：

房间内吸声量小，混响时间长时，增加吸声构造，降噪效果明显；声源数量多且分布均匀时，室内声能量中的直达声占比多；只有一个声源时，声能量以混响声为主，所以一个声源时降噪效果更明显，因此首先可排除 4 个声源的选项 B；根据公式 $\Delta L = 10\lg\dfrac{A_2}{A_1}$ 及 $T_{60} = \dfrac{0.163V}{A}$，可知增加相同数量的吸声构造，降噪量 $\Delta L = 10\lg\dfrac{A_2}{A_1} = 10\lg\dfrac{2}{1} = 3\text{dB}$，增加相同数量的吸声构造，混响时间 $T_{60} = \dfrac{0.163V}{A}$，因选项 A 中吸声量明显小于 C、D 吸声量，所以增加吸声结构前的 A 混响时间最长，增加相同数量吸声结构后，A 选项的混响时间缩短量最多，故 A 的降噪效果最明显。

答案选【A】。

【31、32 题共用此题干】一个长、宽、高分别为 30m、10m、5m 的车间内，内表面均为混凝土面，其平均吸声系数为 0.02，壁面和顶面欲进行吸声降噪处理。

31. 请问若使用的吸声材料的平均吸声系数为 0.45，该车间内进行吸声降噪后，车间内的平均降噪量为多少？【2014-1-80】

(A) 7.5dB (B) 12.1dB
(C) 15.0dB (D) 64.0dB

解：

车间内表面积：$S = 30 \times 10 \times 2 + (30 + 10) \times 2 \times 5 = 1000\text{m}^2$；
吸声处理前车间内吸声量：$A_1 = 1000 \times 0.02 = 20\text{m}^2$；
吸声处理后车间内吸声量：$A_2 = 30 \times 10 \times 0.02 + (1000 - 30 \times 10) \times 0.45 = 321\text{m}^2$；
根据《教材（第二册）》P432 公式 5-2-17，有：
降噪量 $\Delta L = 10\lg\dfrac{A_2}{A_1} = 10\lg\dfrac{321}{20} = 12.05\text{dB}$。

答案选【B】。

32. 墙面还要求设置 50m² 密封采光窗户（密封采光窗的吸声系数为 0.1），而车间平均降噪量为 10dB，则所使用的吸声材料平均吸声系数应为多少？【2014-1-81】

(A) 0.76 (B) 0.29
(C) 0.64 (D) 0.47

解：

车间降噪量为 10dB 时需要的吸声量：$\Delta L = 10\lg\dfrac{A_2}{A_1} = 10\lg\dfrac{A_2}{20} = 10 \Rightarrow A_2 = 200\text{m}^2$；
由于地面不处理，壁面、顶面的吸声量：$A = 200 - 30 \times 10 \times 0.02 - 50 \times 0.1 = 189\text{m}^2$；

壁面、顶面所使用材料平均吸声系数：$a = \dfrac{A}{S} = \dfrac{189}{1000 - 300 - 50} = 0.29$。

答案选【B】。

33. 在一个长、宽尺度远远大于高度的车间内，房间高度为3.8m，顶部采用吸声处理，其平均吸声系数为0.5，在距离车间内地面中央点源8m～25m范围内，关于距离加倍时声压级降低量，以下哪个选项是正确的？【2014-1-82】

  （A）不能确定   （B）6.0dB
  （C）3.0dB   （D）4.7dB

解：

根据《噪声与振动控制工程手册》P450可知，对于扁平房间，其长宽尺度比高度大得多，吸声处理多集中于顶棚，声场很不扩散，此时声场视为直达声和顶面一次和多次反射三部分叠加而成。当距离小于空间半高度$h/2$时，声场仍由直达声决定，距离加倍，声压级降低约6dB；当距离大于$h/2$小于$8h$时，反射声场有明显影响，距离加倍，声压级降低近似值（$3.3 + 2.7\alpha$）dB。本题目中$\dfrac{h}{2} = \dfrac{3.8}{2} = 1.9\text{m}$，$8h = 8 \times 3.8 = 30.4\text{m}$，8m～25m在1.9m～30.4m范围内，故距离加倍，声压级降低近似为$3.3 + 2.7 \times 0.5 = 4.65\text{dB}$。

答案选【D】。

34. 已知房间长35m、宽25m、高8m，房间内有一个噪声源，安装在房间的一个角隅，在进行吸声降噪前500Hz混响时间为0.85s，采取吸声降噪措施后500Hz混响时间为0.48s。问采取吸声降噪措施后，远场的500Hz最大降噪量为多少？（混响时间用艾润公式计算）【2014-1-87】

  （A）2.8dB   （B）3.3dB
  （C）6.1dB   （D）8.6dB

解：

房间内表面积：$S = 35 \times 25 \times 2 + (35 + 25) \times 2 \times 8 = 2710\text{m}^2$；

房间体积：$V = 35 \times 25 \times 8 = 7000\text{m}^2$；

吸声处理前：

平均吸声系数 $T_1 = \dfrac{0.163V}{-S\ln(1-a_1)} = \dfrac{0.163 \times 7000}{-2710 \times \ln(1-a_1)} = 0.85 \Rightarrow a_1 = 0.39$；

房间常数 $R_1 = \dfrac{Sa_1}{1-a_1} = \dfrac{2710 \times 0.39}{1 - 0.39} = 1733$；

吸声处理后：

平均吸声系数 $T_2 = \dfrac{0.163V}{-S\ln(1-a_2)} = \dfrac{0.163 \times 7000}{-2710 \times \ln(1-a_2)} = 0.48 \Rightarrow a_2 = 0.58$；

房间常数 $R_2 = \dfrac{Sa_2}{1-a_2} = \dfrac{2710 \times 0.58}{1 - 0.58} = 3742$；

由于是单声源，采取降噪措施后远场的最大降噪量：$\Delta L = 10\lg \dfrac{R_2}{R_1} = 10\lg \dfrac{3742}{1733} =$

3.34dB。

答案选【B】。

35. 某大车间的房间常数为 500m²，刚性地面中央放置一无指向性点声源，其声功率为 0.1W，求距该声源 5m 处的声压级。【2014-1-88】

(A) 91.6dB　　　　　　　　　　　　(B) 90.5dB
(C) 88.0dB　　　　　　　　　　　　(D) 89.0dB

解：

根据《教材（第二册）》P343 公式 5-1-11，有：

声源的声功率级为：$L_W = 10\lg\dfrac{W}{W_0} = 10\lg\dfrac{0.1}{10^{-12}} = 110\text{dB}$；

根据《教材（第二册）》P430 公式 5-2-13，有：

距声源 5m 处声压级 $L_P = L_W + 10\lg\left(\dfrac{Q_\theta}{4\pi r^2} + \dfrac{4}{R}\right) = 110 + 10\lg\left(\dfrac{2}{4\pi \times 5^2} + \dfrac{4}{500}\right) = 91.6\text{dB}$。

答案选【A】。

36. 车间内有多个声源，车间内表面均为混凝土面，其平均吸声系数为 0.08，该车间内由于壁面的反射所造成的平均声压级与直达声相比增加多少？【2014-1-89】

(A) 15dB　　　　　　　　　　　　(B) 11dB
(C) 6dB　　　　　　　　　　　　　(D) 0dB

解：

根据《噪声与振动控制工程手册》P449 公式 6.4-9，有：

声压级增大值 $\Delta L = 10\lg\dfrac{1}{\alpha} = 10\lg\dfrac{1}{0.08} = 11\text{dB}$。

答案选【B】。

37. 某长、宽、高分别为 20m、15m、5m 的车间，车间内表面平均吸声系数为 0.5，车间内地面中央有一声功率级为 85dB 的点声源，请计算该点声源 5m 处的混响声的声压级为多少？【2014-1-90】

(A) 69dB　　　　　　　　　　　　(B) 61dB
(C) 65dB　　　　　　　　　　　　(D) 63dB

解：

房间内表面积：$S = 20 \times 15 \times 2 + (20 + 15) \times 2 \times 5 = 950\text{m}^2$；

房间常数：$R = \dfrac{S\alpha}{1-\alpha} = \dfrac{950 \times 0.5}{1-0.5} = 950$；

根据《噪声与振动控制工程手册》P446 公式 6.4-2，有：

该点声源 5m 处混响声声压级：$L_P = L_W + 10\lg\dfrac{4}{R} = 85 + 10\lg\dfrac{4}{950} = 61.2\text{dB}$。

答案选【B】。

38. 某开敞办公室吊顶平面如下，办公室设计矿棉吸声板吊顶（A 计权吸声系数 0.4），吊顶高度 2.5m，空调关闭时本底噪声 35dB(A)，试计算若要达到《民用建筑隔声设计规范》中多人办公室低限标准，应控制空调送风口噪声 A 声功率级最大为多少？（回风口噪声低于送风口 3dB(A)，墙、地面均为砖面，A 计权吸声系数 0.02）【2014-1-91】

(A) 52dB (A)   (B) 40dB (A)
(C) 45dB (A)   (D) 50dB (A)

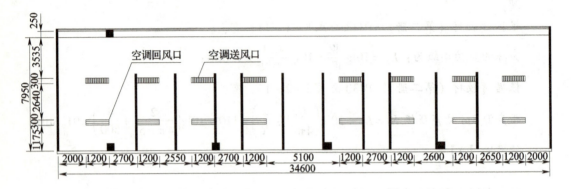

解：
办公室内表面积：$S = 34.6 \times 7.95 \times 2 + (34.6 + 7.95) \times 2 \times 2.5 = 763 m^2$；
办公室总吸声量：$A = 34.6 \times 7.95 \times 0.4 + (763 - 34.6 \times 7.95) \times 0.02 = 120 m^2$；
办公室平均吸声系数：$\bar{a} = \dfrac{120}{763} = 0.16$；房间常数：$R = \dfrac{Sa}{1-a} = \dfrac{120}{1-0.16} = 143$；
设送风口声功率级为 L_W，则回风口声功率级为 $L_W - 3$，则单个送风口混响声声压级为：
$L_{P1} = L_W + 10\lg \dfrac{4}{R}$，共有 8 个送风口，则 8 个声压级叠加后，送风口总声压级为：
$L_{送总} = L_W + 10\lg \dfrac{4}{R} + 10\lg 8 = L_W + 10\lg \dfrac{4}{143} + 10\lg 8 = L_W - 6.5$；
单个回风口混响声声压级为：$L_{P2} = L_W - 3 + 10\lg \dfrac{4}{R}$，共有 8 个回风口，则 8 个声压级叠加后，回风口总声压级为：$L_{回总} = L_W - 3 + 10\lg \dfrac{4}{R} + 10\lg 8 = L_W - 3 + 10\lg \dfrac{4}{143} + 10\lg 8 = L_W - 9.5$；
送风口和回风口总声压级叠加后即为办公室声压级：
$L_P = 10\lg (10^{0.1(L_W-6.5)} + 10^{0.1(L_W-9.5)}) = 10\lg \left(\dfrac{10^{0.1L_W}}{10^{0.65}} + \dfrac{10^{0.1L_W}}{10^{0.95}} \right) = 10\lg (0.336 \times 10^{0.1L_W}) = L_W - 4.7$；
根据《民用建筑隔声设计规范》表 8.1.1，可知多人办公室低限标准为 45dB，而空调关闭时办公室本底噪声为 35dB，故可以忽略办公室本底噪声的影响，则有：
$L_P = L_W - 4.7 = 45 \Rightarrow L_W = 49.7 dB$，送风口噪声 A 声功率级最大为 49.7dB。
答案选【D】。

【解析】 ①声压级叠加参见《教材》P344 公式 5-1-13；
②混响声声压级参见《噪声与振动控制工程手册》P446 公式 6.4-2。

5.2 隔声降噪

5.2.1 单层壁

※知识点总结

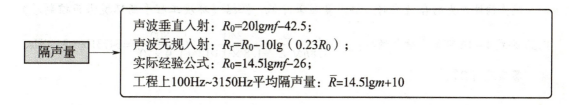

隔声量：
声波垂直入射：$R_0 = 20\lg mf - 42.5$；
声波无规入射：$R_r = R_0 - 10\lg(0.23R_0)$；
实际经验公式：$R_0 = 14.5\lg mf - 26$；
工程上100Hz~3150Hz平均隔声量：$\overline{R} = 14.5\lg m + 10$

临界频率：
$$f_c = \frac{c^2}{2\pi t}\sqrt{\frac{12\rho}{E}} = \frac{c^2}{1.8t}\sqrt{\frac{\rho}{E}}$$

※真 题

1. 一个面密度为15kg/m²的单层匀质隔声构件在1000Hz的隔声量为37.8dB，若采用相同材质的另一隔声构件，在500Hz的隔声量也为37.8dB，则该隔声构件的面密度为多少？【2008-1-85】

(A) 15kg/m² (B) 20kg/m²
(C) 40kg/m² (D) 30kg/m²

解：
根据《教材（第二册）》P436 公式 5-2-22，有：
$R_1 = 14.5\lg m_1 f_1 - 26 = 37.8 \text{dB}$；$R_2 = 14.5\lg m_2 f_2 - 26 = 37.8 \text{dB}$；
因为$R_1 = R_2$，所以$14.5\lg m_1 f_1 - 26 = 14.5\lg m_2 f_2 - 26 \Rightarrow m_1 f_1 = m_2 f_2$，代入数值后有：
$15 \times 1000 = m_2 \times 500 \Rightarrow m_2 = 30 \text{kg/m}^2$。
答案选【D】。

2. 在500Hz正入射的条件下，1.5mm厚单层匀质钢板（密度为7850kg/m³）的隔声量比1.5mm厚单层匀质铝板（密度为2700kg/m³）的隔声量高多少？【2008-1-86】

(A) 2.9dB (B) 4.6dB
(C) 6.7dB (D) 9.2dB

解：
根据《教材（第二册）》P435 公式 5-2-19，有：
1.5mm钢板隔声量$R_1 = 20\lg m_1 f_1 - 42.5$；1.5mm铝板隔声量：$R_2 = 20\lg m_2 f_2 - 42.5$；
$R_1 - R_2 = 20\lg m_1 f_1 - 20\lg m_2 f_2 = 20\lg \frac{m_1 f_1}{m_2 f_2} = 20\lg \frac{11.775 \times 500}{4.05 \times 500} = 9.27 \text{dB}$。

答案选【D】。

3. 在测定面密度为 9.6kg/m² ，厚度为 12mm 石膏板的隔声性能时，当频率高到多少才会出现隔声量显著降低的现象？（石膏弹性模量为 1.9×10^9 N/m² ，声速为 340m/s）【2008-1-87】

  (A) 995Hz   (B) 3448Hz
  (C) 378Hz   (D) 3325Hz

解：

隔声构件产生吻合效应时，隔声量显著降低，根据《环境工程手册环境噪声控制卷》P155 公式 4-16 可知，吻合频率：$f_c = \dfrac{c^2}{1.8h}\sqrt{\dfrac{\rho_m}{E}} = \dfrac{340^2}{1.8\times0.012}\sqrt{\dfrac{800}{1.9\times10^9}} = 3473\text{Hz} \approx 3448\text{Hz}$。

答案选【B】。

4. 一个单层匀质隔声构件面密度为 9.39kg/m²，求该隔声构件 1000Hz 无规入射的隔声量为多少？【2010-1-8】

  (A) 31.6dB   (B) 20.0dB
  (C) 28.6dB   (D) 24.1dB

解：

声波垂直入射隔声量：$R_0 = 20\lg mf - 42.5 = 20\lg(9.39\times1000) - 42.5 = 37\text{dB}$；

无规入射隔声量：$R_r = R_0 - 10\lg(0.23R_0) = 37 - 10\lg(0.23\times37) = 27.7\text{dB}$。

按此计算无答案。

笔者认为题目应该是考察隔声构件 1000Hz 的实际隔声量，按《教材（第二册）》P436 公式 5-2-22 有：$R = 14.5\lg mf - 26 = 14.5\lg(9.39\times1000) - 26 = 31.6\text{dB}$。

答案选【A】。

【解析】 单层板声波垂直入射，无规入射参见《噪声与振动控制工程手册》P258 及公式 5.1-6、5.1-7。

5. 一个匀质单层隔声构件 500Hz 的透射损失（无规入射）L_{TL} 为 19dB，如果采用相同材料，隔声构件 1000Hz 的透射损失（无规入射）L_{TL} 为 25dB，则此隔声构件的面密度需增大多少？【2010-1-91】

  (A) 不需增大   (B) 增大 100%
  (C) 增大 200%   (D) 增大 30%

解：

笔者认为本题目应该是考查隔声构件的实际隔声量，根据《教材（第二册）》P436 公式 5-2-22，有：

$R_1 - R_2 = (14.5\lg m_1 f_1 - 26) - (14.5\lg m_2 f_2 - 26) = 14.5\lg\dfrac{m_1 f_1}{m_2 f_2} = -6\text{dB}$，则

$\dfrac{m_2 f_2}{m_1 f_1} = \dfrac{m_2 \times 1000}{m_1 \times 500} = 10^{\frac{6}{14.5}} \Rightarrow \dfrac{m_2}{m_1} = 1.3$，即面密度增大 30%。

答案选【D】。

6. 已知一个单层匀质隔声物体 1000Hz 的透射系数为 0.0065，则此隔声物体 500Hz 的透射损失为多少？（入射声波为法向声波）【2010 - 2 - 81】
  (A) 0.0065   (B) 15.3dB
  (C) 15.9dB   (D) 21.9dB
解：

1000Hz 时：$R_1 = 10\lg\dfrac{1}{\tau_1} = 10\lg\dfrac{1}{0.0065} = 21.9\text{dB}$；

声波垂直入射时，单层壁隔声量为：$R_1 = 20\lg mf_1 - 42.5 = 21.9\text{dB}$；

500Hz 时：

声波垂直入射，单层壁隔声量为 $R_2 = 20\lg mf_2 - 42.5$；

$R_1 - R_2 = (20\lg mf_1 - 42.5) - (20\lg mf_2 - 42.5) = 20\lg\dfrac{f_1}{f_2} = 20\lg\dfrac{1000}{500} = 6\text{dB}$；

500Hz 透射损失（隔声量）：$R_2 = R_1 - 6 = 21.9 - 6 = 15.9\text{dB}$。

答案选【C】。

【解析】（1）垂直入射单层壁隔声，参考《教材（第二册）》P435 公式 5 - 2 - 19；
（2）隔声量、透射损失，参见《环境工程手册环境噪声控制卷》P152。

7. 已知一个单层匀质隔声构件在质量控制区 500Hz 的透射系数（法向声波）为 0.02，则此隔声构件 1000Hz 的透射损失（法向声波）为多少？【2011 - 1 - 77】
  (A) 0.006J   (B) 23dB
  (C) 16dB   (D) 19dB
解：

隔声构件面密度：$R_1 = 20\lg mf_1 - 42.5 = 10\lg\dfrac{1}{\tau} = 10\lg\dfrac{1}{0.02} = 17\text{dB} \Rightarrow m = 1.89\text{kg/m}^2$；

1000Hz 时透射损失（隔声量）：$R_2 = 20\lg mf_2 - 42.5 = 20\lg(1.89 \times 1000) - 42.5 = 23\text{dB}$。

答案选【B】。

【解析】（1）透射损失，参见《环境工程手册环境噪声控制卷》P152 公式 4 - 11；
（2）声波垂直入射到单层壁的隔声量，参见《教材（第二册）》P435 公式 5 - 2 - 19。

8. 一个匀质单层隔声构件 500Hz 的透射损失（无规声波）L 为 15dB，如果把隔声构件的面密度提高 30%，则此隔声构件 1000Hz 的透射损失（无规声波）L 为多少？【2011 - 1 - 94】
  (A) 23dB   (B) 25dB
  (C) 18dB   (D) 21dB
解：

根据《教材（第二册）》P436 公式 5 - 2 - 22，有：

500Hz 隔声量 $R = 14.5\lg mf - 26 = 15\mathrm{dB}$；

面密度提高30%，频率1000Hz 的隔声量为 $R = 14.5\lg(1.3m \times 2f) - 26 = 14.5\lg mf + 14.5\lg 2.6 - 26 = 6 + 15 = 21\mathrm{dB}$。

答案选【D】。

9. 某单层匀质隔声构件面密度为 $250\mathrm{kg/m^2}$，试问该构件在 100Hz～3150Hz 的平均隔声量是多少？【2012-2-77】

(A) 25dB (B) 35dB
(C) 45dB (D) 55dB

解：

根据《教材（第二册）》P436 公式 5-2-23，可知：

$\overline{R} = 14.5\lg m + 10 = 14.5\lg 250 + 10 = 44.8\mathrm{dB}$。

答案选【C】。

10. 某无限大均匀密实的柔性障板，其厚度为10cm，密度为 $2300\mathrm{kg/m^3}$，声波的入射范围 $0°～90°$，试分析该障板 1000Hz 对应的隔声量？【2012-2-78】

(A) 64.7dB (B) 53.0dB
(C) 59.7dB (D) 71.8dB

解：

根据《噪声与振动控制工程手册》P258 公式 5.1-6、5.1-7，有：

垂直入射隔声量 $R_0 = 20\lg mf - 42.5 = 14.5\lg(2300 \times 0.1 \times 1000) - 42.5 = 64.7\mathrm{dB}$；

声波的入射范围 $0°～90°$ 时隔声量 $R_r = R_0 - 10\lg(0.23R_0) = 64.7 - 10\lg(0.23 \times 64.7) = 53\mathrm{dB}$。

答案选【B】。

11. 某厚度3.5mm 的波幅为4.5mm 的正弦波纹钢板，板密度为 $7900\mathrm{kg/m^3}$，弹性模量为 $2.1 \times 10^{11}\mathrm{N/m^2}$，试分析该正弦波纹钢板的吻合频率是多少？（波纹钢板劲度比为10，声速为340m/s）【2012-2-79】

(A) 3534Hz (B) 1118Hz
(C) 3182Hz (D) 7511Hz

解：

根据《噪声与振动控制工程手册》P257 公式 5.1-3，有：

平板的吻合频率 $f_c = \dfrac{c^2}{2\pi t}\sqrt{\dfrac{12\rho}{E}} = \dfrac{340^2}{2\pi \times 3.5 \times 10^{-3}} \times \sqrt{\dfrac{12 \times 7900}{2.1 \times 10^{11}}} = 3532\mathrm{Hz}$；

根据《噪声与振动控制工程手册》P262 公式 5.1-17 有：

波纹板的吻合频率 $f_{c(\text{刚})} = f_{c(\text{平})} \times \dfrac{1}{\sqrt{\text{劲度比}}} = 3532 \times \dfrac{1}{\sqrt{10}} = 1117\mathrm{Hz}$。

答案选【B】。

12. 某 10cm 厚混凝土墙体,密度为 2300kg/m³,该墙体 1000Hz 对应的隔声量是多少?(无规入射声波条件下)【2013-2-85】

(A) 65dB (B) 51dB
(C) 60dB (D) 46dB

解:

根据《教材(第二册)》P436 公式 5-2-22,有:

$R = 14.5 \lg mf - 26 = 14.5 \lg \frac{2300}{10} \times 1000 - 26 = 51.7 \text{dB}$。

答案选【B】。

5.2.2 双层壁

※知识点总结

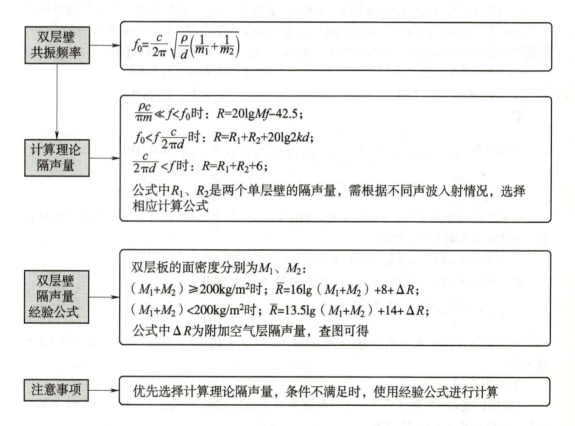

※ 真 题

1. 双层薄板隔声构件由 0.7mm 钢板、空腔和 1.0mm 铝板组成。拟采取以下的措施提高双层隔声构件性能,请指出哪一种措施无效甚至有可能降低双层隔声构件的隔声性能?【2007-1-89】

(A) 在空腔内填充离心玻璃棉

(B) 在钢板铝板内表面粘贴或涂覆阻尼材料
(C) 在 0.75mm 钢板和 1.0mm 铝板之间较多地设置连接骨架
(D) 适当增大空腔厚度

解：
选项 A，根据《噪声与振动控制工程手册》P269，可知在空气层内填放多孔吸声材料可提高隔声量，故 A 有效；
选项 B，根据《噪声与振动控制工程手册》P268，可知在龙骨与板之间加弹性材料（涂覆阻尼材料）可减少声桥效应，故 B 有效；
选项 C，根据《噪声与振动控制工程手册》P268，可知在双层构造的两层板间若有刚性连接时会产生声桥效应，隔声量下降，故 C 降低；
选项 D，根据《噪声与振动控制工程手册》P268 图 5.1 - 17，可知 D 有效。
答案选【C】。

2. 双层隔声构件由 1.0mm 钢板、100mm 空腔及 2.0mm 铝板组成，该双层隔声结构的共振频率和 125Hz 的隔声量分别是多少？（假设是正入射条件，钢板的密度为 $7850kg/m^3$，铝板的密度为 $2700kg/m^3$，空气密度 $1.12kg/m^3$，空气中声速 $344m/s$）【2007 - 2 - 84】

(A) 321.7Hz；22.2dB (B) 204.9Hz；22.2dB
(C) 97.8Hz；25.1dB (D) 102.3Hz；24.6dB

解：

共振频率：$f_0 = \dfrac{c}{2\pi}\sqrt{\dfrac{\rho}{d}\left(\dfrac{1}{m_1}+\dfrac{1}{m_2}\right)} = \dfrac{344}{2\pi}\sqrt{\dfrac{1.12}{0.1}\left(\dfrac{1}{7.85}+\dfrac{1}{5.4}\right)} = 102.4Hz$；

$\dfrac{c}{2\pi d} = \dfrac{344}{2\pi \times 0.1} = 547.5Hz$，$f = 125Hz$，所以 $f_0 < f < \dfrac{c}{2\pi d}$，

因此双层壁隔声量为：$R = R_1 + R_2 + 20\lg 2kd$，$R_1$ 和 R_2 分别按两个单层壁质量定律计算，由于是正入射条件，则有：

$R_1 = 20\lg mf - 42.5 = 20\lg(7.85 \times 125) - 42.5 = 17.33dB$；
$R_2 = 20\lg mf - 42.5 = 20\lg(5.4 \times 125) - 42.5 = 14.08dB$；

波数：$k = \dfrac{2\pi}{\lambda} = \dfrac{2\pi f}{c} = \dfrac{2\pi \times 125}{344} = 2.28$；

双层壁隔声量：$R = R_1 + R_2 + 20\lg 2kd = 17.33 + 14.08 + 20\lg(2 \times 2.28 \times 0.1) = 24.6dB$。

答案选【D】。

【解析】（1）参见《噪声与振动控制工程手册》P267 公式 5.1 - 18，《教材（第二册）》P440 公式 5 - 2 - 27 有误；

（2）波数 k，参见《环境工程手册环境噪声控制卷》P23；

（3）正入射时单层壁隔声量，参见《教材（第二册）》P435 公式 5 - 2 - 19。

3. 长 6.5m、高 3.2m 的隔墙采用双层隔声结构建造，双层隔声结构为 $2mm \times 12mm$ 纸面石膏板 + 150mm 空腔 + $2mm \times 12mm$ 纸面石膏板。隔墙上有一扇 $2.0m \times 0.8m$ 的隔声

门，其平均隔声量为 42.8dB，另有一扇 2.0m×0.8m 的双层玻璃隔声窗，其平均隔声量为 46.3dB，问这一隔墙的总平均隔声量（100Hz~3150Hz）是多少？（石膏板密度为 875kg/m³）【2009-1-98】

(A) 46.4dB (B) 49.2dB
(C) 48.5dB (D) 50.0dB

解：

$S_门 = 2 \times 0.8 = 1.6 \text{m}^2$，$S_窗 = 2 \times 0.8 = 1.6 \text{m}^2$，$S_墙 = 6.5 \times 3.2 - 1.6 - 1.6 = 17.6 \text{m}^2$；

石膏板面密度：$M = \dfrac{875}{1000} \times 12 \times 2 = 21 \text{kg/m}^2$；

因 $(M+M) = 42 \text{kg/m}^2 < 200 \text{kg/m}^2$，有：

$R_墙 = 13.5\lg(2M) + 14 + \Delta R = 13.5\lg 42 + 14 + 14 = 49.9\text{dB}$；

墙体总隔声量：

$R_总 = 10\lg \dfrac{S_总}{S_门 \tau_门 + S_窗 \tau_窗 + S_墙 \tau_墙} = 10\lg \dfrac{6.5 \times 3.2}{1.6 \times 10^{-4.28} + 1.6 \times 10^{-4.63} + 17.6 \times 10^{-4.99}} = 48.4\text{dB}$。

答案选【C】。

【解析】 双层板构造隔声量计算经验公式，参见《噪声与振动控制工程手册》P268 公式 5.1-21。

4. 轻钢龙骨及多层纸面石膏板建造的轻质双层隔声构件是高级宾馆常用的客房隔墙，在双层石膏板中间的空腔内充填玻璃棉板或矿棉板吸声材料，可以提高双层隔声结构的隔声量，请问充填吸声材料的隔墙隔声量可以提高多少？【2009-2-80】

(A) 0dB (B) 15dB
(C) 20dB (D) 5dB

解：

根据《噪声与振动控制工程手册》P269 可知，在空气层内填放多孔性吸声材料，如矿棉、玻璃纤维之类，对轻钢龙骨双层板可提高 5dB，对木龙骨可提高 8dB。

答案选【D】。

5. 双层纸面石膏板隔声构件见附图所示。图中 $a = b = 12\text{mm}$，$d = 120\text{mm}$，单层 12mm 石膏板的面密度为 8.8kg/m^2，则隔声构件在 250Hz 的隔声量是多少？【2010-1-92】

(A) 40.3dB (B) 28.3dB
(C) 42.8dB (D) 45.1dB

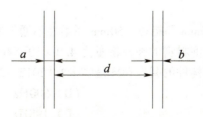

解：

共振频率：$f_0 = \dfrac{c}{2\pi}\sqrt{\dfrac{\rho}{d}\left(\dfrac{1}{m_1}+\dfrac{1}{m_2}\right)} = \dfrac{340}{2\pi}\sqrt{\dfrac{1.29}{0.12}\left(\dfrac{1}{8.8}+\dfrac{1}{8.8}\right)} = 81\,\text{Hz}$；

$\dfrac{c}{2\pi d} = \dfrac{340}{2\pi \times 0.12} = 451\,\text{Hz}$；$f = 250\,\text{Hz}$；所以 $f_0 < f < \dfrac{c}{2\pi d}$，

因此双层壁隔声量为：$R = R_1 + R_2 + 20\lg 2kd$，$R_1$ 和 R_2 分别按两个单层壁质量定律计算，选用实际隔声量经验公式，则有：

$R_1 = R_2 = 14.5\lg mf - 26 = 14.5\lg(8.8 \times 250) - 26 = 22.5\,\text{dB}$；

波数：$k = \dfrac{2\pi}{\lambda} = \dfrac{2\pi f}{c} = \dfrac{2\pi \times 250}{340} = 4.6$；

隔声构件隔声量：$R = R_1 + R_2 + 20\lg 2kd = 22.5 + 22.5 + 20\lg(2 \times 4.6 \times 0.12) = 45.9\,\text{dB}$。

答案选【D】。

【解析】 (1) 参见《噪声与振动控制工程手册》P267 公式 5.1-18，《教材（第二册）》P440 公式 5-2-27 有误；

(2) 波数 k 参见《环境工程手册环境噪声控制卷》P23；

(3) 正入射时单层壁隔声量，参见《教材（第二册）》P435 公式 5-2-19。

6. 宾馆客房隔墙所采用的双层纸面石膏板的隔声构件如图所示，图中 $a = 2 \times 12\,\text{mm}$，$b = 2 \times 12\,\text{mm}$，$d = 200\,\text{mm}$，单层 12mm 石膏板的面密度为 $8.8\,\text{kg/m}^2$，则此双层隔声构件的共振频率是多少？（声速取 344m/s）【2011-1-80】

(A) 205.2Hz (B) 4.4Hz
(C) 102.6Hz (D) 44.5Hz

解：

共振频率：$f_0 = \dfrac{c}{2\pi}\sqrt{\dfrac{\rho}{d}\left(\dfrac{1}{m_1}+\dfrac{1}{m_2}\right)} = \dfrac{344}{2\pi}\sqrt{\dfrac{1.29}{0.2}\left(\dfrac{1}{8.8 \times 2}+\dfrac{1}{8.8 \times 2}\right)} = 46.9\,\text{Hz}$。

答案选【D】。

【解析】 参见《噪声与振动控制工程手册》P267 公式 5.1-18，《教材（第二册）》P440 公式 5-2-27 有误。

7. 某弹性夹芯板由 1.0mm 厚铝板、50mm 厚柔性不通气发泡材料和 2.0mm 厚铝板结合而成。假设柔性不通气发泡材料的弹性模量为 $4.0 \times 10^6\,\text{N/m}^2$，铝板密度为 $2700\,\text{kg/m}^3$，试求该弹性夹芯板双层隔声构件的共振频率是多少？【2012-2-76】

(A) 106Hz (B) 500Hz
(C) 1642Hz (D) 198Hz

解：

1mm 厚铝板面密度为：$M_1 = \dfrac{2700}{1000} = 2.7 \text{kg/m}^2$；

2mm 厚铝板面密度为：$M_2 = 2.7 \times 2 = 5.4 \text{kg/m}^2$；

共振频率：$f_0 = \dfrac{1}{2\pi}\sqrt{\left(\dfrac{1}{M_1} + \dfrac{1}{M_2}\right)\dfrac{E}{b}} = \dfrac{1}{2\pi}\sqrt{\left(\dfrac{1}{2.7} + \dfrac{1}{5.4}\right)\dfrac{4 \times 10^6}{5}} = 106 \text{Hz}$。

答案选【A】。

【解析】 参见《噪声与振动控制工程手册》P271 表 5.1-11 序号 7 中公式，公式中 b 的单位为 cm。

8. 已知 120mm 厚石膏墙体的吻合频率为 420Hz，问下列哪种墙体的吻合频率不在 1/3 倍频程隔声量计算计权隔声量时的测量频率范围内？【2013-2-83】

（A）240mm 厚石膏墙体
（B）180mm 厚石膏墙体
（C）双层 24mm 厚石膏板墙，两层石膏板中间填充 50mm 玻璃棉
（D）双层 12mm 厚石膏板墙，两层石膏板中间填充 50mm 玻璃棉

解：

根据《建筑隔声评价标准》（GB/T 50121—2005）3.2 节和 3.3 节中的方法，根据建筑构件在 100Hz~3150Hz 中心频率范围内各 1/3 倍频程（或 125Hz~2000Hz 中心频率范围内各 1/1 倍频程）的隔声量得出计权隔声量；所以墙的吻合频率要在 100Hz~3150Hz 范围内；根据《噪声与振动控制工程手册》P257 公式 5.1-3 有：$f_c = \dfrac{c^2}{2\pi t}\sqrt{\dfrac{12\rho}{E}}$，对同一种材料的墙体，其 ρ、E 相同，临界频率 f_c 与墙体厚度 t 成反比；

选项 A，$f_c = \dfrac{120}{240} \times 420 = 210 \text{Hz}$；选项 B，$f_c = \dfrac{120}{180} \times 420 = 280 \text{Hz}$；

根据《噪声与振动控制工程手册》P267，双层板结构也会产生吻合效应，它的临界频率取决于两层板各自的临界频率，当两层板由相同材料构成，且 $M_1 = M_2$ 时，两个临界频率相同，使得吻合低谷凹陷加深，由此可知：

选项 C，$f_c = \dfrac{120}{24} \times 420 = 2100 \text{Hz}$；选项 D，$f_c = \dfrac{120}{12} \times 420 = 4200 \text{Hz}$；

选项 D 墙体的吻合频率不在 100Hz~3150Hz 范围内。

答案选【D】。

9. 一幢办公楼 6 层楼面的空调机房和会议室毗邻，空调机房内的噪声级为 82dB（A），会议室要求噪声低于 45dB（A），由于楼面楼板的承重限制，空调机房和会议室之间的隔墙不允许采用砖墙等重型隔墙，请选用以下最合适的轻质隔墙。（钢板、铝板、纸面石膏板的密度分别 7850kg/m³、2700kg/m³、733kg/m³）【2014-2-77】

（A）采用 2×12mm 纸面石膏板
（B）采用 2mm 钢板

(C) 采用 $2 \times 12\text{mm}$ 纸面石膏板 $+80\text{mm}$ 空气层 $+2 \times 12\text{mm}$ 纸面石膏板的双层隔声结构

(D) 采用 0.5mm 钢板 $+50\text{mm}$ 空气层 $+1.5\text{mm}$ 铝板的双层隔声结构

解：

轻质隔墙需要的隔声量为：$82 - 45 = 37\text{dB}$；

选项 A，$2 \times 12\text{mm}$ 纸面石膏板面密度为 $\dfrac{733}{1000} \times 12 \times 2 = 17.6 < 200\text{kg/m}^2$，所以平均隔声量：

$\overline{R} = 13.5\lg M + 14 = 13.5\lg 17.6 + 14 = 30.8 < 37\text{dB}$，故 A 不合适；

选项 B，2mm 钢板面密度为 $\dfrac{7850}{1000} \times 2 = 15.7 < 200\text{kg/m}^2$，所以平均隔声量：

$\overline{R} = 14.5\lg M + 10 = 14.5\lg 15.7 + 10 = 27.3 < 37\text{dB}$，故 B 不合适；

选项 C，$2 \times 12\text{mm}$ 纸面石膏板面密度为 $\dfrac{733}{1000} \times 12 \times 2 = 17.6\text{kg/m}^2$，

$17.6 + 17.6 = 35.2 < 200\text{kg/m}^2$，所以平均隔声量：

$\overline{R} = 13.5\lg(M_1 + M_2) + 14 + \Delta R = 13.5\lg(17.6 + 17.6) + 14 + 10.2 = 45.1 > 37\text{dB}$，故 C 合适；

选项 D，0.5mm 钢板面密度为 $\dfrac{7850}{1000} \times 0.5 = 3.93\text{kg/m}^2$，$1.5\text{mm}$ 铝板面密度为 $\dfrac{2700}{1000} \times 1.5 = 4.05\text{kg/m}^2$，$3.93 + 4.05 = 7.98 < 200\text{kg/m}^2$，所以平均隔声量：

$\overline{R} = 13.5\lg(M_1 + M_2) + 14 + \Delta R = 13.5\lg(3.93 + 4.05) + 14 + 9 = 35.2 < 37\text{dB}$，故 D 不合适。

答案选【C】。

【解析】（1）单层板隔声参见《教材》P436 公式 5-2-23；

（2）双层板隔声参见《噪声与振动控制工程手册》P268 公式 5.1-21。

10. 计算由 1.5mm 厚钢板、200mm 厚空气层、1.5mm 厚钢板所组成的双层隔声构件的共振频率。（钢板体积密度为 7850kg/m^3、空气层体积密度为 1.16kg/m^3、声速为 344m/s）
【2014-2-80】

(A) 63.4Hz (B) 54.3Hz

(C) 24.3Hz (D) 94.1Hz

解：

根据《噪声与振动控制工程手册》P267 公式 5.1-18，有：

共振频率 $f_0 = \dfrac{1}{2\pi}\sqrt{\dfrac{\rho c^2}{d}\left(\dfrac{1}{M_1} + \dfrac{1}{M_2}\right)} = \dfrac{1}{2\pi}\sqrt{\dfrac{1.16 \times 340^2}{0.2} \times \left(\dfrac{1}{11.775} + \dfrac{1}{11.775}\right)} = 53.7\text{Hz}$。

答案选【B】。

5.2.3 组合间壁

※知识点总结

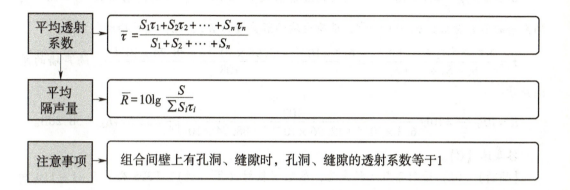

※ 真 题

1. 一堵砖墙长 12m、高 4.5m、厚度为 240mm，墙上有 1 扇 2.4m×2.4m 的隔声门，有 2 扇 2.4m×1.8m 的隔声窗，砖墙、门、窗的透射系数分别为 $1.5×10^{-5}$、$3.16×10^{-3}$、$1.59×10^{-3}$，这堵组合墙的综合隔声量多少 dB？【2007-1-90】

(A) 31.6 (B) 48.0
(C) 32.2 (D) 33.7

解：

$S_{门} = 2.4 × 2.4 = 5.76 m^2$；$S_{窗} = 2 × 2.4 × 1.8 = 8.64 m^2$；$S_{总} = 12 × 4.5 = 54 m^2$；

$S_{墙} = S_{总} - S_{门} - S_{窗} = 54 - 5.76 - 8.64 = 39.6 m^2$，组合墙的透射系数：

$$\bar{\tau} = \frac{39.6 × 1.5 × 10^{-5} + 5.76 × 3.16 × 10^{-3} + 8.64 × 1.59 × 10^{-3}}{54} = 6.02 × 10^{-4};$$

组合墙的平均隔声量：$\bar{R} = 10\lg\frac{1}{\bar{\tau}} = 10\lg\frac{1}{6.02 × 10^{-4}} = 32.2 dB$。

答案选【C】。

【解析】 根据《教材（第二册）》P448，可知组合间壁隔声公式 5-2-32：$\bar{\tau} = \frac{S_1\bar{\tau}_1 + S_2\bar{\tau}_2 + \cdots + S_n\bar{\tau}_n}{S_1 + S_2 + \cdots + S_n}$；$\bar{R} = 10\lg\frac{1}{\bar{\tau}}$。

2. 一堵隔声墙长 18.0m、高 6.0m，采用一定厚度的砌块，墙上有 2 扇 1.5m×2.1m 的隔声门，有 3 扇 2.4m×1.8m 的隔声窗，隔声门和隔声窗的平均隔声量分别为 30dB 和 25dB，隔声墙的总隔声量为 32.5dB，试计算砌块墙的平均隔声量是多少 dB？【2008-1-84】

(A) 33.8dB (B) 42.5dB
(C) 38.2dB (D) 32.5dB

解：

$S_{门} = 2 \times 1.5 \times 2.1 = 6.3 \text{m}^2$；$S_{窗} = 3 \times 2.4 \times 1.8 = 12.96 \text{m}^2$；$S_{墙} = 18 \times 6 - 6.3 - 12.96 = 88.74 \text{m}^2$；

由 $R = 10\lg \dfrac{1}{\tau} \Rightarrow \tau = 10^{-0.1R}$，则门的透射系数 $\tau_{门} = 10^{-3.0}$，窗的透射系数 $\tau_{窗} = 10^{-2.5}$，隔声墙的总透射系数 $\tau_{墙} = 10^{-3.25}$，设砌块墙的隔声量为 $R_{墙}$，隔声墙平均透射系数：

$\bar{\tau} = \dfrac{S_1\tau_1 + S_2\tau_2 + \cdots + S_n\tau_n}{S_1 + S_2 + \cdots + S_n} = \dfrac{6.3 \times 10^{-3} + 12.96 \times 10^{-2.5} + 88.74 \times 10^{-R_{墙}}}{108}$；隔声墙的总隔声量：

$\bar{R} = 10\lg \dfrac{1}{\bar{\tau}} = 10\lg \dfrac{108}{6.3 \times 10^{-3} + 12.96 \times 10^{-2.5} + 88.74 \times 10^{-R_{墙}}} = 32.5 \Rightarrow R_{墙} = 38.2 \text{dB}$。

答案选【C】。

【解析】（1）透射系数及隔声量，参见《教材（第二册）》P395 公式 5-1-110 和公式 5-1-111；

（2）组合间壁隔声，参见《教材（第二册）》P448 公式 5-2-32。

[3、4、5 题共用此题干] 在一间房屋内设置一台 800kW 的柴油发电机组，柴油发电机组的噪声级 105dB（A），拟把房屋的一端隔为一个隔声控制室，其室内的噪声级需低于 70dB（A），现用隔声墙把控制室和柴油发电机组隔开，隔声墙上需设置一扇 1000mm × 2000mm 的隔声门和一扇 1500mm × 1200mm 的隔声观察窗。

3. 下列哪一种墙体结构符合隔声设计要求？【2008-2-89】

(A) 0.5mm 钢板、50mm 空腔、0.5mm 钢板

(B) 240mm 砌块（砌块的密度为 2500kg/m³）

(C) 12mm 石膏板、50mm 空腔、12mm 石膏板（石膏板的体积密度为 800kg/m³）

(D) 12mm 压力水泥纤维板、10mm 压力水泥纤维板（压力水泥纤维板的密度为 1500kg/m³）

解：

选项 A，根据《噪声与振动控制工程手册》P268 公式 5.1-21，可知：

$\bar{R} = 13.5\lg(M_1 + M_2) + 14 + \Delta R = 13.5\lg(3.925 + 3.925) + 14 + 8 = 34 \text{dB}$；

选项 B，根据《噪声与振动控制工程手册》P259 公式 5.1-10，可知：

$\bar{R} = 16\lg M + 8 = 16\lg 600 + 8 = 52.5 \text{dB}$；

选项 C，根据《噪声与振动控制工程手册》P268 公式 5.1-21，可知：

$\bar{R} = 13.5\lg(M_1 + M_2) + 14 + \Delta R = 13.5\lg(9.6 + 9.6) + 14 + 8 = 39.3 \text{dB}$；

选项 D，根据《噪声与振动控制工程手册》P268 公式 5.1-21，可知：

$\bar{R} = 13.5\lg M + 14 = 13.5\lg(18 + 15) + 14 = 34.5 \text{dB}$；

选项 B，墙体隔声量最大。

答案选【B】。

4. 隔声墙中的隔声门和隔声观察窗的平均隔声量应按照下列哪种方法设计？【2008-2-90】

(A) 隔声量大于35dB

(B) 隔声量大于隔声墙墙体的平均隔声量

(C) 采用"等透射量"的设计计算方法，分别计算隔声门和隔声观察窗的平均隔声量

(D) 设计隔声量与砌块相同的隔声门和隔声观察窗

解：

根据《噪声与振动控制工程手册》P359，可知在设计组合隔声构件时，应使各构件的透声量相接近，即应遵循"等透射原则"。

答案选【C】。

5. 若隔声墙的总面积为48m²，墙体的平均隔声量为40dB，当设计的隔声门和隔声窗的隔声量相同时，隔声门的平均隔声量应至少大于多少？【2008-2-91】

(A) 26.6dB　　　　　　　　　　(B) 32.5dB

(C) 30.4dB　　　　　　　　　　(D) 29.3dB

解：

门、窗总面积：$S_1 = 1 \times 2 + 1.5 \times 1.2 = 3.8 \text{m}^2$；墙体的面积：$S_2 = 48 - 3.8 = 44.2 \text{m}^2$；墙体的透射系数 $\tau_2 = 10^{-0.1R} = 10^{-4}$；设门窗透射系数为 τ_1，根据等透射原则有：$\tau_1 S_1 = \tau_2 S_2 \Rightarrow \tau_1 = \dfrac{\tau_2 S_2}{S_1} = \dfrac{10^{-4} \times 44.2}{3.8} = 11.6 \times 10^{-4}$；

门窗隔声量：$R = 10\lg\dfrac{1}{\tau} = 10\lg\dfrac{1}{11.6 \times 10^{-4}} = 29.35 \text{dB}$，因门、窗隔声量相同，所以门的隔声量为29.3dB。

答案选【D】。

【解析】 参见《噪声与振动控制工程手册》P358 中之不同构件的组合隔声量及公式5.1-28、5.1-29。

6. 某车间（其南立面见附图）墙体的隔声量为43dB，外窗的隔声量为15dB，门的隔声量为18dB。问在门窗都关闭的情况下，车间南立面墙体的综合隔声量为多少？【2009-1-88】

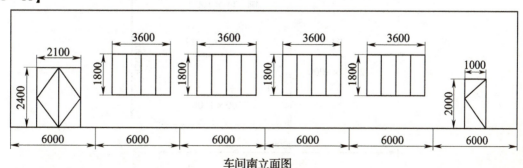

车间南立面图

(A) 25dB (B) 38dB
(C) 23dB (D) 15dB

解：
$S_{总} = 36 \times 5 = 180 \text{m}^2$；$S_{窗} = 3.6 \times 1.8 \times 4 = 25.92 \text{m}^2$；$S_{门} = 2.1 \times 2.4 + 1 \times 2.1 = 7.14 \text{m}^2$；
$S_{墙} = 180 - 25.92 - 7.14 = 146.94 \text{m}^2$；

总的透射系数：

$\tau = \dfrac{S_{墙}\tau_{墙} + S_{窗}\tau_{窗} + S_{门}\tau_{门}}{S_{总}} = \dfrac{146.94 \times 10^{-4.3} + 25.92 \times 10^{-1.5} + 7.14 \times 10^{-1.8}}{180} = 5.22 \times 10^{-3}$；

综合隔声量：$R = 10 \lg \dfrac{1}{\tau} = 10 \lg \dfrac{1}{5.22 \times 10^{-3}} = 22.8 \text{dB}$。

答案选【C】。

【解析】 组合间壁隔声，参考《教材（第二册）》P448 公式 5-2-32。

7. 面积为 10m² 的墙上有面积分别为 2m² 和 1m² 的门窗各一扇，墙隔声量 54dB，门的隔声量 30dB，窗的隔声量 20dB，综合隔声量为多少？【2009-2-86】

(A) 29.2dB (B) 34.7dB
(C) 45.8dB (D) 16.6dB

解：
根据组合间壁隔声，参见《教材（第二册）》P448 公式 5-2-32，有：

平均透射系数 $\bar{\tau} = \dfrac{S_1\tau_1 + S_1\tau_1 + \cdots + S_n\tau_n}{S_1 + S_2 + \cdots + S_n} = \dfrac{7 \times 10^{-5.4} + 2 \times 10^{-3} + 1 \times 10^{-2}}{10} = 1.2 \times 10^{-3}$；

综合隔声量 $\bar{R} = 10 \lg \dfrac{1}{\tau} = 10 \lg \dfrac{1}{1.2 \times 10^{-3}} = 29.2 \text{dB}$。

答案选【A】。

8. 一组合隔声墙的立面图如下，墙体是 120mm 厚砌墙，有 200mm×100mm 洞口，门窗都是隔声门窗。砌墙、隔声门以及隔声窗的平均隔声量分别为 41dB、32dB 和 28dB，此隔声墙的整体隔声量是多少？【2010-2-77】

(A) 25.3dB (B) 38.0dB
(C) 31.3dB (D) 30.5dB

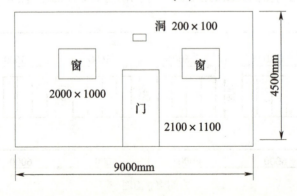

解：

$S_{总} = 9 \times 4.5 = 40.5 \text{m}^2$；$S_{窗} = 2 \times 2 \times 1 = 4 \text{m}^2$；$S_{门} = 2.1 \times 1.1 = 2.31 \text{m}^2$；

$S_{洞} = 0.2 \times 0.1 = 0.02 \text{m}^2$；$S_{墙} = 40.5 - 4 - 2.31 - 0.02 = 34.17 \text{m}^2$；

总的透射系数：

$$\tau = \frac{S_{墙}\tau_{墙} + S_{窗}\tau_{窗} + S_{门}\tau_{门} + S_{洞}\tau_{洞}}{S_{总}} = \frac{34.17 \times 10^{-4.1} + 4 \times 10^{-2.8} + 2.31 \times 10^{-3.2} + 0.02 \times 10^{-0}}{40.5} = 7.53 \times 10^{-4}$$

综合隔声量：$R = 10\lg\frac{1}{\tau} = 10\lg\frac{1}{7.53 \times 10^{-4}} = 31.2 \text{dB}$。

答案选【C】。

【解析】 组合间壁隔声，参考《教材（第二册）》P448 公式 5-2-32。

9. 一堵隔声墙的立面见附图，墙体和窗的平均隔声量分别为 45dB 和 32dB，现在窗的上方开两个洞，问开洞后这堵隔声墙的综合隔声量是多少？【2011-1-78】

(A) 25.7dB (B) 29.4dB
(C) 38.5dB (D) 32.0dB

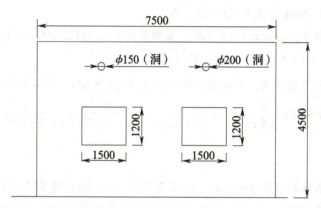

解：

$S_{总} = 7.5 \times 4.5 = 33.75 \text{m}^2$；$S_{窗} = 1.5 \times 1.2 \times 2 = 3.6 \text{m}^2$；$S_{洞} = \pi\left(\frac{0.15}{2}\right)^2 + \pi\left(\frac{0.2}{2}\right)^2 = 0.049 \text{m}^2$；

$S_{墙} = 33.75 - 3.6 - 0.049 = 30.101 \text{m}^2$；

总的透射系数：

$$\tau = \frac{S_{墙}\tau_{墙} + S_{窗}\tau_{窗} + S_{洞}\tau_{洞}}{S_{总}} = \frac{30.101 \times 10^{-4.5} + 3.6 \times 10^{-3.2} + 0.049 \times 10^{-0}}{33.75} = 1.55 \times 10^{-3}$$；

综合隔声量：$R = 10\lg\frac{1}{\tau} = 10\lg\frac{1}{1.55 \times 10^{-3}} = 28.1 \text{dB}$。

答案选【无】。

【解析】 组合间壁隔声，参考《教材（第二册）》P448 公式 5-2-32。

10. 某一隔声墙面积为 17m²，其中门、窗所占面积分别为 2m² 和 3m²，设墙、门、窗的隔声量分别为 50dB、20dB 和 15dB，求该墙的组合隔声量。【2012-2-81】

(A) 21.7dB　　　　　　　　　　(B) 25.8dB
(C) 28.3dB　　　　　　　　　　(D) 48.5dB

解：
根据《教材》P448 公式 5-2-32 及 P395 公式 5-1-111，有：

组合墙隔声量 $\bar{R} = 10\lg \dfrac{S}{\sum S_i \tau_i} = 10\lg \dfrac{17}{12 \times 10^{-5} + 2 \times 10^{-2} + 3 \times 10^{-1.5}} = 21.7\text{dB}$。

答案选【A】。

11. 柴油发电机房内设值班室，值班室外声压级为105dB，值班室与发电机房的共用墙 4.0m×5.0m（宽×高）。采用240mm厚灰砂砌块墙双面抹灰，隔声量50dB。值班室设有1.0m×2.1m（宽×高）的门和1.5m×1.2m（宽×高）的固定观察窗各一樘。已知固定观察窗隔声量为30dB，若值班室内声压级需满足70dB的要求，门的最小隔声量应为多少方能满足？（声压级和隔声量均为500Hz的值）【2012-2-82】

(A) 24dB　　　　　　　　　　(B) 27dB
(C) 30dB　　　　　　　　　　(D) 33dB

解：
根据《教材》P448 公式 5-2-32，有：
已知门的面积 $S_门 = 1 \times 2.1 = 2.1\text{m}^2$；窗的面积：$S_窗 = 1.5 \times 1.2 = 1.8\text{m}^2$；
墙的面积 $S_墙 = 4 \times 5 - 2.1 - 1.8 = 16.1\text{m}^2$。

设门的最小隔声量为 R，共用墙平均隔声量 $\bar{R}$ 应为 $105 - 70 = 35\text{dB}$，有：

门的隔声量 $\bar{R} = 10\lg \dfrac{S}{\sum S_i \tau_i} = 10\lg \dfrac{20}{16.1 \times 10^{-5} + 2.1 \times 10^{-0.1R} + 1.8 \times 10^{-3}} = 35 \Rightarrow R = 26.8\text{dB}$。

答案选【B】。

12. 某隔声墙体长度为3860mm，高度为2500mm，隔声量为45dB，使用一段时间发现墙体开裂有一条2600mm长的缝隙，此时测得隔声量为30dB，试求该缝隙的宽度是多少？【2012-2-84】

(A) 4mm　　　　　　　　　　(B) 9mm
(C) 1mm　　　　　　　　　　(D) 6mm

解：
设缝隙的面积为 S，缝隙的隔声量为0，根据《教材（第二册）》P448 公式 5-2-32，有：

$\bar{R} = 10\lg \dfrac{S}{\sum S_i \tau_i} = 10\lg \dfrac{2.5 \times 3.86}{(2.5 \times 3.86 - S) \times 10^{-4.5} + S \times 10^{-0}} = 30 \Rightarrow S = 9.34 \times 10^{-3}\text{m}^2$；

缝隙宽度为 $\dfrac{9.34 \times 10^{-3}}{2.6} = 3.6 \times 10^{-3}\text{m} = 3.6\text{mm}$。

答案选【A】。

13. 高噪声机房的一外墙面见图示。墙体的隔声量为48dB，门窗的隔声量分别为32dB和28dB。问开门和关门时，外墙的隔声量相差多少？【2012-2-88】

(A) 32dB (B) 22dB
(C) 25dB (D) 17dB

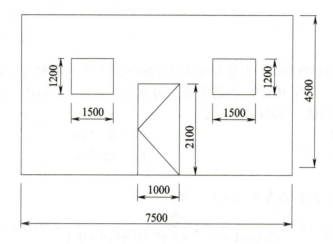

解：

已知门的面积：$S_门 = 1 \times 2.1 = 2.1 \text{m}^2$；窗的面积：$S_窗 = 1.5 \times 1.2 \times 2 = 3.6 \text{m}^2$；

墙的面积：$S_墙 = 7.5 \times 4.5 - 2.1 - 3.6 = 28.05 \text{m}^2$；

开门时，门的隔声量为 0dB；关门时，门的隔声量为 32dB。

根据《教材》P448 公式 5-2-32，有：

开门时外墙平均隔声量 $\overline{R}_开 = 10\lg \dfrac{S}{\sum S_i \tau_i} = 10\lg \dfrac{4.5 \times 7.5}{28.05 \times 10^{-4.8} + 2.1 \times 10^{-0} + 3.6 \times 10^{-2.8}} = 12\text{dB}$；

关门时外墙平均隔声量 $\overline{R}_关 = 10\lg \dfrac{S}{\sum S_i \tau_i} = 10\lg \dfrac{4.5 \times 7.5}{28.05 \times 10^{-4.8} + 2.1 \times 10^{-3.2} + 3.6 \times 10^{-2.8}} = 36.5\text{dB}$；

开关门时外墙隔声量差值为：$\overline{R}_关 - \overline{R}_开 = 36.5 - 12 = 24.5\text{dB}$。

答案选【C】。

14. 一堵隔声墙长 15.0m、高 6.0m，墙上有一 3600mm×4000mm 的隔声门，有 2 扇 3600mm×2400mm 的隔声窗，其余部分为砖墙，砖墙的隔声量为 43.3dB，隔声窗的隔声量为 25dB，若要求这堵隔声墙的组合隔声量不低于 30.6dB，则隔声门的隔声量最小为多少？（按 500Hz 计算）【2014-2-76】

(A) 30.6dB (B) 28.4dB
(C) 23.5dB (D) 34.2dB

解：

墙的总面积：$S = 15 \times 6 = 90 \text{m}^2$；门的面积：$S_门 = 3.6 \times 4 = 14.4 \text{m}^2$；

窗的面积：$S_窗 = 3.6 \times 2.4 \times 2 = 17.28 \text{m}^2$；砖墙面积：$S_墙 = 90 - 14.4 - 17.28 = 58.32 \text{m}^2$。

设门的隔声量为 R，根据《教材（第二册）》P448 公式 5-2-32，有：

$$\overline{R} = 10\lg\frac{S}{\sum S_i\tau_i} = 10\lg\frac{90}{58.32\times10^{-4.33}+17.28\times10^{-2.5}+14.4\times10^{-0.1R}} = 30.6\text{dB},可得$$

$R = 28.4\text{dB}$。

答案选【B】。

15. 某墙总面积为 20m^2，其中有一面积为 2m^2 的木门与一面积为 0.4m^2 的窗，其余为砖墙。砖墙、门、窗在 1000Hz 的透射系数分别为 1×10^{-5}、0.01、0.1，试求该墙在 1000Hz 的组合隔声量。【2014 - 2 - 81】

(A) 80.0dB (B) 46.2dB
(C) 50.4dB (D) 25.2dB

解：
根据《教材》P448 公式 5 - 2 - 32，有：

$$\overline{R} = 10\lg\frac{S}{\sum S_i\tau_i} = 10\lg\frac{20}{17.6\times1\times10^{-5}+2\times0.01+0.4\times0.1} = 25.2\text{dB}。$$

答案选【D】。

5.2.4 隔声设计模型

※知识点总结

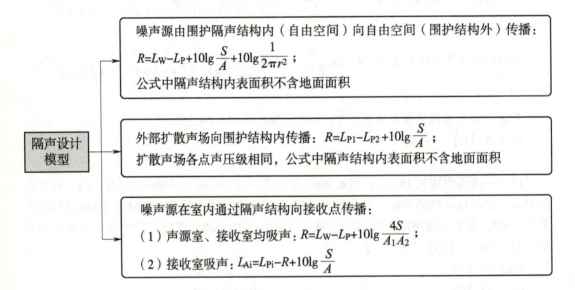

※真　题

1. 在一高噪声车间内造一个隔声间，隔声间长 3.5m、宽 2.5m、高 2.5m，采用轻钢结构的墙体，设置一扇 2.0m×0.8m 的隔声门和 2 扇 1.5m×1.2m 的隔声窗，隔声间设置了吸声顶，其 500Hz 的吸声系数为 0.85，在隔声间设置处测得 500Hz 声压级 92dB，墙体、隔声门及隔声窗在 500Hz 的隔声量分别为 28dB、23dB 和 25dB，问隔声间内 500Hz 的声压

级是多少？（车间视为扩散场）【2009-2-98】

(A) 66.7 (B) 64.5
(C) 72.8 (D) 64.7

解：

根据《教材（第二册）》P451 公式 5-2-36，计算如下：

隔声间透声面积 $S_{总} = 3.5 \times 2.5 \times 1 + (3.5 + 2.5) \times 2.5 \times 2 = 38.75 \text{m}^2$；

门的面积 $S_{门} = 2 \times 0.8 = 1.6 \text{m}^2$；窗的面积 $S_{窗} = 2 \times 1.5 \times 1.2 = 3.6 \text{m}^2$；

隔声墙面积 $S_{墙} = 38.75 - 1.6 - 3.6 = 33.55 \text{m}^2$；

隔声结构平均透射系数：

$$\bar{\tau} = \frac{S_1 \tau_1 + S_2 \tau_2 + \cdots + S_n \tau_n}{S_1 + S_2 + \cdots + S_n} = \frac{33.55 \times 10^{-2.8} + 1.6 \times 10^{-2.3} + 3.6 \times 10^{-2.5}}{38.75} = 1.87 \times 10^{-3};$$

隔声结构隔声量：$R = 10\lg \frac{1}{\bar{\tau}} = 10\lg \frac{1}{1.87 \times 10^{-3}} = 27.3 \text{dB}$；

隔声间内声压级：$L_{P2} = L_{P1} - R + 10\lg \frac{S}{A} = 92 - 27.3 + 10\lg \frac{38.75}{0.85 \times 2.5 \times 3.5} = 71.8 \text{dB}$。

答案选【C】。

【解析】 注意此处隔声结构的透射面积不包括地面面积。

2. 某设备 1000Hz 声功率级为 104dB，采用隔声罩隔声。隔声罩 1000Hz 隔声量为 25dB，罩内 1000Hz 吸声量为 9.5m²。请问距离罩体 15m 处受声点 1000Hz 声压级为多少？【2010-2-91】

(A) 47.5dB (B) 51.0dB
(C) 49.7dB (D) 67.2dB

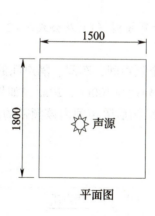
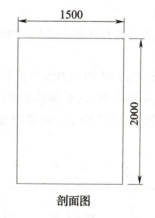

平面图　　　剖面图

解：

隔声结构内表面积：$S = 1.8 \times 1.5 + (1.8 + 1.5) \times 2 \times 2 = 15.9 \text{m}^2$；吸声量：$A = 9.5 \text{m}^2$；
15m 处受声点声压级：

$$R = L_W - L_P + 10\lg \frac{S}{A} + 10\lg \frac{1}{2\pi r^2} = 104 - L_P + 10\lg \frac{15.9}{9.5} + 10\lg \frac{1}{2\pi \times 15^2} = 25 \Rightarrow L_P = 49.7 \text{dB}$$

答案选【C】。

【解析】 （1）噪声源在围护隔声结构内向自由空间传播，参见《教材（第二册）》P451 公式 5-2-34；

（2）噪声在围护结构内无法通过地面向外界传播，因此隔声结构内表面积 S 不含地面面积。

3. 室外一台小型的机器安装了隔声罩，隔声罩的平面和剖面见下图，隔声罩某频带的隔声量为22dB，隔声罩内吸声量为9.5m²，机器在该频带的声功率级为101.3dB，问距离机器中心20m处受声点的声压级为多少？【2011-1-92】

(A) 76.8dB　　　　　　　　　　(B) 49.7dB
(C) 47.5dB　　　　　　　　　　(D) 79.0dB

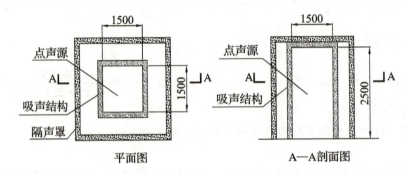

解：

隔声结构内表面积：$S = 1.5 \times 1.5 + 1.5 \times 4 \times 2.5 = 17.25 \text{m}^2$；

$R = L_W - L_P + 10\lg\dfrac{S}{A} + 10\lg\dfrac{1}{2\pi r^2} = 101.3 - L_P + 10\lg\dfrac{17.25}{9.5} + 10\lg\dfrac{1}{2\pi \times 20^2} = 22$

$\Rightarrow L_P = 47.9 \text{dB}$

答案选【C】。

【解析】 参见《教材（第二册）》P451 计算模型（1）及公式 5-2-34。

4. 在一个噪声车间内用隔声墙设置了一个隔声间，车间、隔声间的平面及隔墙的立面见下图。车间内及隔声间内某频带的吸声量分别为100m²、20m²，如果车间和隔声间的吸声量分别再增加50m²和20m²，问增加吸声结构后隔声间内该频带的声压级降低多少？【2011-1-93】

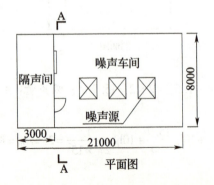

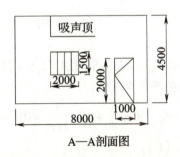

(A) 3.2dB (B) 6.0dB
(C) 2.0dB (D) 4.7dB

解：

增加吸声量前：$R = L_W - L_{P1} + 10\lg\dfrac{4S}{A_1A_2} = L_W - L_{P1} + 10\lg\dfrac{4S}{100\times20}$；

增加吸声量后：$R = L_W - L_{P2} + 10\lg\dfrac{4S}{A_1A_2} = L_W - L_{P2} + 10\lg\dfrac{4S}{150\times40}$；

则 $L_{P2} - L_{P1} = 10\lg\dfrac{150\times40}{100\times20} = 4.77\text{dB}$。

答案选【D】。

【解析】 参见《教材（第二册）》P452 计算模型（5）及公式 5-2-38。

5. 一隔声间位于声压级分别为 100dB 和 95dB 的声场之间（如下图）。隔声间内总吸声量为 35m²，隔声间面向两个声场的墙壁面积为 25m²，隔声量均为 36dB，问隔声间内声压级为多少？（声压级和隔声量均为 1000Hz 的值，不考虑侧向传声）【2012-2-86】

(A) 64dB (B) 69dB
(C) 75dB (D) 85dB

声场1	隔声间	声场2

解：

声场 1 的噪声通过隔墙后在隔声间内声压级为：

$L_{A1} = L_{P1} - R + 10\lg\dfrac{S}{A} = 100 - 36 + 10\lg\dfrac{25}{35} = 62.5\text{dB}$；

声场 2 的噪声通过隔墙后在隔声间内声压级为：

$L_{A2} = L_{P2} - R + 10\lg\dfrac{S}{A} = 95 - 36 + 10\lg\dfrac{25}{35} = 57.5\text{dB}$；

隔声间内，左、右侧噪声叠加后：

$L_{总} = 10\lg(10^{0.1L_{A1}} + 10^{0.1L_{A2}}) = 10\lg(10^{0.1\times62.5} + 10^{0.1\times57.5}) = 63.7\text{dB}$。

答案选【A】。

【解析】 (1) 已知室内噪声声压级隔声间设计，参见《噪声与振动控制工程手册》P381 公式 5.1-49；

(2) 注意隔声结构面积的选取。

6. 已知两个房间的平面布置如下图，房间高度为 4.0m，两个房间分隔墙墙体的隔声量为 50dB；门的高度为 2.2m，隔声量为 35dB；窗的高度为 1.5m，隔声量为 32dB。在房间 1 中有强噪声源，平均声压级为 87dB。房间 2 内吊顶的吸声系数为 0.4，地面的吸声系数为 0.01，门的吸声系数为 0.2，窗的吸声系数为 0.01。若要让房间 2 内平均声压级为

42dB，要求房间 2 内的墙面材料 1000Hz 的吸声系数应为多少？（题中隔声量和吸声系数均为 1000Hz 数值，图中标注尺寸单位为 mm）【2013-1-91】

  (A) 0.4   (B) 0.5
  (C) 0.6   (D) 0.7

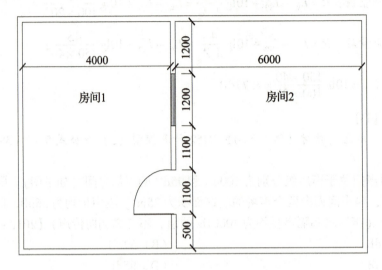

解：
隔墙总面积：$S_{总}=5.1\times4=20.4m^2$；门面积：$S_{门}=1.1\times2.2=2.42m^2$；
窗面积：$S_{窗}=1.5\times1.2=1.8m^2$；隔墙墙体面积：$S_{隔墙}=20.4-2.42-1.8=16.18m^2$；
隔墙的平均隔声量：$\overline{R}=10\lg\dfrac{S}{\sum S_i\tau_i}=10\lg\dfrac{20.4}{16.18\times10^{-5}+2.42\times10^{-3.5}+1.8\times10^{-3.2}}=40dB$；

计算房间 2 的总吸声量 A：

$\overline{R}=L_{P1}-L_{P2}+10\lg\dfrac{S}{A}=87-42+10\lg\dfrac{20.4}{A}=40\Rightarrow A=64.5m^2$；

房间 2 墙面面积：$S_{墙}=6\times4+6\times4+5.1\times4+16.18=84.58m^2$；

因为 $A=S_{顶}a_{顶}+S_{地}a_{地}+S_{门}a_{门}+S_{窗}a_{窗}+S_{墙}a_{墙}=6\times5.1\times0.4+6\times5.1\times0.01+2.42\times0.2+1.8\times0.01+84.58a_{墙}=64.5$

所以 $a_{墙}=0.61$。
答案选【C】。

【解析】 参见《噪声与振动控制工程手册》P381 4-②及公式 5.1-49。

7. 已知两个房间的平面布置如下图，房间高度为 3.5m，墙体的隔声量为 60.0dB，门的高度为 2.2m、隔声量为 40.0dB，窗的高度为 1.5m。在房间 1 中有强噪声源，当其混响时间为 0.6s 时，测得房间内的平均声压级为 95dB，经过吸声降噪处理，将房间 1 的混响时间降低到 0.3s。已知房间 2 的混响时间为 0.3s，若要让房间 2 内平均声压级为 45dB，求窗的隔声量为多少？（图纸标注尺寸单位为 mm，混响时间用赛宾公式计算，隔声量、混响时间、吸声系数和声压级均为 250Hz 数值）【2013-2-76】

  (A) 30.2dB   (B) 33.3dB
  (C) 35.5dB   (D) 38.6dB

5 噪声及振动污染控制实践

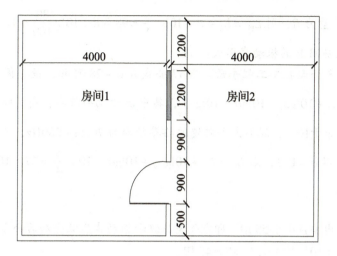

解：

隔墙总面积：$S_\text{总} = 4.7 \times 3.5 = 16.45 \text{m}^2$；门面积：$S_\text{门} = 0.9 \times 2.2 = 1.98 \text{m}^2$；

窗面积：$S_\text{窗} = 1.5 \times 1.2 = 1.8 \text{m}^2$；隔墙墙体面积：$S_\text{隔墙} = 16.45 - 1.98 - 1.8 = 12.67 \text{m}^2$；

房间1吸声处理后的降噪量：$\Delta L = 10\lg\dfrac{T_1}{T_2} = 10\lg\dfrac{0.6}{0.3} = 3\text{dB}$；

房间1吸声处理后的声压级：$L_{P1} = 95 - 3 = 92\text{dB}$；

房间2的总吸声量：$T = \dfrac{0.163V}{A} \Rightarrow A = \dfrac{0.163V}{T} = \dfrac{0.163 \times 4 \times 4.7 \times 3.5}{0.3} = 35.75\text{m}^2$；

隔墙的平均隔声量：

$\bar{R} = L_{P1} - L_{P2} + 10\lg\dfrac{S}{A} = 92 - 45 + 10\lg\dfrac{16.45}{35.75} = 43.6\text{dB}$；

设窗的隔声量为R：

$\bar{R} = 10\lg\dfrac{S}{\sum S_i \tau_i} = 10\lg\dfrac{16.45}{12.67 \times 10^{-6} + 1.98 \times 10^{-4} + 1.8 \times 10^{-0.1R}} = 43.6 \Rightarrow R = 35.5\text{dB}$。

答案选【C】。

【解析】 参见《噪声与振动控制工程手册》P381 4-②及公式5.1-49。

8. 已知房间B位于房间A的正下方，两个房间楼板面积为80m^2。在房间A内的混凝土地板上安装了一台设备，设备运行时房间A内63Hz噪声级为98dB，该设备在楼板上产生的63Hz振动速度级L_V为57dB，房间B内总吸声量为100m^2，若要求在房间B内的噪声小于55dB，问两个房间之间楼板63Hz隔声量至少为多少？【2014-2-82】

(A) 55dB (B) 50dB
(C) 45dB (D) 40dB

解：

房间A传至房间B的空气声压级：

根据《噪声与振动控制工程手册》P381 公式 5.1-49 可知，设房间 B 内空气声压级为 L_{Pk}，楼板隔声量为 R，则 $L_{Pk} = L_A - R + 10\lg \frac{S}{A} = 98 - R + 10\lg \frac{80}{100} = 97 - R$；

房间 A 传至房间 B 的振动声压级：

根据《噪声与振动控制工程手册》P647 公式 8.6-28 可知，设房间 B 内振动声压级为 L_{Pz}，则 $L_{Pz} = L_V + 10\lg S_v + 10\lg \sigma - 10\lg \frac{A}{4}$，其中 σ 为辐射效率，高于临界频率时等于 1，低于临界频率时等于 10^{-1}，混凝土和砖墙的临界频率为 70Hz~200Hz，本题楼板上振动为 $63\text{Hz} < 70\text{Hz}$，所以 $\sigma = 0.1$，则 $L_{Pz} = L_V + 10\lg S_v + 10\lg \sigma - 10\lg \frac{A}{4} = 57 + 10\lg 80 + 10\lg 0.1 - 10\lg \frac{100}{4} = 52\text{dB}$；

要求房间 B 内噪声小于 55dB，即空气声压级和振动声压级叠加后小于 55dB，则：$L_P = 10\lg(10^{0.1 \times (97-R)} + 10^{0.1 \times 52}) = 55 \Rightarrow R = 45\text{dB}$。

答案选【C】。

5.2.5 隔声罩

※ **真 题**

1. 某隔声罩 1000Hz 时的插入损失为 30dB，罩内平均吸声系数为 0.6，求该隔声罩 1000Hz 时的平均隔声量为多少？【2008-1-89】

(A) 30.0dB　　　　　　　　　　(B) 27.8dB
(C) 32.2dB　　　　　　　　　　(D) 47.8dB

解：

根据《教材（第二册）》P453 例题及公式 5-2-39，有：

隔声罩插入损失：$D_{IL} = R + 10\lg(\alpha) \Rightarrow 30 = R + 10\lg 0.6 \Rightarrow R = 32.2\text{dB}$。

答案选【C】。

2. 已知房间内有一噪声源，房间内某点 1000Hz 声压级为 90dB，现要用一个内壁平均吸声系数为 0.3 的隔声罩将噪声源隔绝，若要将房间内该点 1000Hz 声压级降低到 60dB，问隔声罩的隔声量应为多少？【2013-2-84】

(A) 25dB　　　　　　　　　　　(B) 30dB
(C) 35dB　　　　　　　　　　　(D) 40dB

解：

隔声罩的插入损失：$D_{IL} = 90 - 60 = 30\text{dB}$；

根据《教材（第二册）》P453 公式 5-2-39，得出：

隔声罩隔声量 $D_{IL} = R + 10\lg\alpha = R + 10\lg 0.3 = 30 \Rightarrow R = 35.2\text{dB}$。

答案选【C】。

5.2.6 隔声间

※知识点总结

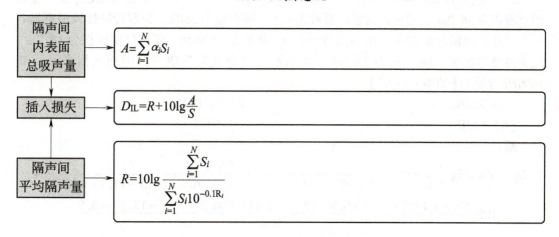

※真 题

1. 某厂水泵车间有6台大型水泵,车间内操作台处噪声为95dB,考虑到声场比较复杂且需保护的人员不多,拟在操作台设置一组合式轻质隔声间,隔声间为水泥地面,面积为12.5m²,平均吸声系数为0.02;顶部设进、排风消声器各一个,总截面积为0.13m²,平均吸声系数为0.9,消声降噪量为34dB;固定式双层玻璃隔声门窗面积为13.7m²,平均吸声系数为0.09,隔声量为35.3dB;4个墙体壁面及顶面剩余总面积为36.2m²,平均吸声系数0.5,隔声量为36dB。试估算该隔声间的综合降噪量是多少?【2008-2-85】

(A) 35.8dB (B) 30.8dB
(C) 31.7dB (D) 40.8dB

解:

隔声间内表面吸声量:

$$A = \sum_{i=1}^{N} \alpha_i S_i = 0.02 \times 12.5 + 0.9 \times 0.13 + 0.09 \times 13.7 + 0.5 \times 36.2$$
$$= 19.7 \text{m}^2;$$

隔声间平均隔声量:

$$R = 10\lg \frac{\sum_{i=1}^{N} S_i}{\sum_{i=1}^{N} S_i 10^{-0.1R_i}} = 10\lg \frac{62.53 - 12.5}{0.13 \times 10^{-3.4} + 13.7 \times 10^{-3.53} + 36.2 \times 10^{-3.6}}$$
$$= 35.8 \text{dB};$$

隔声间综合降噪量:

$$D_{IL} = R + 10\lg \frac{A}{S} = 35.8 + 10\lg \frac{19.7}{62.53 - 12.5} = 31.7 \text{dB}。$$

答案选【C】。

【解析】（1）隔声间计算参见《教材（第二册）》P456 公式 5-2-41；
（2）公式 5-2-41 中 S 应为隔声间的透声面积。

2. 一组合轻质隔声操作间，隔声间地面面积为 12.5m²，吸声系数为 0.02，5 个壁面的总面积为 36.2m²，壁内表面吸声系数为 0.5，隔声量为 36dB；顶部设进排风消声器各一个，总截面积为 0.13m²，吸声系数为 0.9，降噪量为 34dB；隔声门窗面积为 13.7m²，吸声系数为 0.09，隔声量为 35.3dB。试估算该组合式轻质隔声间的插入损失？（按 1000Hz 计算）【2010-2-97】

  (A) 36dB   (B) 30.0dB
  (C) 64dB   (D) 59dB

解：

$$D_{IL} = R + 10\lg\frac{A}{S} = 10\lg\frac{36.2}{0.13\times10^{-3.4} + 13.7\times10^{-3.53} + (36.2-0.13-13.7)\times10^{-3.6}} +$$

$$10\lg\frac{12.5\times0.02 + 0.13\times0.9 + 13.7\times0.09 + (36.2-0.13-13.7)\times0.5}{36.2}$$

$$= 31.2\text{dB}。$$

答案选【B】。

【解析】（1）隔声间设计参见《教材（第二册）》P456 公式 5-2-41；
（2）公式 5-2-41 中 S 应为隔声间的透声面积。

3. 车间设一隔声间，平面图和剖面图如下。隔声间左侧声压级为 97dB，右侧声压级为 95dB。隔声间两侧隔墙的墙体，隔声门及隔声窗的隔声量分别为 45dB、30dB、32dB，隔声间内吸声量为 20m²，问隔声间的声压级是多少？（按 1000Hz 计算）【2010-2-98】

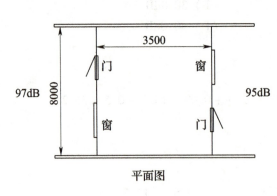

平面图

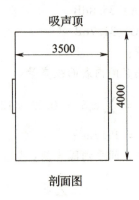

剖面图

  (A) 63dB   (B) 64.2dB
  (C) 58.6dB   (D) 60.3dB

解：

$S_{门} = 1\times2 = 2\text{m}^2$；$S_{窗} = 2.5\times1.2 = 3\text{m}^2$；$S_{墙} = 4\times8 - 3 - 2 = 27\text{m}^2$；

隔墙的综合隔声量：$R = 10\lg\dfrac{32}{27\times10^{-4.5} + 2\times10^{-3} + 3\times10^{-3.2}} = 38.3\text{dB}$；

左侧噪声通过隔墙后，在隔声间内声压级为：

$$L_{A1} = L_{P1} - R + 10\lg \frac{S}{A} = 97 - 38.3 - 10\lg \frac{32}{20} = 60.7 \mathrm{dB};$$

右侧噪声通过隔墙后，在隔声间内声压级为：

$$L_{A2} = L_{P2} - R + 10\lg \frac{S}{A} = 95 - 38.3 - 10\lg \frac{32}{20} = 58.7 \mathrm{dB};$$

隔声间内，左、右侧噪声叠加后：

$$L_{总} = 10\lg\ (10^{0.1L_{A1}} + 10^{0.1L_{A2}}) = 10\lg\ (10^{0.1 \times 60.7} + 10^{0.1 \times 58.7}) = 62.8 \mathrm{dB}。$$

答案选【A】。

【解析】（1）已知室内噪声声压级隔声间设计，参见《噪声与振动控制工程手册》P381 公式 5.1-49；

（2）注意本题隔声结构面积的选取。

4. 一办公室处在某频带噪声为 92.8dB 的环境中，其壁面和门的面积为 $20\mathrm{m}^2$，隔声量为 36dB，内表面吸声系数为 0.9；窗面积为 $16\mathrm{m}^2$，隔声量为 15dB，吸声系数为 0.09。试确定如下哪种改进措施可以使室内该频带噪声降至 60dB？【2011-1-84】

(A) 室内放置吸声体 (B) 窗隔声量提高到 25dB
(C) 墙体隔声量提高到 45dB (D) 窗隔声量提高到 35dB

解：

隔声间插入损失：$D_{IL} = 92.8 - 60 = 32.8 \mathrm{dB}$；

隔声间平均隔声量：

$$D_{IL} = R + 10\lg \frac{A}{S} \Rightarrow R = D_{IL} - 10\lg \frac{A}{S} = 32.8 - 10\lg \frac{20 \times 0.9 + 16 \times 0.09}{36} = 35.5 \mathrm{dB};$$

选项 A、C 条件不足，无法验算；

选项 B，$R = 10\lg \dfrac{\sum_{i=1}^{N} S_i}{\sum_{i=1}^{N} S_i 10^{-0.1R_i}} = 10\lg \dfrac{36}{20 \times 10^{-3.6} + 16 \times 10^{-2.5}} = 28.1 \mathrm{dB}$，不满足；

选项 D，$R = 10\lg \dfrac{\sum_{i=1}^{N} S_i}{\sum_{i=1}^{N} S_i 10^{-0.1R_i}} = 10\lg \dfrac{36}{20 \times 10^{-3.6} + 16 \times 10^{-3.5}} = 35.5 \mathrm{dB}$，满足。

答案选【D】。

【解析】隔声间计算参见《教材（第二册）》P456 公式 5-2-41。

5. 某车间及隔声间如下图所示，在 500Hz 倍频带，隔墙的墙体、隔声门及隔声窗的隔声量分别为 45dB、32dB 及 28dB，车间内平均声压级为 92dB，隔声间内的吸声量为 $20.5\mathrm{m}^2$，则隔声间内在该倍频带的声压级为多少？【2011-1-85】

(A) 54dB (B) 55dB
(C) 57dB (D) 58dB

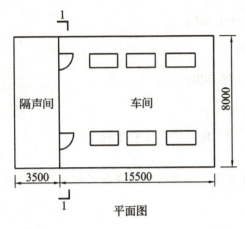

平面图

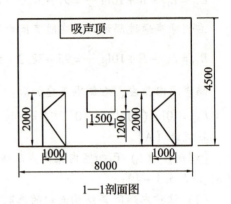

1—1剖面图

解：

$S_{总} = 8 \times 4.5 = 36\text{m}^2$；$S_{门} = 2 \times 1 \times 2 = 4\text{m}^2$；$S_{窗} = 1.5 \times 1.2 = 1.8\text{m}^2$；

$S_{墙} = 36 - 4 - 1.8 = 30.2\text{m}^2$；

隔声间平均隔声量：

$$R = 10\lg \frac{\sum_{i=1}^{N} S_i}{\sum_{i=1}^{N} S_i 10^{-0.1R_i}} = 10\lg \frac{36}{30.2 \times 10^{-4.5} + 4 \times 10^{-3.2} + 1.8 \times 10^{-2.8}} = 37.5\text{dB}$$

隔声间插入损失：$D_{IL} = R + 10\lg \dfrac{A}{S} = 37.5 - 10\lg \dfrac{20.5}{36} = 35.1\text{dB}$；

隔声间内声压级：$L = 92 - 35.1 = 56.9\text{dB}$。

答案选【C】。

【解析】 隔声间计算参见《教材（第二册）》P456 公式 5-2-41。

6. 一个住宅楼住户的卧室邻近街道，卧室的外墙立面见下图，某频带窗的隔声量为32dB，墙体的隔声量为40dB，测得窗外1m处的声压级为72dB，在关窗的情况下测得室内声压级为35dB。问在同样的测试条件下，把窗打开25%面积时，室内该频带的声压级为多少？【2011-1-86】

(A) 49.5dB (B) 54.5dB

(C) 42.0dB (D) 57.9dB

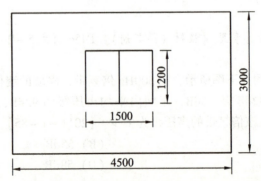

解：

设卧室总吸声量为 A，将此卧室看作隔声间，则临近街道的外墙为隔声结构，关窗时插入损失为：$D_{IL} = R_1 + 10\lg\dfrac{A}{S} = 72 - 35 = 37\text{dB}$；

窗开 25% 时插入损失为：$D_{IL} = R_2 + 10\lg\dfrac{A}{S} = 72 - L_{P2}$；

$$R_1 = 10\lg\dfrac{\sum\limits_{i=1}^{N} S_i}{\sum\limits_{i=1}^{N} S_i 10^{-0.1R_i}} = 10\lg\dfrac{13.5}{11.7 \times 10^{-4} + 1.8 \times 10^{-3.2}} = 37.6\text{dB};$$

$$R_2 = 10\lg\dfrac{\sum\limits_{i=1}^{N} S_i}{\sum\limits_{i=1}^{N} S_i 10^{-0.1R_i}} = 10\lg\dfrac{13.5}{11.7 \times 10^{-4} + 1.8 \times 0.75 \times 10^{-3.2} + 1.8 \times 0.25 \times 10^{-0}}$$

$= 14.8\text{dB}$；

则有 $R_1 - R_2 = L_{P2} - 35$，将 $R_1 = 37.6$，$R_2 = 14.8$ 代入有：

窗开 25% 时室内声压级为 $37.6 - 14.8 = L_{P2} - 35 \Rightarrow L_{P2} = 57.8\text{dB}$。

答案选【D】。

【解析】 隔声间计算参见《教材（第二册）》P456 公式 5-2-41。

7. 某车间内操作台处 1000Hz 频率对应的噪声为 95dB，拟在操作台处设置一隔声间使噪声降到 64dB，围护结构的总面积为 30m²（不含消声器洞口面积），围护结构材料的隔声量为 36dB，顶部设进排风消声器一套，其总面积为 2m²，消声系数为 1.3，消声器周长与截面比为 20，隔声间内表面的总吸声量为 10m²，试确定该隔声间的消声器长度为多少时，隔声间设计最合理（既达标又经济）？【2011-1-88】

(A) 0.6m (B) 1.0m
(C) 1.4m (D) 3.0m

解：

隔声间平均隔声量：$D_{IL} = R + 10\lg\dfrac{A}{S} \Rightarrow 95 - 64 = R + 10\lg\dfrac{10}{30 + 2} \Rightarrow R = 36.1\text{dB}$；

消声器消声量：$R = 10\lg\dfrac{\sum\limits_{i=1}^{N} S_i}{\sum\limits_{i=1}^{N} S_i 10^{-0.1R_i}} = 10\lg\dfrac{32}{30 \times 10^{-3.6} + 2 \times 10^{-0.1\Delta L}} = 36.1\text{dB} \Rightarrow \Delta L = 38\text{dB}$；

消声器长度：$\Delta L = \varphi(\alpha_0)\dfrac{Pl}{S} \Rightarrow l = \dfrac{\Delta L S}{\varphi(\alpha_0) P} = \dfrac{38}{1.3 \times 20} = 1.46\text{m}$。

答案选【C】。

【解析】 (1) 隔声间计算，参见《教材（第二册）》P456 公式 5-2-41；
(2) 管式消声器消声量计算，参见《教材（第二册）》P466 公式 5-2-45。

8. 一个星级酒店的客房邻近街道，客房的外墙为玻璃幕墙结构，幕墙上有一扇窗，立面见附图，幕墙外 1m 处某频带的声压级为 72dB，室内吸声量为 20m²，幕墙的隔声量为 35dB，关窗的情况下室内声压级为 35dB，问该频带窗的隔声量为多少？【2011 - 1 - 89】

  (A) 29.7dB   (B) 27.3dB
  (C) 26.1dB   (D) 28.5dB

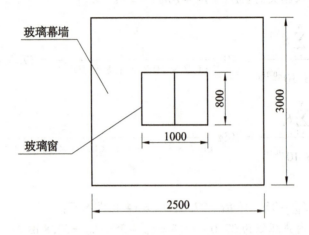

解：
  客房总吸声量 $A = 20\text{m}^2$，隔声结构面积 $S = 2.5 \times 3 = 7.5\text{m}^2$，将此客房看作隔声间，则临近街道的外墙为隔声结构，关窗时插入损失为：$D_{IL} = R + 10\lg\dfrac{20}{7.5} = 72 - 35 \Rightarrow R = 32.7\text{dB}$；

  设窗的隔声量为 $R_窗$：

$$R = 10\lg\dfrac{\sum\limits_{i=1}^{N} S_i}{\sum\limits_{i=1}^{N} S_i 10^{-0.1R_i}} = 10\lg\dfrac{7.5}{6.7 \times 10^{-3.5} + 0.8 \times 10^{-0.1R_窗}} = 32.7 \Rightarrow R_窗 = 26.2\text{dB}。$$

  答案选【C】。

  【解析】 隔声间计算参见《教材（第二册）》P456 公式 5 - 2 - 41。

9. 某车间内操作台处 1000Hz 噪声为 95dB，拟在操作台设置一隔声罩，除地面外隔声 5 个壁面（不含隔声窗和消声器空洞面积）总面积为 36.2m²，吸声系数为 0.5，设计倍频带隔声量 36dB，顶部设进排风消声器各一个，总面积 0.13m²，吸声系数 0.9，设计降噪量 34dB；固定式双层隔声窗面积 13.7m²，吸声系数 0.09，设计隔声量 35.3dB；地面面积 12.5m²，吸声系数 0.02。试估算完成后（即噪声治理后），操作台处噪声为多少？【2011 - 2 - 97】

  (A) 36dB   (B) 31dB
  (C) 64dB   (D) 59dB

解：
  插入损失：$D_{IL} = R + 10\lg\dfrac{A}{S} = 10\lg\dfrac{36.2 + 0.13 + 13.7}{0.13 \times 10^{-3.4} + 13.7 \times 10^{-3.53} + 36.2 \times 10^{-3.6}} +$

$$10\lg\frac{12.5\times0.02+0.13\times0.9+13.7\times0.09+36.2\times0.5}{36.2+0.13+13.7}=31.8\text{dB};$$

操作台噪声为 95 − 31.8 = 63.2dB。

答案选【C】。

【解析】 (1) 隔声间设计参见《教材（第二册）》P456 公式 5 − 2 − 41；
(2) 公式 5 − 2 − 41 中 S 应为隔声间的透声面积。

10. 在某车间长 35m、高 6m 的一面砖墙上，打算设置若干个窗户，该砖墙的隔声量为 52dB，欲设置窗户的面积每个均为 6m²，窗户隔声量均为 21dB。若要求设置窗户后该墙的隔声量至少为 30dB，最多能设置几个窗户？【2013 − 2 − 86】
  (A) 2 个 (B) 4 个
  (C) 6 个 (D) 8 个

解：
设可以设置 n 个窗户，根据《教材（第二册）》P448 公式 5 − 2 − 32，有：

$$\bar{R}=10\lg\frac{S}{\sum S_i\tau_i}=10\lg\frac{35\times6}{(35\times6-6n)\times10^{-5.2}+6n\times10^{-2.1}}=30\Rightarrow n=4.38。$$

若要求该墙的隔声量最少为 30dB，则最多装 4 个窗户。

答案选【B】。

5.2.7 隔声窗

※ 真　题

1. 采用以下哪种方法能最直接有效地控制两层隔声窗由于吻合效应使得隔声量大幅下降的缺陷？【2009 − 1 − 87】
  (A) 采用两层相同厚度的玻璃组合
  (B) 采用两层不同厚度的玻璃组合
  (C) 增大两层隔声窗玻璃间的距离
  (D) 在两层玻璃间四周窗框上设置阻性吸声材料

解：
根据《教材（第二册）》P459 可知，多层窗最好选用厚度不一样的玻璃板，以消除高频吻合效应的影响。

答案选【B】。

2. 一沿街的住户墙外 1m 处测得 500Hz 声压级 69dB，住户房间的外墙面为 4200mm × 3200mm。有一扇 1800mm × 1500mm 的玻璃窗，房间内 500Hz 的吸声总量为 3.5m²，外墙墙体 500Hz 的隔声量 42dB，玻璃窗 500Hz 的隔声量 22dB。在外窗关闭的条件下，住户室内 500Hz 的声压级为多少？【2009 − 2 − 87】
  (A) 40dB (B) 37dB
  (C) 31dB (D) 46dB

解：

隔声窗参见《教材（第二册）》P457 公式 5－2－42，有：

$R = L_1 - L_2 + 10\lg\dfrac{S}{A} \Rightarrow 22 = 69 - L_2 + 10\lg\dfrac{1.8 \times 1.5}{3.5} \Rightarrow L_2 = 45.9\text{dB}$。

答案选【D】。

3. 已知一面高 5.0m、宽 20.0m 的钢筋混凝土组合墙，墙面上有一个面积为 1.9m² 的隔声门和一个 1.8m² 普通双层隔声窗。在 250Hz 时，钢筋混凝土墙的隔声量为 60.0dB，隔声门的隔声量为 40.0dB。问如果要让墙体在 250Hz 时的组合隔声量为 50.0dB，双层隔声窗应采用下列哪种构造？【2013－2－81】

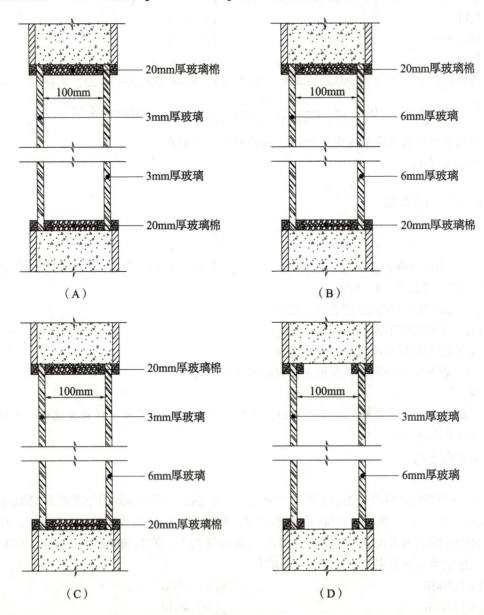

解:

设窗隔声量为 R,有 $\bar{R} = 10\lg \dfrac{S}{\sum S_i \tau_i} = 10\lg \dfrac{20 \times 5}{96.22 \times 10^{-6} + 1.98 \times 10^{-4} + 1.8 \times 10^{-0.1R}} = 50 \Rightarrow R = 34\text{dB}$;

依据《噪声与振动控制工程手册》P353 表 5.1-26 可知,双层玻璃窗 3/100/3 在 250Hz 时隔声量为 34dB。

答案选【A】。

5.2.8 声屏障

※知识点总结

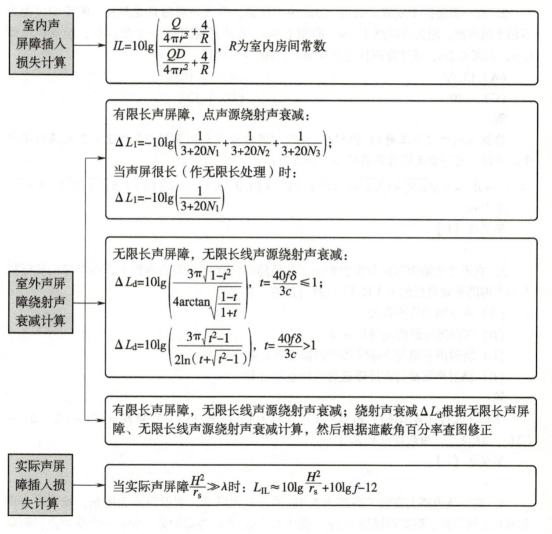

※ 真 题

1. 在地面的点声源和受声点之间,设置有高 H 的声屏障,地面点声源距离声屏障 r_s,

受声点（地面上）在离声屏障 r_R 的地面处，已知 $\frac{H^2}{r_S} \gg 3\lambda$，该声屏障在频率500Hz时的插入损失为18dB，问频率在1000Hz时，插入损失是多少dB？【2007-1-88】

(A) 21dB   (B) 24dB
(C) 12dB   (D) 36dB

解：

依据《环境工程手册环境噪声控制卷》P34 可知，当 $\frac{H^2}{r_S} \gg \lambda$ 时，$L_{IL} \approx 10\lg\frac{H^2}{r_S} + 10\lg f - 12$。由此可知 f 增加一倍，L_{IL} 增加3dB，故1000Hz时插入损失为 $18+3=21$dB。

答案选【A】。

2. 在一条道路上安装了高度3.5m的声屏障，假设声屏障是无限长，噪声源可视为不相干线声源，距离声屏障1.5m，高度0.8m。在声屏障外有一个受声点，距离声屏障12m，高度4.2m，试计算声程差多少m？【2007-1-91】

(A) 13.92   (B) 15.1
(C) 2.70   (D) 1.19

解：

依据《教材（第三册）》P1514《声屏障声学设计和测量规范》4.2.1.2 无限长不相干线声源，可得出无限长声屏障其声程差为：

$\delta = A+B-d = \sqrt{1.5^2+(3.5-0.8)^2}+\sqrt{12^2+(4.2-3.5)^2}-\sqrt{(12+1.5)^2+(4.2-0.8)^2}$
$=1.19$m。

答案选【D】。

3. 在不考虑地面声反射吸收影响及其他障碍物存在影响的前提下，声屏障的实际插入损失即降噪效果近似等于以下哪项？【2007-2-86】

(A) 声屏障的传声损失
(B) 声屏障导致的绕射声衰减
(C) 绕射声衰减与声屏障透射声修正量之差
(D) 绕射声衰减与声屏障透射声修正量之和

解：

依据《教材（第三册）》P1517 图1(a) 和 P1521 式(9)，可知 $IL = \Delta L_d - \Delta L_t - \Delta L_r - (\Delta L_S, \Delta L_G)_{max}$，由此得出 C 正确。

答案选【C】。

4. 在一条道路上安装了高度为3.5m的垂直声屏障，假设声屏无限长，噪声源可视为不相干线声源，距离声屏障1.5m，高为0.8m。在声屏障的另一侧有一个受声点，距离声屏障12m，高度2.2m，试求声程差 δ 及声屏障的A计权绕射声衰减 ΔL_ddB（A）？【2008-2-87】

(A) 13.57m；20dB   (B) 15.16m；20dB

(C) 1.59m；12dB (D) 1.59m；16dB

解：

声程差：$\delta = \sqrt{12^2 + (3.5-2.2)^2} + \sqrt{1.5^2 + (3.5-0.8)^2} + \sqrt{(12+1.5)^2 + (2.2-0.8)^2} = 1.59\text{m}$；

$t = \dfrac{40f\delta}{3c} = \dfrac{40f\delta}{3c} = \dfrac{40 \times 500 \times 1.59}{3 \times 340} = 31.2 > 1$，则

绕射声衰减量：$\Delta L_d = 10\lg\left[\dfrac{3\pi \sqrt{t^2-1}}{2\ln(t+\sqrt{t^2-1})}\right] = 15.5\text{dB}$。

答案选【D】。

【解析】（1）无限长线声源、无限长声屏障，参见《教材（第三册）》P1519 公式（6）；

（2）道路交通噪声的等效频率，参见《声屏障声学设计和测量规范》（HJ/T 90—2004）4.4.4.5 条。

5. 在一条道路上安装了 3.5m 高的道路声屏障，假定车辆声源为无限长不相干线声源，声屏障视为无限长，声源距离道路声屏障 2.5m，高度 1.0m，受声点在声屏障外 45m，相对于道路路面的高度为 5.5m，问该声屏障对受声点的绕射声衰减（等效频率噪声）是多少？【2009-1-97】

(A) 10.3dB (B) 13.6dB
(C) 14.2dB (D) 16.4dB

解：

声程差：$\delta = \sqrt{2.5^2 + (3.5-1)^2} + \sqrt{45^2 + (5.5-3.5)^2} + \sqrt{(45+2.5)^2 + (5.5-1)^2} = 0.87\text{m}$；

$t = \dfrac{40f\delta}{3c} = \dfrac{40f\delta}{3c} = \dfrac{40 \times 500 \times 0.87}{3 \times 340} = 17.1 > 1$，则

绕射声衰减量：$\Delta L_d = 10\lg\left(\dfrac{3\pi \sqrt{t^2-1}}{2\ln(t+\sqrt{t^2-1})}\right) = 13.6\text{dB}$。

答案选【B】。

【解析】（1）无限长线声源、无限长声屏障，参见《教材（第三册）》P1519 公式（6）；
（2）道路交通噪声的等效频率，参见《声屏障声学设计和测量规范》（HJ/T 90—2004）4.4.4.5 条。

6. 某车间内有一无指向性点声源，声源附近设一声屏障，车间平面、点声源、声屏障及受声点的相互位置（高度）如下图。求设置声屏障前后，受声点 500Hz 的插入损失为多少？（$c = 340\text{m/s}$，车间高度 4.5m，车间内表面 500Hz 的平均吸声系数为 0.35）【2009-2-97】

(A) 16.8 (B) 5.8
(C) 3.8   (D) 4.5

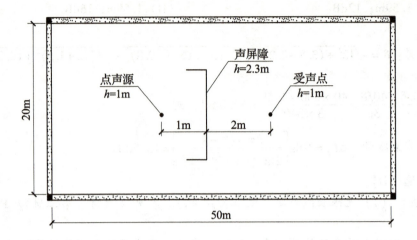

解：

车间内表面积：$S = 50 \times 20 \times 2 + (50 + 20) \times 4.5 \times 2 = 2630 \text{m}^2$；

房间常数：$R = \dfrac{S\bar{\alpha}}{1-\bar{\alpha}} = \dfrac{2630 \times 0.35}{1 - 0.35} = 1416$；声波波长：$\lambda = \dfrac{c}{f} = \dfrac{340}{125} = 0.68 \text{m}$；

声程差：$\delta_1 = (r_1 + r_2) - (r_3 + r_4) = (1.64 + 2.39) - (1 + 3) = 1\text{m}$；由于声源左右两侧均有声屏障，故声程差 δ_2、δ_3 可视为无限大。

声波的绕射系数：

$$D = \lambda\left(\dfrac{1}{3\lambda + 20\delta_1} + \dfrac{1}{3\lambda + 20\delta_2} + \dfrac{1}{3\lambda + 20\delta_3}\right) = \dfrac{\lambda}{3\lambda + 20\delta_1} = \dfrac{0.68}{3 \times 0.68 + 20 \times 1} = 0.03085；$$

隔声屏插入损失：$IL = 10\lg\left(\dfrac{\dfrac{Q}{4\pi r^2} + \dfrac{4}{R}}{\dfrac{QD}{4\pi r^2} + \dfrac{4}{R}}\right) = 10\lg\left(\dfrac{\dfrac{1}{4\pi \times 3^2} + \dfrac{4}{1416}}{\dfrac{1 \times 0.03085}{4\pi \times 3^2} + \dfrac{4}{1416}}\right) = 5.8\text{dB}$。

答案选【B】。

【解析】 参见《噪声与振动控制工程手册》P372 公式 5.1-38 和 5.1-39。

7. 道路长 500m，可视为无限长线声源。在道路一侧安装 350m 长的声屏障，受声点在声屏障外 65m 处，按照无限长线声源及无限长声屏障计算该声屏障时，图示的受声点 500Hz 的绕射声损失为 7.5dB，问实际该声屏障的绕射声损失为多少？【2010-2-80】

(A) 9.1dB (B) 12dB
(C) 4.8dB (D) 6dB

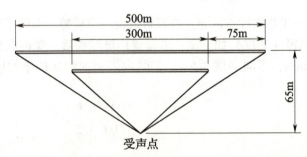

解：

根据《教材（第三册）》P1519 可知，无限长线声源和有限长声屏障有：

计算遮蔽角百分率 $\dfrac{\beta}{\theta}$ 为 $\tan\dfrac{\beta}{2}=\dfrac{175}{65}\Rightarrow\beta=139.2$；$\tan\dfrac{\theta}{2}=\dfrac{250}{65}\Rightarrow\theta=150.9$；

$\dfrac{\beta}{\theta}=\dfrac{139.2}{150.9}=0.922$；根据 $\Delta L=7.5\text{dB}$ 和 $\dfrac{\beta}{\theta}=0.922$，查《教材（第三册）》P1519 图 3 可知，实际绕射声损失：$\Delta L_d=6\text{dB}$。

答案选【D】。

8. 某高速公路两侧距离红线约 5m～20m 范围内敏感点（3 层楼房）环境噪声超标，区域的边界长约 1000m，该路段为 4 车道，道路宽为 25m，该段路基高 2m，试分析采取下列哪个噪声治理措施最合理？【2011-1-76】

(A) 在高速公路两侧路肩处设置 3m 高，1200m 长的吸声型声屏障
(B) 在高速公路两侧路肩处设置 1m 高，1200m 长的吸声型声屏障
(C) 在高速公路单侧路肩处设置 3m 高，1200m 长的反射型声屏障
(D) 在高速公路两侧路肩处设置 3m 高，2000m 长的吸声型声屏障

解：

区域长 1000m，选择 1200m 的声屏障即可，为减少反射对另一侧建筑物的影响，选择吸声型声屏障，由于敏感点为 3 层楼房，显然选择 3m 高的屏障更合理。

答案选【A】。

9. 一条两车道的道路旁设置了 3.5m 高的直立式声屏障，噪声敏感建筑物在声屏障外 40m 处，按照《声屏障声学设计和测量规范》的规定，相对于 40m 处高度为 3.0m 的受声点（相对于道路的路面），声屏障对两条车道的 A 计权绕射声衰减量的差是多少？【2011-1-91】

(A) 2dB　　　　　　　　　　(B) 4dB
(C) 6dB　　　　　　　　　　(D) 8dB

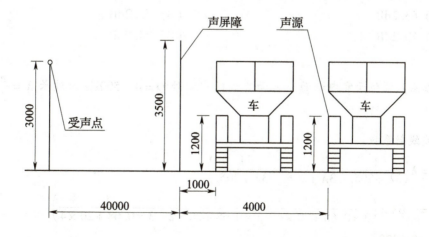

解：

声源 1 的声程差：

$\delta_1 = \sqrt{40^2 + (3.5-3)^2} + \sqrt{1^2 + (3.5-1.2)^2} - \sqrt{(40+1)^2 + (3-1.2)^2} = 1.5\text{m}$；

声源 1 的菲涅尔数：$N_1 = \dfrac{2\delta_1}{\lambda} = \dfrac{2f\delta_1}{c} = \dfrac{2 \times 500 \times 1.5}{340} = 4.4$（道路交通等效频率噪声）；

声源 2 的声程差：

$\delta_2 = \sqrt{40^2 + (3.5-3)^2} + \sqrt{4^2 + (3.5-1.2)^2} - \sqrt{(40+4)^2 + (3-1.2)^2} = 0.6\text{m}$；

声源 2 的菲涅尔数：$N_2 = \dfrac{2\delta_2}{\lambda} = \dfrac{2f\delta_2}{c} = \dfrac{2 \times 500 \times 0.6}{340} = 1.8$（道路交通等效频率噪声）；

声源 1 的绕射声衰减量：$\Delta L_1 = -10\lg\left[\dfrac{1}{3+20N_1}\right] = -10\lg\left[\dfrac{1}{3+20 \times 4.4}\right] = 19.6\text{dB}$；

声源 2 的绕射声衰减量：$\Delta L_2 = -10\lg\left[\dfrac{1}{3+20N_2}\right] = -10\lg\left[\dfrac{1}{3+20 \times 1.8}\right] = 15.9\text{dB}$；

则对两条车道的绕射声衰减量差为：$\Delta L_1 - \Delta L_2 = 19.6 - 15.9 = 3.7\text{dB}$。

答案选【B】。

【解析】（1）声屏障引起的衰减，参见《环境影响评价技术导则声环境》（HJ 2.4—2009）8.3.5；

（2）道路交通噪声的等效频率，参见《声屏障声学设计和测量规范》（HJ/T 90—2004）4.4.4.5 条。

10. 某点声源位于室内墙面与地面交线的中心处，受声点高度为 1.6m，受声点与声源之间距离为 6m，测得受声点 500Hz 的声压级为 78dB。现在声源和受声点之间设置一个隔声屏障，声源通过声屏障上、左、右边缘至受声点，与声源至受声点直线距离的声程差分别为 4m、2m、4m，室内房间常数为 500m²，试求设置声屏障后受声点 500Hz 的声压级是多少？（声速 340m/s）【2012-2-83】

  (A) 63.2dB   (B) 79.2dB

  (C) 70.2dB   (D) 74.9dB

解：

已知点声源位于室内墙面与地面交线的中心处 $Q = 4$；500Hz 时波长 $\lambda = \dfrac{c}{f} = \dfrac{340}{500} = 0.68\text{m}$；

声波线射系数：

$D = \lambda\left(\dfrac{1}{3\lambda + 20\delta_1} + \dfrac{1}{3\lambda + 20\delta_2} + \dfrac{1}{3\lambda + 20\delta_3}\right)$

$= 0.68 \times \left(\dfrac{1}{3 \times 0.68 + 20 \times 4} + \dfrac{1}{3 \times 0.68 + 20 \times 2} + \dfrac{1}{3 \times 0.68 + 20 \times 4}\right)$

$= 0.0328$

放置隔声屏障前后的插入损失：$IL = 10\lg\left(\dfrac{\dfrac{Q}{4\pi r^2} + \dfrac{4}{R}}{\dfrac{QD}{4\pi r^2} + \dfrac{4}{R}}\right) = 10\lg\left(\dfrac{\dfrac{4}{4\pi \times 6^2} + \dfrac{4}{500}}{\dfrac{4 \times 0.0328}{4\pi \times 6^2} + \dfrac{4}{500}}\right) = 3.1\text{dB}$；

则设置声屏障后受声点的声压级为 $78 - 3.1 = 74.9\text{dB}$。

答案选【D】。

【解析】 参见《噪声与振动控制工程手册》P372 公式 5.1 – 38、5.1 – 40。

11. 某测点距离货运铁路高架桥梁线路中心线 30m，在该点测得铁路列车运行噪声的昼间和夜间等效声级均为 60dB（A），为使该点达到《声环境质量标准》中的Ⅱ类声环境功能区标准要求，在距离高架桥梁线路中心线 4m 处设置了 3m 高的有限长声屏障，其传声损失为 26dB，计算得到顶端绕射声损失值为 10dB（A），当货运列车编组长度为 600m 时，确定声屏障沿线路方向设置的最小长度 L 应为多少？【2013 – 1 – 80】

(A) 500m (B) 520m
(C) 600m (D) 700m

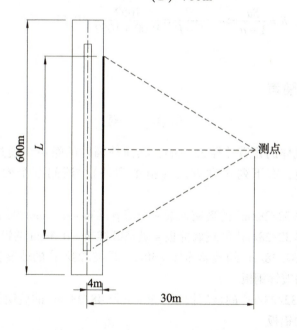

解：

Ⅱ类区昼、夜噪声标准限值为 60dB、50dB，为使该点噪声达标，需要 10dB 的插入损失，而本题的插入损失主要取决于声屏障的绕射声损失和传声损失，二者都需要达到 10dB 以上才能满足达标要求。传声损失为 26dB，故只需考虑绕射损失。列车长度为 600m，测点距列车中心 30m，由于 $r = 30 < 600/3 = l/3$，故可以将列车看作无限长线声源，由于有限长声屏障的顶端绕射损失为 10dB，根据《环境影响评价技术导则 声环境》8.3.5.1 式（24）（25）可知，当视声屏障为无限长时，其总的绕射损失为 10dB。为满足达标，有限长声屏障总的绕射损失也应为 10dB，根据《声屏障声学设计和测量规范》4.2.1.3 可知，无限长声屏障绕射损失为 10dB 且有限长声屏障绕射损失为 10dB 时，遮蔽

角百分率为100%，根据题干图可得$\frac{600}{30} = \frac{l}{26} \Rightarrow l = 520\text{m}$。

答案选【B】。

12. 已知总内表面积为1000m²的车间内，在声源和受声点之间设置了一道隔声屏，隔声屏声波的声线系数为0.007，声源的指向性因数为4，声源与受声点的直线距离为6m。问如果要使隔声屏的插入损失为5dB，则要求车间内的平均吸声系数应为多少？【2013-2-80】

  (A) 0.3   (B) 0.5
  (C) 0.7   (D) 0.9

解：

根据《噪声与振动控制工程手册》P372 公式5.1-38，有：

房间常数：$IL = 10\lg \frac{\left(\frac{Q}{4\pi r^2} + \frac{4}{R}\right)}{\left(\frac{QD}{4\pi r^2} + \frac{4}{R}\right)} = 10\lg \frac{\left(\frac{4}{4\pi \times 6^2} + \frac{4}{R}\right)}{\left(\frac{4 \times 0.007}{4\pi \times 6^2} + \frac{4}{R}\right)} = 5 \Rightarrow R = 1052$；

平均吸声系数：$R = \frac{Sa}{1-a} \Rightarrow a = \frac{R}{S+R} = \frac{1052}{1000+1052} = 0.51$。

答案选【B】。

5.2.9 管道隔声

※ 真 题

1. 输送高压气体的管道外径350mm，其向外辐射的噪声级超过105dB，拟采用隔声包扎的治理措施，有下列4种方法（由里到外），请问哪个效果最好？【2009-2-81】

  (A) 100mm 厚 32/28/m³ 的玻璃棉板 + 玻璃纤维布 + 0.5mm 的铝板
  (B) 100mm 厚 32/28/m³ 的玻璃棉板 + 玻璃纤维布 + 0.5mm 的镀锌钢板
  (C) 50mm 厚 32/28/m³ 的玻璃棉板 + 50mm 厚 48/28/m³ 的玻璃棉板 + 玻璃纤维布 + 0.5mm 的镀锌钢板
  (D) 50mm 厚 32/28/m³ 的玻璃棉板 + 50mm 厚 48/28/m³ 的玻璃棉板 + 玻璃纤维布 + 0.5mm 的铝板

解：

50mm 厚 32/28/m³ 的玻璃棉板 + 50mm 厚 48/28/m³ 的玻璃棉板，比 100mm 厚 32/28/m³ 的玻璃棉板密度大，隔声效果好；0.5mm 的镀锌钢板比 0.5mm 的铝板密度大，隔声效果好。

答案选【C】。

2. 为了加强边长为450mm的方形金属板通风管道的管壁隔声量，请问下述哪种构造（构造顺序为由内至外）的隔声效果最好？【2013-2-78】

(A) 金属管壁+100mm厚玻璃棉+玻璃丝布
(B) 金属管壁+双层12mm厚纸面石膏板
(C) 金属管壁+双层12mm厚纸面石膏板+50mm厚玻璃棉+玻璃丝布
(D) 金属管壁+50mm厚玻璃棉+双层12mm厚纸面石膏板

解：

选项A、B，依据《教材（第二册）》P447，可知管道隔声应用刚性或者柔性玻璃纤维包扎管道，其外面包裹一层不透气膜片，故A、B都不合理；

选项C、D，依据《教材（第二册）》P447可知，管道隔声应用玻璃棉、矿渣棉等材料作内层，不透气膜片作外层，故C错误，D正确。

答案选【D】。

5.2.10 其他隔声结构

※ 真 题

1. 下图为100mm厚GRC轻质隔墙板在实验室测得的空气声隔声量R的频谱特性曲线，问该墙板的计权隔声量R_W是多少？【2013-1-81】

(A) 43dB
(B) 42dB
(C) 41dB
(D) 40dB

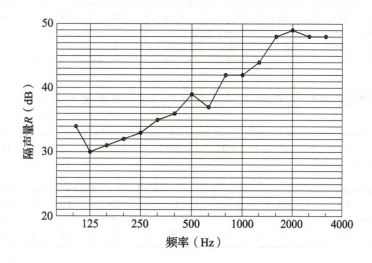

解：

根据《建筑隔声评价标准》（GB/T 50121—2005）表3.1.1-1，可知计权隔声量R_W的相应测量量为隔声量R，单值评价量R_W的计算公式分为测量量R用1/3倍频程测量时的$\sum_{i=1}^{16} P_i \leq 32.0$和$R$用倍频程测量时的$\sum_{i=1}^{5} P_i \leq 10.0$。根据所给图可知，测量量共16个，故测量量$R$用1/3倍频程测量，所以采用$\sum_{i=1}^{16} P_i \leq 32.0$计算$R_W$。

当$R_W + K_i - R_i > 0$时，不利偏差$P_i = R_W + K_i - R_i$，测量值R_i由图可知，基准值K_i由表3.1.2可知，故可得出下表：

1/3 倍频程	100	125	160	200	250	315	400	500
R_i	34	30	31	32	33	35	36	39
K_i	−19	−16	−13	−10	−7	−4	−1	0
$R_W + K_i - R_i$	R_W−53	R_W−46	R_W−44	R_W−42	R_W−40	R_W−39	R_W−37	R_W−39
1/3 倍频程	630	800	1000	1250	1600	2000	2500	3150
R_i	37	42	42	44	48	49	48	48
K_i	1	2	3	4	4	4	4	4
$R_W + K_i - R_i$	R_W−36	R_W−40	R_W−39	R_W−40	R_W−44	R_W−45	R_W−44	R_W−44

假设 $R_W + K_i - R_i > 0$，不利偏差 $P_i = R_W + K_i - R_i$，则 $\sum_{i=1}^{16} P_i = 16R_W - 672 \ll 32.0 \Rightarrow R_W \ll 44$，将 $R_W = 44$ 代入上述表格可得：

1/3 倍频程	100	125	160	200	250	315	400	500
$R_W + K_i - R_i$	−9	−2	0	2	4	5	7	5
1/3 倍频程	630	800	1000	1250	1600	2000	2500	3150
$R_W + K_i - R_i$	8	4	5	4	0	−1	0	0

验算 R_W 值是否满足 $\sum_{i=1}^{16} P_i \ll 32.0$，因为 $R_W + K_i - R_i \ll 0$ 时 $P_i = 0$，则 P_i 值如下表：

1/3 倍频程	100	125	160	200	250	315	400	500
P_i	0	0	0	2	4	5	7	5
1/3 倍频程	630	800	1000	1250	1600	2000	2500	3150
P_i	8	4	5	4	0	0	0	0

所以 $\sum_{i=1}^{16} P_i = 44 > 32$，故 $R_W = 44$ 不满足 $\sum_{i=1}^{16} P_i \ll 32.0$；同理代入 $R_W = 43$，得 $\sum_{i=1}^{16} P_i = 35 > 32$，也不满足；代入 $R_W = 42$，得 $\sum_{i=1}^{16} P_i = 31 < 32$，故 $R_W = 42$。

答案选【B】。

2. 下图为4个轻质金属屋面构造，问哪个屋面构造同时具有较好的隔声和吸声性能？【2013-1-86】

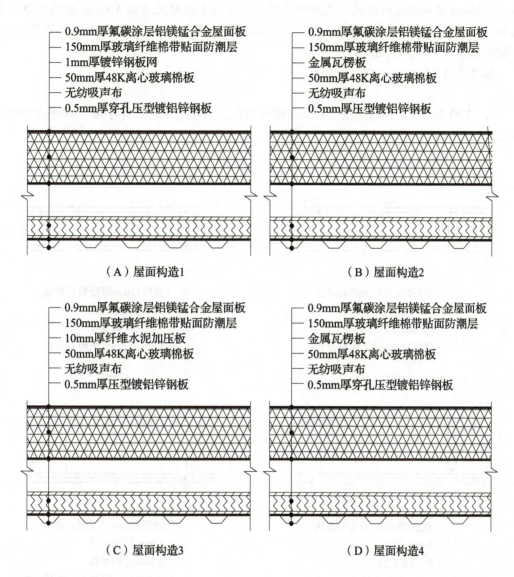

（A）屋面构造1　　　　　　　　　（B）屋面构造2

（C）屋面构造3　　　　　　　　　（D）屋面构造4

解：

选项A，0.5mm穿孔压型镀铝锌钢板起玻璃棉板护面层作用，声波透过0.5mm穿孔板后，50mm玻璃棉板起吸收中高频噪声效果，1mm镀锌钢板网无吸声效果，150mm玻璃纤维棉也会吸收中高频噪声，0.9mm氟碳涂层（阻尼涂层）合金面板有隔声作用，A项对中低频噪声吸声效果较差；

选项B，2层薄板（0.5mm镀铝锌钢板、金属瓦楞板）均无开孔，声波无法有效透射，无法发挥玻璃棉板的中高频噪声吸收作用，B吸声效果较差；

选项C，2层薄板（0.5mm镀铝锌钢板、10mm水泥加压板）均无开孔，声波无法有效透射，无法发挥玻璃棉板及玻璃纤维棉的中高频噪声吸收作用，C吸声效果较差；

选项D，0.5mm穿孔压型镀铝锌钢板起玻璃棉板护面层作用，声波透过0.5mm穿孔板后，50mm玻璃棉板起吸收中高频噪声效果，金属瓦楞板及后面150mm玻璃纤维棉起共振吸声作用，吸收中低频噪声，0.9mm氟碳涂层（阻尼涂层）合金面板有隔声作用，D有较好的吸声和隔声性能。

答案选【D】。

3. 下图给出了4种双层纸面石膏板墙体构造，问在这4种墙体中哪一种受声桥的影响最大？【2013-2-79】

（A）墙体1　　　　　　　　　　（B）墙体2
（C）墙体3　　　　　　　　　　（D）墙体4

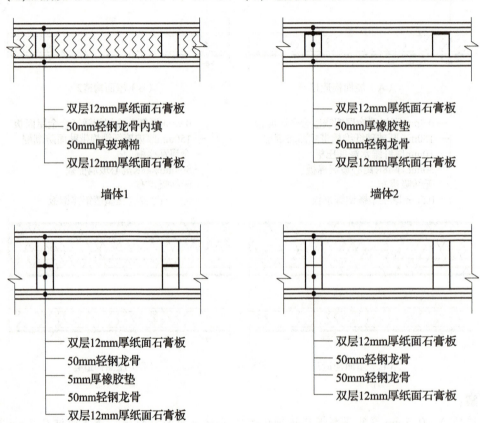

解：

根据《噪声与振动控制工程手册》P268可知，声桥影响的大小与声桥本身的刚性程度有关，声桥的刚性越大，隔声量下降越多。

墙体1轻钢龙骨空隙之间有玻璃棉层，可降低刚性连接；墙体2轻钢龙骨与板之间装有橡胶垫，可降低刚性连接；墙体3两层轻钢龙骨设置橡胶垫，能降低刚性连接；墙体4两层轻钢龙骨刚性连接，声桥作用明显。

答案选【D】。

4. 为提高老厂房屋面（大型屋面板）的隔声、吸声和保温性能，以下最合理的构造是哪一项？【2013-2-82】

（A）原屋面板内+100mm轻钢龙骨+双层石膏板+无机纤维吸声喷涂
（B）原屋面板内+双层石膏板与原屋面板固定+50mm无机纤维吸声喷涂
（C）原屋面板内+100mm轻钢龙骨内填50mm玻璃棉+双层石膏板与龙骨固定
（D）50mm挤塑保温板粘贴于原屋面板底

解：

注意理解原屋面板内这一概念，是指在原屋面板向车间一侧。

选项A，100mm龙骨中的空气层有保温作用，双层石膏板起隔声作用，无机纤维起吸声作用，故A合理；

选项B，有隔声、吸声作用但无法起到保温作用，故B不合理；

选项C，玻璃棉被双层石膏板与车间隔离开，无法起到吸声作用，故C不合理；

选项D，只能起到保温作用，无法起隔声、吸声作用，故D不合理。

答案选【A】。

5.3 消声降噪

5.3.1 消声器基本性能

※知识点总结

空气动力学性能
- 压力损失：消声器前后管道内的平均静压差为 $\Delta P = \overline{P}_1 - \overline{P}_2$
- 阻力系数：$\xi = \dfrac{\Delta P}{P_V}$，其中动压为 $P_V = 10\dfrac{\rho v^2}{2g}$

声学性能
- 传声损失：入射于消声器的声功率级和透过消声器的声功率级的差值，也叫传透损失、透射损失，即为 $L_{TL}=L_{W1}-L_{W2}$；对管道截面不太大的消声器，可测量声压级换算为传声损失，即为 $L_{W1}=L_{P1}+10\lg S_1$；$L_{W2}=L_{P2}+10\lg S_2$
- 插入损失：安装消声器前后在某给定点（管道内或管道口）测得的平均声压级差，即为 $L_{IL}=L_{P1}-L_{P2}$
- 轴向衰减量：通过测量消声器内轴向两点间的声压级差值，所求得的消声器单位长度声衰减量（dB/m）
- 两端声压级差（末端声压级差或末端衰减量）：在消声器的进口与出口端口测得的平均声压级差值，即为 $L_{WR}=L_{P1}-L_{P2}$；当消声器进口端与出口端管道截面形状、面积、声场分布均相同时，传声损失就等于两端声压级差

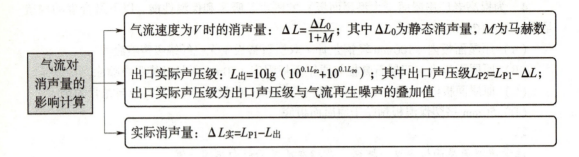

※ 真 题

1. 在实际消声工程应用中，气流再生噪声对消声性能的影响主要取决于消声器末端的声压级 L_{P2} 与气流再生噪声 L_{P0} 的相对大小，试问下列哪种说法不正确？【2007-1-93】

(A) 当 $L_{P2} > L_{P0}$ 时，实测所得到的消声量为 $\Delta L = L_{P1} - L_{P2}$，表明此时气流再生噪声对消声性能没有影响

(B) 当 $L_{P2} < L_{P0}$ 时，实际消声量为 $\Delta L = L_{P1} - L_{P0}$，表明此时消声受到气流再生噪声的明显影响，消声器后端的声级只能降到气流再生噪声 L_{P0} 值，如果加长消声器长度，可以起到增加消声量的作用

(C) 当 $L_{P2} \approx L_{P0}$ 时，若 $L_{P2} > L_{P0}$ 则 $\Delta L = L_{P1} - L_{P2} - \Delta L'$

(D) 当 $L_{P2} \approx L_{P0}$ 时，若 $L_{P2} < L_{P0}$ 则 $\Delta L = L_{P1} - L_{P0} - \Delta L'$

解：
根据《噪声与振动控制工程手册》P519 三种结论可知：当 $L_{P2} < L_{P0}$ 时，实际消声量为 $\Delta L = L_{P1} - L_{P0}$，表明此时消声量受到气流再生噪声的明显影响，消声器后端的声级只能降到气流再生噪声 L_{P0} 值，如果加长消声器长度，将不能起到增加消声量的作用，故 B 错误。
答案选【B】。

2. 某厂设备间内安装一台送风机和一台空气压缩机，该设备间墙上有一进风口，当设备运转时，风机和空压机产生的噪声影响了周围环境，在设备间围护结构（墙体、门、窗）隔声量无法进一步提高的条件下，为进一步降低噪声对外环境的影响，试问采用如下哪个方案更合理？【2007-2-87】

(A) 风机进风口和空压机进气口均加装抗性消声器 + 设备间进风口加装阻性消声器

(B) 风机进风口加装阻性消声器 + 空压机进气口加装抗性消声器 + 设备间进风口加装进气风扇

(C) 风机进风口加装阻性消声器 + 空压机进气口加装抗性消声器 + 设备间进风口加装阻性消声器

(D) 风机进风口和空压机进气口均加装阻性消声器 + 设备间进风口加装阻性消声器

解：
根据《噪声与振动控制工程手册》P471 表 7.1-1 可知，阻性消声器主要用于通风空调系统管道、机房进出风口、空气动力设备进排风口；抗性消声器主要用于空压机、柴油机、汽车发动机等以低中频噪声为主的设备噪声。

答案选【C】。

3. 在某通风管道系统中，安装一台静态消声量为 30dB 的片式消声器，设消声器进口端的声压级为 105dB，当消声器内气流速度为 17m/s（气流再生噪声按 80dB 考虑）时，试估计该消声器的实际消声量为多少？（声速 $c = 340$m/s）【2007-2-96】

(A) 30dB (B) 27dB
(C) 23dB (D) 25dB

解：

气流影响下的消声量：$\Delta L = \dfrac{\Delta L_0}{1 + M} = \dfrac{30}{1 + \dfrac{17}{340}} = 28.6$dB；

消声器理论出口声压级：$L_{P2} = L_{P1} - \Delta L = 105 - 28.6 = 76.4$dB；气流再生噪声：$L_{P0} = 80$dB；

出口端叠加后声压级：$L_{出} = 10\lg(10^{0.1L_{P2}} + 10^{0.1L_{P0}}) = 10\lg(10^{0.1 \times 76.4} + 10^{0.1 \times 80}) = 81.6$dB；

实际消声量：$105 - 81.6 = 23.4$dB ≈ 23dB。

答案选【C】。

【解析】（1）气流影响下的消声量，参见《噪声与振动控制工程手册》P518 公式 7.3-42；

（2）出口声压级为气流再生噪声和理论出口声压级二者叠加。

4. 某通风机进风口安装 1 台静态消声量为 35dB 的片式消声器，通风机进风口端的声压 100dB；当消声器内气流速度为 17m/s 时，试估计该消声器的实际消声量为多少 dB？（气流再生噪声按 80dB 考虑，声速取 340m/s）【2008-1-91】

(A) 25dB (B) 23dB
(C) 20dB (D) 19dB

解：

气流影响下的消声量：$\Delta L = \dfrac{\Delta L_0}{1 + M} = \dfrac{35}{1 + \dfrac{17}{340}} = 33.3$dB；

消声器理论出口声压级：$L_{P2} = L_{P1} - \Delta L = 100 - 33.3 = 66.7$dB；气流再生噪声：$L_{P0} = 80$dB；

出口端叠加后声压级：$L_{出} = 10\lg(10^{0.1L_{P2}} + 10^{0.1L_{P0}}) = 10\lg(10^{0.1 \times 66.7} + 10^{0.1 \times 80}) = 80.2$dB；

实际消声量：$100 - 80.2 = 19.8$dB ≈ 20dB。

答案选【C】。

【解析】（1）气流影响下的消声量，参见《噪声与振动控制工程手册》P518 公式 7.3-42；

（2）出口声压级为气流再生噪声和理论出口声压级二者叠加。

5. 在消声器实验台上对某消声器进行空气动力性能测试，测得消声器前管道内的平均全压为 40Pa，消声器后管道内的平均静压为 10Pa，气流平均流速为 4m/s。试估算该消声器的阻力系数多少？（空气密度取 1.29kg/m³）【2008-1-94】

(A) 4.00　　　　　　　　　　　(B) 3.79
(C) 19.45　　　　　　　　　　　(D) 1.84

解：

气流动压值：$P_V = 10 \dfrac{\rho v^2}{2g} = 10 \times \dfrac{1.29 \times 16}{2g} = 10.5 \text{Pa}$；

消声器压力损失：$\Delta P = \overline{P}_1 - \overline{P}_2 = 40 - 10.5 - 10 = 19.5 \text{Pa}$；

消声器阻力系数：$\xi = \dfrac{\Delta P}{P_V} = \dfrac{19.5}{10.5} = 1.86$。

答案选【D】。

【解析】 消声器压力损失、阻力系数，参见《噪声与振动控制工程手册》P503 公式 7.2-4、7.2-5、7.2-6。

6. 某体育馆比赛大厅通风采用多台离心机，比赛大厅的允许噪声级参照 NR-40 曲线，工程验收时发现在 125Hz 倍频带超出允许噪声 15dB，经分析该型风机叶片的通过频率为 130Hz，为保证达标验收，需对风机出口相连的有限长风道进行降噪处理，试分析在下列几种设计方案中，哪种方案无明显降噪效果？【2008-2-86】

(A) 在风道内壁铺设厚 50mm 多孔吸声材料进行消声
(B) 利用管道截面突变进行消声
(C) 设计一干涉型消声器
(D) 利用旁支共振腔进行消声

解：

选项 A，根据《教材（第二册）》P465，可知用多孔吸声材料制作的阻性消声器中、高频消声性能较好，低频较差，故 A 无明显效果；

选项 B，依据《教材（第二册）》P471 可知，管道截面突变可视为抗性消声器，适用于窄带噪声和低、中频噪声，故 B 有效；

选项 C，依据《教材（第二册）》P490 可知，干涉消声器对单频或频率范围较窄的低频噪声有较好的消声效果，故 C 有效；

选项 D，依据《教材（第二册）》P481 可知，共振腔消声器特别适用于低、中频成分突出的噪声，故 D 有效。

答案选【A】。

7. 某噪声控制设备厂按照 GB/T 4760—1995 消声器性能测量方法标准建立了一个测量装置，考虑到日常多数测试工作的需要，在该装置中没有设置端口的无反射末端。现在要求提供消声器产品的以下性能指标，问其中哪个指标在该装置上无法准确测量？【2008-2-94】

(A) 插入损失　　　　　　　　　(B) 传声损失

(C) 压力损失　　　　　　　　　　(D) 阻力系数

解：

依据《噪声与振动控制工程手册》P502 可知，传声损失和声衰减量反映了消声器自身的声学特性，不受测量环境条件的影响，而插入损失和末端声压级差会受到测量环境条件包括测点距离、方向及管口反射的影响，而无反射末端就是用来消除管口反射的装置。

答案选【A】。

8. 某管式阻性消声器进口管道内的平均静压为 24Pa，消声器出口管道内的平均总压为 20Pa，气流平均流速为 5m/s，试估算消声器的阻力系数为下面哪个值？（空气密度 ρ = 1.29kg/m³）【2009-1-85】

(A) 1.46　　　　　　　　　　　　(B) 0.24
(C) 20.45　　　　　　　　　　　 (D) 1.24

解：

气流动压值：$P_V = 10 \dfrac{\rho v^2}{2g} = 10 \times \dfrac{1.29 \times 25}{2g} = 16.45 \text{Pa}$；

消声器压力损失：$\Delta P = \overline{P}_1 - \overline{P}_2 = 24 + 16.45 - 20 = 20.45 \text{Pa}$；

消声器阻力系数：$\xi = \dfrac{\Delta P}{P_V} = \dfrac{20.45}{16.45} = 1.24$。

答案选【D】。

【解析】消声器压力损失、阻力系数，参见《噪声与振动控制工程手册》P503 公式 7.2-4、7.2-5、7.2-6。

9. 某风机出风口的声功率级为 100dB（A），在其出口处安装一台静态消声量为 22dB（A）的片式消声器，当消声器内气流速度为 15m/s 时，试估计该消声器的实际消声量为多少？（声速 c = 340m/s，消声器内气流通道面积为 1m²）【2009-1-95】

(A) 22dB（A）　　　　　　　　　(B) 18dB（A）
(C) 20dB（A）　　　　　　　　　(D) 24dB（A）

解：

气流影响下的消声量：$\Delta L = \dfrac{\Delta L_0}{1+M} = \dfrac{22}{1+\dfrac{17}{340}} = 21 \text{dB}$；

消声器理论出口声压级：$L_{P2} = L_{P1} - \Delta L = 100 - 21 = 79 \text{dB}$；

气流再生噪声：$L_{WA} = a + 60\lg v + 10\lg s = (-5 \sim 5) + 60\lg 15 + 10\lg 1 = 65.6 \text{dB} \sim 75.6 \text{dB}$；

出口端叠加后声压级：$L_{出} = 10\lg(10^{0.1L_{P2}} + 10^{0.1L_{WA}}) = 10\lg(10^{0.1 \times 79} + 10^{0.1 \times (65.6 \sim 75.6)}) = 79 \text{dB} \sim 80.6 \text{dB}$；取最大值 80.6dB 为出口噪声，则实际消声量为：$100 - 80.6 = 19.4 \text{dB} \approx 20 \text{dB}$。

答案选【C】。

【解析】（1）气流影响下的消声量，参见《噪声与振动控制工程手册》P518 公式

7.3-42；

(2) 出口声压级为气流再生噪声和理论出口声压级二者叠加；

(3) 气流再生噪声，参见《噪声与振动控制工程手册》P503 公式 7.2-7。

10. 某机房的空调通风系统噪声较大，采用 50mm 厚吸声层的片式消声器进行降噪处理，工程验收时发现 125Hz 的噪声超出允许值 10dB，为保证验收达标，需在风道中串联一消声器，试问如下 4 个方案中，哪个对 125Hz 的噪声降噪效果最差？【2009-2-78】

(A) 串联—扩张式消声器　　　　(B) 串联—干涉式消声器
(C) 串联—相同的片式消声器　　(D) 串联—共振式消声器

解：

4 个选项中只有片式消声器是阻性消声器，其余均为抗性消声器。

阻性消声器中、高频消声效果好，低频效果较差；抗性消声器适用与窄带噪声和低、中频噪声。

答案选【C】。

【解析】 阻性消声器，参见《教材（第二册）》P465；抗性消声器，参见《教材（第二册）》P471。

11. 消声器进出口管道直径分别为 300mm 和 400mm，已知消声器入口处的平均声压级 112dB，出口处声功率级 81dB，估算消声器的传声损失为下列哪个值？【2009-2-85】

(A) 19dB　　　　　　　　　　(B) 31dB
(C) 22dB　　　　　　　　　　(D) 10dB

解：

入口处的声功率级：$L_{W1} = L_{P1} - 10\lg S_1 = 112 + 10\lg\left(\dfrac{\pi \times 0.3^2}{4}\right) = 100.5\text{dB}$；

消声器传声损失：$L_{TL} = L_{W1} - L_{W2} = 100.5 - 81 = 19.5\text{dB}$。

答案选【A】。

【解析】 传声损失，参见《环境工程手册环境噪声控制卷》P177 公式 4-34、4-35。

12. 某阻性消声器进口管道内的平均全压为 40Pa，消声器出口管道内的平均静压为 4Pa，气流平均流速为 4m/s，试估算该消声器的阻力系数为下面哪个值？【2010-1-95】

(A) 1.19　　　　　　　　　　(B) 2.19
(C) 0.29　　　　　　　　　　(D) 19.55

解：

气流动压值：$P_V = 10\dfrac{\rho v^2}{2g} = 10 \times \dfrac{1.29 \times 16}{2g} = 10.5\text{Pa}$；

消声器压力损失：$\Delta P = \bar{P}_1 - \bar{P}_2 = 40 - 10.5 - 4 = 25.5\text{Pa}$；

消声器阻力系数：$\xi = \dfrac{\Delta P}{P_V} = \dfrac{25.5}{10.5} = 2.43$。

答案选【B】。

【解析】 消声器压力损失、阻力系数，参见《噪声与振动控制工程手册》P503 公式 7.2-4、7.2-5、7.2-6。

13. 某复合式消声器由一管式阻性消声器和一无插入管扩张室消声器串联组成，阻性段长度为 1000mm，内管直径为 100mm，扩张室段的内径为 320mm，阻性消声器通道流速为 5m/s，通道摩擦阻力系数为 0.039，扩张室段的摩擦阻力忽略不计，问该复合式消声器的压力损失为多少？（设空气密度为 1.29kg/m³）【2010-2-100】
  (A) 77Pa (B) 64Pa
  (C) 20Pa (D) 84Pa

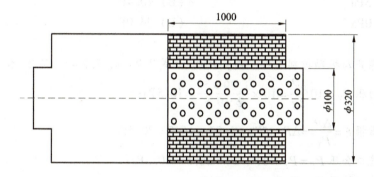

解：
阻性段沿程阻力损失：$\Delta P_{沿} = 10\xi_{摩}\dfrac{l}{d_e}\dfrac{\rho V^2}{2g} = 10 \times 0.039 \times \dfrac{1}{0.1} \times \dfrac{1.29 \times 5^2}{2 \times 9.8} = 6.4\text{Pa}$；

扩张室突然扩大处局部阻力系数：$\xi_1 = \left(1 - \dfrac{S_0}{S_1}\right)^2 = \left(1 - \dfrac{\pi \times 0.1^2}{\pi \times 0.32^2}\right)^2 = 0.814$；

扩张室突然缩小处局部阻力系数：$\xi_2 = 0.5\left(1 - \dfrac{S_0}{S_1}\right) = 0.5\left(1 - \dfrac{\pi \times 0.1^2}{\pi \times 0.32^2}\right) = 0.45$；

局部阻力损失：$\Delta P_{局} = 10\xi_{局}\dfrac{\rho V^2}{2g} = 10 \times (0.814 + 0.45) \times \dfrac{1.29 \times 5^2}{2 \times 9.8} = 20.8\text{Pa}$；

复合消声器压力损失：$\Delta P = \Delta P_{沿} + \Delta P_{局} = 6.4 + 20.8 = 27.2\text{Pa}$。

答案选【无】。

【解析】（1）消声器阻力损失计算，参见《噪声与振动控制工程手册》P515 公式 7.3-40、7.3-41；
（2）局部阻力系数，参见《噪声与振动控制工程手册》P516 表 7.3-10 和《环境工程手册环境噪声控制卷》P199 表 4-26。

14. 某消声器进出口截面直径分别为 300mm 和 400mm，消声器的传声损失为 19dB，已知消声器进口处的平均声压级为 112dB，问消声器出口的声功率级为如下哪个？【2011-2-89】
  (A) 93.0dB (B) 79.0dB
  (C) 81.5dB (D) 100.5dB

解：

根据《环境工程手册环境噪声控制卷》P177 公式 4-34、4-35，有：

进口声功率级 $L_{W1} = L_{P1} + 10\lg S_1 = 112 + 10\lg \dfrac{\pi \times 0.3^2}{4} = 100.5 \text{dB}$；

出口声功率级 $L_{TL} = L_{W1} - L_{W2} = 100.5 - L_{W2} = 19 \Rightarrow L_{W2} = 81.5 \text{dB}$。

答案选【C】。

15. 某管式消声器的阻力系数为 1.24，消声器出口端的平均全压为 20Pa，气流平均流速为 5m/s，试估算该消声器进口端的平均静压为下面哪个值？（设空气密度为 1.29kg/m³）【2011-2-90】

  (A) 16.5Pa   (B) 40.4Pa

  (C) 20.0Pa   (D) 24.0Pa

解：

根据《噪声与振动控制工程手册》P503 公式 7.2-4、7.2-5、7.2-6，有：

消声器动压 $P_V = 10 \dfrac{\rho v^2}{2g} = 10 \times \dfrac{1.29 \times 5^2}{2 \times 9.8} = 16.5 \text{Pa}$；

消声器压损 $\xi = \dfrac{\Delta P}{P_V} \Rightarrow \Delta P = \xi P_V = 1.24 \times 16.5 = 20.5 \text{Pa}$；

消声器进口全压 $P_1 = P_2 + \Delta P = 20 + 20.5 = 40.5 \text{Pa}$；

消声器进口静压 $P = 40.5 - 16.5 = 24 \text{Pa}$。

答案选【D】。

16. 某通风管道系统中安装一台静态消声量为 30dB（A）的片式消声器，设消声器进口端的声压级为 107dB（A），当消声器内气流速度为 17m/s［气流再生噪声为 80dB（A）］时，试估计消声器的实际消声量为多少？【2011-2-91】

  (A) 30dB（A）   (B) 27dB（A）

  (C) 20dB（A）   (D) 24dB（A）

解：

气流影响下的消声量：$\Delta L = \dfrac{\Delta L_0}{1 + M} = \dfrac{30}{1 + \dfrac{17}{340}} = 28.6 \text{dB}$；

消声器理论出口声压级：$L_{P2} = L_{P1} - \Delta L = 107 - 28.6 = 78.4 \text{dB}$；气流再生噪声：$L_{P0} = 80 \text{dB}$；

出口端叠加后声压级：$L_{dt} = 10\lg(10^{0.1 L_{P1}} + 10^{0.1 L_{P0}}) = 10\lg(10^{0.1 \times 78.4} + 10^{0.1 \times 80}) = 82.3 \text{dB}$；

实际消声量：$107 - 82.3 = 24.7 \text{dB} \approx 24 \text{dB}$。

答案选【D】。

【解析】（1）气流影响下的消声量，参见《噪声与振动控制工程手册》P518 公式 7.3-42；

（2）出口声压级为气流再生噪声和理论出口声压级二者叠加。

17. 一台静态消声量为23dB（A）的阻性消声器安装在通风机进风口，进口端的声压级为100dB（A），当消声器内气流速度为17m/s［气流再生噪声按80dB（A）计］时，试估算该消声器的实际消声量为多少？（声速340m/s）【2012-2-90】

  （A）27dB   （B）25dB
  （C）19dB   （D）16dB

解：

气流影响下的消声量：$\Delta L = \dfrac{\Delta L_0}{1+M} = \dfrac{23}{1+\dfrac{17}{340}} = 21.9 \text{dB}$；

消声器理论出口声压级：$L_{P2} = L_{P1} - \Delta L = 100 - 21.9 = 78.1 \text{dB}$；气流再生噪声：$L_{P0} = 80 \text{dB}$；

出口端叠加后声压级：$L_{出} = 10\lg(10^{0.1L_{P1}} + 10^{0.1L_{P0}}) = 10\lg(10^{0.1 \times 78.1} + 10^{0.1 \times 80}) = 82.2 \text{dB}$；

实际消声量：$100 - 82.2 = 17.8 \text{dB}$。

答案选【C】。

【解析】（1）气流影响下的消声量，参见《噪声与振动控制工程手册》P518公式7.3-42；

（2）出口声压级为气流再生噪声和理论出口声压级二者叠加。

18. 某系列消声器的阻力系数ξ为2.0，试计算在气流平均流速为10m/s时，该消声器的压力损失为下面哪个值？（设空气密度为1.29kg/m³）【2012-2-93】

  （A）0Pa   （B）36Pa
  （C）66Pa   （D）132Pa

解：

根据《噪声与振动控制工程手册》P518公式7.2-5、7.2-6，有：

动压 $P_V = 10\dfrac{\rho v^2}{2g} = 10 \times \dfrac{1.29 \times 10^2}{2 \times 9.8} = 65.8 \text{Pa}$；

压力损失 $\Delta P = \xi P_V = 2 \times 65.8 = 131.6 \text{Pa}$。

答案选【D】。

19. 某管式消声器通道内间距1.2m的两点声压级分别为100dB和82dB，请问该消声器的声衰减量为多少？【2012-2-94】

  （A）18dB/m   （B）10dB/m
  （C）12dB/m   （D）15dB/m

解：

根据《噪声与振动控制工程手册》P502可知，声衰减量定义为通过测量消声器内轴向两点间的声压级差值，所得的消声器单位长度的声衰减量，则声衰减量为 $\dfrac{100-82}{1.2} = 15 \text{dB/m}$。

答案选【D】。

5.3.2 阻性消声器

※知识点总结

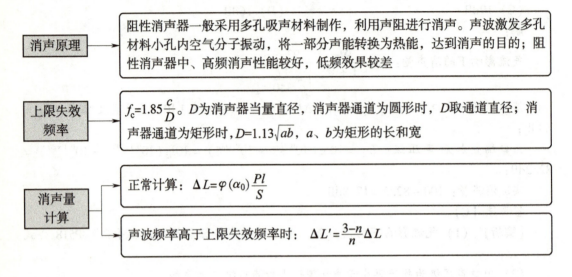

※真　题

1. 某风机进风管直径为200mm，在250Hz~2000Hz倍频带内，风机进口噪声声压级等相关数据见下表。要求设计一通道直径200mm的直管式阻性消声器，使风机进口噪声在给定频带满足NR-80的要求，问消声器的有效长度至少应为多少mm？【2007-1-81】

中心频率（Hz）	250	500	1000	2000
风机进口噪声（dB）	96	93	90	88
NR-80	86	83	80	78
材料的消声系数 $\phi(\alpha_0)$	0.4	0.8	1.1	1.2

(A) 625　　　　　　　　　　(B) 417
(C) 455　　　　　　　　　　(D) 1250

解：
中心频率250Hz：要满足NR-80的要求，需要消声量96-86=10dB。根据《教材（第二册）》P466 公式5-2-45 $\Delta L = \varphi(\alpha_0)\dfrac{Pl}{S} = 0.4 \times \dfrac{0.2\pi \times l \times 4}{\pi \times 0.2^2} = 10$，可得 $l = 1.25\text{m}$；

中心频率500Hz：$l = 0.625\text{m}$；

中心频率1000Hz：$l = 0.455\text{m}$；

中心频率2000Hz：$l = 0.417\text{m}$；

所以消声器的有效长度至少应为1.25m才可以满足要求。

答案选【D】。

2. 某风机出风管直径为 200mm，要求设计一直管式阻性消声器，使风机出口噪声 250Hz~2000Hz 频率范围满足 NR-80 的要求，直管式消声器通道直径为 200mm，有效消声长度为 1000mm，问选用哪种吸声材料可以满足设计要求？【2007-2-88】

倍频程中心频率（Hz）	250	500	1000	2000
风机出口噪声（dB）	106	93	94	101
NR-80（dB）	86	83	80	78
材料1消声系数 $\varphi(\alpha_0)$	0.8	0.7	0.8	1.3
材料2消声系数 $\varphi(\alpha_0)$	1.1	0.7	0.6	1.3
材料3消声系数 $\varphi(\alpha_0)$	1.0	0.5	0.7	1.2
材料4消声系数 $\varphi(\alpha_0)$	1.1	1.0	0.9	1.0

（A）材料1　　　　　　　　　　（B）材料2
（C）材料3　　　　　　　　　　（D）材料4

解：

根据题干数据及《教材（第二册）》P466 公式 5-2-45 $\Delta L = \varphi(\alpha_0)\dfrac{Pl}{S}$，计算每种材料不同频率下的消声量得出下表：

倍频程中心频率（Hz）	250	500	1000	2000
风机出口噪声（dB）	106	93	94	101
NR-80（dB）	86	83	80	78
需要的最小消声量（dB）	20	10	14	23
材料1消声量（dB）	16	14	16	26
材料2消声量（dB）	22	14	12	26
材料3消声量（dB）	20	10	14	24
材料4消声量（dB）	22	20	18	20

故材料 1 在 250Hz 时不满足要求；材料 2 在 1000Hz 时不满足要求；材料 3 满足要求；材料 4 在 2000Hz 时不满足要求。

答案选【C】。

3. 某长为 1.0m、外形尺寸为 700×250mm 的阻性消声器，其内壁吸声采用厚度为 50mm 的超细玻璃棉。若 250Hz 的正入射吸声系数为 0.3，500Hz 的正入射吸声系数为 0.5，1000Hz 的正入射吸声系数为 0.85，试利用彼洛夫公式估算 500Hz 的消声量是多少 dB？【2008-2-96】

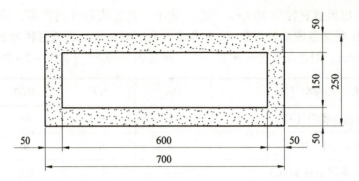

(A) 8.1 (B) 6.5
(C) 12.4 (D) 14.3

解：

500Hz 时正入射吸声系数 $\alpha_0 = 0.5$，查《教材（第二册）》P466 表 5-2-19 可知消声系数 $(\alpha_0) = 0.75$；

消声器通道断面周长：$P = (0.6 + 0.15) \times 2 = 1.5 \text{m}$；

消声器通道横截面积：$S = 0.6 \times 0.15 = 0.09 \text{m}^2$；消声器有效长度：$l = 1\text{m}$；

消声器消声量：$\Delta L = \varphi(\alpha_0) \dfrac{Pl}{S} = 0.75 \times \dfrac{1.5 \times 1}{0.09} = 12.5 \text{dB}$。

答案选【C】。

【解析】（1）阻性消声器计算，参见《教材（第二册）》P466 公式 5-2-45；

（2）注意断面周长和横截面积有关值的取法，参见《教材（第二册）》P466 表 5-2-20。

4. 现为某风机进风管设计一长度为 1500mm 的直管式阻性消声器，要求进风口噪声在给定频段满足 NR-80 的要求，风机进口噪声级、NR-80 及消声器材料的消声系数见下表所示。问要满足设计要求，此消声器消声通道的最大直径为多少？（声速 $c = 340\text{m/s}$，忽略气流再生噪声影响）【2009-1-96】

中心频率（Hz）	500	1000	2000	4000
风机进口噪声（dB）	96	98	103	91
NR-80（dB）	83	80	78	76
材料的消声系数	0.6	0.8	1.1	1.1

(A) 0.44m (B) 0.28m
(C) 0.20m (D) 0.26m

解：

根据题干数据及《教材（第二册）》P466 公式 5-2-45 $\Delta L = \varphi(\alpha_0) \dfrac{Pl}{S} = \varphi(\alpha_0) \dfrac{\pi d l}{\dfrac{\pi d^2}{4}} = \varphi(\alpha_0) \dfrac{4l}{d}$；

计算不同频率下的消声器直径后，得出下表：

中心频率（Hz）	500	1000	2000	4000
消声器设计消声量（dB）	13	18	25	15
材料消声系数 $\varphi(\alpha_0)$	0.6	0.8	1.1	1.1
消声器直径（m）	0.277	0.267	0.264	0.44

消声器直径最小时，消声器消声量最大，故取消声器直径为 0.264m。

答案选【D】。

5. 设计一单通道阻性方管式消声器，通道边长 200mm，充填的材料吸声系数及声源噪声频率见下表。消声效果应满足 NR-85 要求，要求估算该消声器的有效长度至少为多少？【2009-2-79】

中心频率（Hz）	250	500	1000	2000
声源噪声（dB）	95	91	94	95
NR-85（dB）	92	87	84	82
a	0.2	0.25	0.45	0.50
$\varphi(\alpha_0)$	0.24	0.31	0.64	0.75

(A) 870mm (B) 780mm
(C) 645mm (D) 625mm

解：

根据题干数据及《教材（第二册）》P466 公式 5-2-45 $\Delta L = \varphi(\alpha_0)\dfrac{Pl}{S} \Rightarrow l = \dfrac{0.2 \times 0.2 \times \Delta L}{0.2 \times 4 \times \varphi(\alpha_0)} = 0.05 \times \dfrac{\Delta L}{\varphi(\alpha_0)}$，

计算不同频率下的消声器长度，可得出下表：

中心频率（Hz）	250	500	1000	2000
消声器设计消声量（dB）	3	4	10	13
材料消声系数 $\varphi(\alpha_0)$	0.24	0.31	0.64	0.75
消声器长度 l（m）	0.625	0.645	0.78	0.87

为满足最大消声量需求，故消声器长度为 0.87m。

答案选【A】。

6. 吸声层选用同一种多孔吸声材料的单通道阻性消声器，消声器长度为 1000mm，通道截面面积为 $0.02m^2$，当截面分别为圆形、正方形和边长为 1:6 及 2:3 两种矩形时，

试分析消声器通道截面为哪种形状时其消声量最大?【2010-1-82】
(A) 圆形 (B) 正方形
(C) 边长1:6的矩形 (D) 边长2:3的矩形

解:

根据《教材(第二册)》P466 公式 5-2-45:$\Delta L = \varphi(\alpha_0) \dfrac{Pl}{S}$,可知当 $\varphi(\alpha_0)$、l 确定后,消声量与 $\dfrac{P}{S}$ 成正比。

圆形:$\dfrac{P}{S} = \dfrac{\pi D}{\dfrac{\pi D^2}{4}} = \dfrac{4}{D} = \dfrac{4}{0.16} = 25$;正方形:$\dfrac{P}{S} = \dfrac{4a}{a^2} = \dfrac{4}{a} = \dfrac{4}{0.14} = 28.6$;

1:6 矩形:$\dfrac{P}{S} = \dfrac{2 \times (a + 6a)}{6a^2} = \dfrac{14}{6a} = \dfrac{14}{6 \times 0.0577} = 40.4$;

1:4 矩形:$\dfrac{P}{S} = \dfrac{2 \times (2a + 3a)}{6a^2} = \dfrac{10}{6a} = \dfrac{10}{6 \times 0.0577} = 28.9$。

答案选【C】。

7. 一个 300mm×250mm 的矩形截面单通道管式消声器,已知其 4000Hz 倍频带消声量为 20dB,问其在 2000Hz 倍频带时的消声量是多少?【2010-1-100】
(A) 30.0dB (B) 6.5dB
(C) 19.5dB (D) 10.0dB

解:

上限失效频率:$f_c = 1.85 \dfrac{c}{D} = 1.85 \dfrac{c}{1.13 \sqrt{ah}} = \dfrac{1.85 \times 340}{1.13 \sqrt{0.3 \times 0.25}} = 2032\text{Hz}$;

高于失效频率的倍频程频带数:$4000 = 2^n \times 2032 \Rightarrow n = 1$;

失效频率处消声量:$\Delta L' = \dfrac{3-n}{3} \Delta L = \dfrac{3-1}{3} \Delta L = 20 \Rightarrow \Delta L = 30\text{dB}$。

答案选【A】。

【解析】 参见《噪声与振动控制工程手册》P507 公式 7.3-7、7.3-8。

8. 如下哪种设备噪声比较适合用阻性消声器进行消声降噪?【2011-2-80】
(A) 柴油发动机,排气噪声 (B) 中低压风机,排风口噪声
(C) 汽车排气噪声 (D) 往复式空压机进气噪声

解:

根据《噪声与振动控制工程手册》P471,可知阻性消声器在风机类消声器中应用最多。根据表 7.1-1 可知 A、C、D 均应使用抗性消声器。

答案选【B】。

9. 为某风机出风管设计一通道直径为 150mm 的直管式阻性消声器,使风机出口噪声在给定频段满足 NR-40 的要求,问消声器的有效消声长度应为多少?【2011-2-83】

(A) 516mm (B) 375mm
(C) 477mm (D) 563mm

中心频率（Hz）	250	500	1000	2000
风机出口噪声（dB）	90	93	94	96
NR-40（dB）	86	83	80	78
材料的消声系数	0.4	0.8	1.1	1.2
ΔL	4	10	16	18

解：

根据《教材（第二册）》P466 公式 5-2-45，可知 $\Delta L = \varphi(\alpha_0)\dfrac{Pl}{S} \Rightarrow l = \dfrac{S\Delta L}{\varphi(\alpha_0)p} = \dfrac{\frac{\pi D^2}{4}\Delta L}{\varphi(\alpha_0)\pi D} = \dfrac{D\Delta L}{4\varphi(\alpha_0)}$；

250Hz 时，$\Delta L = \dfrac{D\Delta L}{4\varphi(\alpha_0)} = \dfrac{0.15 \times 4}{4 \times 0.4} = 0.375\text{m} = 375\text{mm}$；

500Hz 时，$\Delta L = \dfrac{D\Delta L}{4\varphi(\alpha_0)} = \dfrac{0.15 \times 10}{4 \times 0.8} = 0.469\text{m} = 469\text{mm}$；

1000Hz 时，$\Delta L = \dfrac{D\Delta L}{4\varphi(\alpha_0)} = \dfrac{0.15 \times 14}{4 \times 1.1} = 0.477\text{m} = 477\text{mm}$；

2000Hz 时，$\Delta L = \dfrac{D\Delta L}{4\varphi(\alpha_0)} = \dfrac{0.15 \times 18}{4 \times 1.2} = 0.563\text{m} = 563\text{mm}$；

故消声器长度为 563mm 时，满足 NR-40 的要求。
答案选【D】。

10. 某风机的出口截面尺寸为 250mm×200mm，要求出口噪声在给定频段满足 NR-85 的要求，现设计一通道截面与风机出口截面尺寸相同，长度为 1500mm 的直管阻性消声器，问此消声器在哪个频段的消声量不能满足设计要求？（声速 340m/s）【2012-2-91】

倍频程中心频率（Hz）	63	125	250	500	1000	2000	4000
风机进口噪声（dB）	108	112	110	111	108	107	107
NR-85（dB）	103	97	92	87	85	82	82
材料消声系数	0.4	0.7	1.2	1.3	1.3	1.1	1.1
消声量（dB）	5	15	18	24	23	25	25

(A) 63Hz (B) 500Hz
(C) 2000Hz (D) 4000Hz

解：
根据《教材（第二册）》P466 公式 5-2-45 可知，消声器消声量为：

$$\Delta L = \varphi(\alpha_0)\frac{Pl}{S} = 27\varphi(\alpha_0), \text{其中 } P = (0.2 + 0.25) \times 2 = 0.9\text{m}; S = 0.2 \times 0.25 = 0.05\text{m}^2; l = 1.5\text{m};$$

计算得出下表：

倍频程中心频率（Hz）	63	500	2000	4000
需要消声量（dB）	5	24	25	25
消声器消声量（dB）	10.8	35.1	29.7	29.7

再根据《噪声与振动控制工程手册》P507 公式 7.3-7，计算出消声器高频失效频率有：

$$f_{\text{上}} = 1.85\frac{c}{D} = 1.85\frac{c}{1.13\sqrt{ah}} = 1.85 \times \frac{340}{1.13 \times \sqrt{0.2 \times 0.25}} = 2489\text{Hz},$$ 所以 4000Hz 时消声器发生高频失效。根据《噪声与振动控制工程手册》P507 公式 7.3-8，可知 4000Hz 消声量为：

因为 $4000 \approx 2^1 \times 2489$，所以 $n = 1$。

$$\Delta L' = \frac{3-n}{3}\Delta L = \frac{3-1}{3} \times 29.7 = 19.8\text{dB},$$ 所以 4000Hz 时消声量不满足 25dB 的要求。

答案选【D】。

11. 一台气流通道直径为 330mm 的管式消声器，有效消声长度为 1500mm，其 4000Hz 倍频带的消声量为 14dB，问该消声器在 2000Hz 倍频带的消声量为多少？（声速 340m/s）【2012-2-95】

(A) 23dB (B) 21dB
(C) 17dB (D) 13dB

解：

根据《噪声与振动控制工程手册》P507 公式 7.3-7，计算消声器高频失效频率有：

$$f_{\text{上}} = 1.85\frac{c}{D} = 1.85 \times \frac{340}{0.33} = 1906\text{Hz},$$ 所以 4000Hz 时消声器发生高频失效。再根据《噪声与振动控制工程手册》P507 公式 7.3-8，得出 4000Hz 时消声量为：

因为 $4000 \approx 2^1 \times 1906$，所以 $n = 1$。

$$\Delta L' = \frac{3-n}{3}\Delta L = \frac{3-1}{3} \times \Delta L = 14 \Rightarrow \Delta L = 21\text{dB}。$$

答案选【B】。

12. 某风机进风管道通流面积为 0.06m²，需加装一通流面积与其相同的单通道管式阻性消声器，在消声器充填的吸声材料、消声器长度相同和消声器通流面积基本相同的前提下，问下面哪个消声器的消声量最大？【2013-1-98】

(A) 截面为正方形，边长为 250mm 的消声器
(B) 截面为扁矩形，边长为 560mm×110mm 的消声器
(C) 截面为圆形，直径为 280mm 的消声器

(D) 截面为矩形，边长为200mm×300mm的消声器

解：

根据《教材（第二册）》P466 公式 5-2-45 $\Delta L = \varphi(\alpha_0)\dfrac{Pl}{S}$ 可知，当消声器吸声材料相同、长度相同时，消声器消声量与 $\dfrac{P}{S}$ 成正比，$\dfrac{P}{S}$ 越大，消声器消声量越大；

选项 A，$\dfrac{P}{S} = \dfrac{0.25 \times 4}{0.25^2} = 16$；选项 B，$\dfrac{P}{S} = \dfrac{(0.56+0.11) \times 2}{0.56 \times 0.11} = 21.8$；

选项 C，$\dfrac{P}{S} = \dfrac{0.28 \times \pi}{\pi \times 0.14^2} = 14.3$；选项 D，$\dfrac{P}{S} = \dfrac{(0.2+0.3) \times 2}{0.2 \times 0.3} = 16.7$；

选项 B，$\dfrac{P}{S}$ 最大，消声器消声量最大。

答案选【B】。

13. 设计一通道截面为正方形的单通道管式消声器，消声器长度为1800mm，充填的材料2000Hz的消声系数 $\varphi(\alpha)$ 为0.8，要求2000Hz的消声量为23dB，问该消声器在4000Hz的消声量为多少？（声速取340m/s）【2013-1-99】

(A) 23dB (B) 20dB
(C) 15dB (D) 10dB

解：

设正方形边长为 a，2000Hz 时：$\Delta L = \varphi(\alpha_0)\dfrac{Pl}{S} = 0.8 \times \dfrac{4a \times 1.8}{a^2} = \dfrac{5.76}{a} = 23 \Rightarrow a = 0.25\text{m}$；

消声器高频失效频率：$f_{\text{上}} = 1.85\dfrac{c}{D} = 1.85 \times \dfrac{340}{1.13\sqrt{a^2}} = 1.85 \times \dfrac{340}{1.13 \times \sqrt{0.25^2}} = 2227\text{Hz}$，所以4000Hz时消声器发生高频失效，因为 $4000 \approx 2^1 \times 2227$，所以 $n=1$；

4000Hz 时消声量为：$\Delta L' = \dfrac{3-n}{3}\Delta L = \dfrac{3-1}{3} \times 23 = 15.3\text{dB}$。

答案选【C】。

【解析】 参见《噪声与振动控制工程手册》P506 公式 7.3-1、P507 公式 7.3-7。

14. 某地铁风机采用2m长的直管式阻性消声器时，消声量为20dB（A），测得风亭当量直径处的声级水平为60dB（A）。风亭所处区域为Ⅱ类声环境功能区。为满足《声环境质量标准》中昼间和夜间的限值要求，在消声器形式、截面尺寸和吸声材料不变的条件下，风机消声器长度至少应为多少？【2013-1-100】

(A) 2m (B) 2.5m
(C) 3m (D) 4m

解：

Ⅱ类区限值执行昼间60dB、夜间50dB，为使风亭处达标，消声器消声量需达到30dB，由于采用直管阻性消声器，根据《教材（第二册）》P466 公式 5-2-45 可知，$\Delta L = \varphi(\alpha_0)\dfrac{Pl}{S}$ 在消声器形式、截面尺寸和吸声材料不变的条件下有：

$$\frac{\Delta L_1}{\Delta L_2} = \frac{\varphi(\alpha_0)_1 \frac{P_1 l_1}{S_1}}{\varphi(\alpha_0)_2 \frac{P_2 l_2}{S_2}} = \frac{l_1}{l_2} = \frac{2}{l_2} = \frac{20}{30} \Rightarrow l_2 = 3\text{m}。$$

答案选【C】。

15. 设计一截面为圆形的直管式消声器，消声器长度为 1500mm，填充材料 2000Hz 倍频程的消声系数为 0.9，若 2000Hz 倍频程的消声量为 20dB，问该消声器在 4000Hz 倍频程的消声量为多少？（声速为 340m/s）【2014-2-85】

（A） 20dB　　　　　　　　　　（B） 7dB
（C） 10dB　　　　　　　　　　（D） 13dB

解：

根据《教材（第二册）》P466 公式 5-2-45，有：

$$\Delta L = \varphi(\alpha_0)\frac{Pl}{S} = \varphi(\alpha_0)\frac{\pi Dl}{\frac{\pi D^2}{4}} = \varphi(\alpha_0)\frac{4l}{D} \Rightarrow D = \varphi(\alpha_0)\frac{4l}{\Delta L} = 0.9 \times \frac{4 \times 1.5}{20} = 0.27\text{m};$$

根据《噪声与振动控制工程手册》P507 公式 7.3-7，计算消声器高频失效频率有：

$f_{上} = 1.85\frac{c}{D} = 1.85 \times \frac{340}{0.27} = 2329\text{Hz}$，所以 4000Hz 时消声器发生高频失效；根据《噪声与振动控制工程手册》P507 公式 7.3-8，4000Hz 时消声量为：

因为 $4000 \approx 2^1 \times 2329$，所以 $n=1$；

$$\Delta L' = \frac{3-n}{3}\Delta L = \frac{3-1}{3} \times 20 = 13.3\text{dB}。$$

答案选【D】。

5.3.3 扩张室消声器

※**知识点总结**

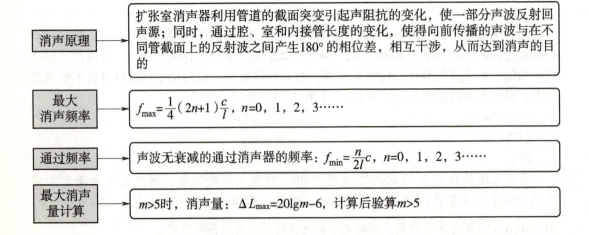

※ 真 题

1. 某排气噪声在 1000Hz 处有一明显峰值，排气管直径为 100mm，试设计一单腔扩张室消声器，要求频率为 1000Hz 时最大消声量为 18dB（声速取 340m/s），试问选择下面哪个扩张比较为合适？【2007－2－89】

(A) $m = 20$ (B) $m = 16$
(C) $m = 10$ (D) $m = 1$

解：
根据《噪声与振动控制工程手册》P509 公式 7.3－12，假设 $m > 5$，则
$\Delta L_{\max} = 20\lg m - 6 \Rightarrow 18 = 20\lg m - 6 \Rightarrow m = 15.8$，满足 $m > 5$ 的假设。
答案选【B】。

2. 某声源排气噪声在 250Hz 时有一明显峰值，排气管直径为 80mm。设计一个长度为 600mm 的单腔扩张室消声器，要求 250Hz 频率上有 20dB 的消声量，则扩张室直径应为多少？（声速取 340m/s）【2008－2－92】

(A) 252mm (B) 360mm
(C) 80mm   (D) 440mm

解：
设 $m > 5$，$\Delta L_{\max} = 20\lg m - 6 \Rightarrow 20 = 20\lg m - 6 \Rightarrow m = 20$，符合 $m > 5$ 的假设。

设扩张室直径为 d，则 $m = \dfrac{\pi \times \left(\dfrac{d^2}{2}\right)}{\pi \times \left(\dfrac{80^2}{2}\right)} = 20 \Rightarrow d = 358\text{mm} \approx 360\text{mm}$。

答案选【B】。
【解析】（1）单腔扩张室消声器计算，参见《噪声与振动控制工程手册》P509 公式 7.3－12；
（2）扩张比 m 定义，参见《噪声与振动控制工程手册》P508。

3. 某排气管直径为 100mm，拟设计与排气管同轴的单腔扩张室消声器，若消声器长度为 510mm，容积为 0.064m^3，则该消声器的最大消声量为多少分贝？（声速取 340m/s）【2008－2－95】

(A) 6.5dB (B) 18.0dB
(C) 4.0dB (D) 0dB

解：
扩张室截面积：$S_2 = \dfrac{0.064}{0.51} = 0.125\text{m}^2$，扩张室直径：$S_2 = \dfrac{\pi d^2}{4} = 0.125 \Rightarrow d = 0.4\text{m}$；

扩张比：$m = \dfrac{S_2}{S_1} = \dfrac{\pi \left(\dfrac{d_2}{4}\right)^2}{\pi \left(\dfrac{d_1}{4}\right)^2} = \left(\dfrac{d_2}{d_1}\right)^2 = \left(\dfrac{0.4}{0.1}\right)^2 = 16$；

因为 $m=16>5$, $\Delta L_{\max}=20\lg m-6=20\lg 16-6=18\text{dB}$。
答案选【B】。
【解析】 (1) 单腔扩张室消声器计算，参见《噪声与振动控制工程手册》P509 公式 7.3-12;
(2) 扩张比 m 定义，参见《噪声与振动控制工程手册》P508。

4. 一单腔扩张室消声器，进出口管口截面积均为 0.13m^2，扩张室的截面积 0.8m^2，扩张室的长度为 1m，将此扩张室消声器安装在辐射 170Hz 单频噪声的某排烟管上，已知安装消声器前排烟管口测得的声压级为 65dB，问安装此扩张室消声器后，出气管端口的声压级（声速 $c=340\text{m/s}$）为多少？【2009-2-96】
   (A) 55dB　　　　　　　　　(B) 45dB
   (C) 65dB　　　　　　　　　(D) 67dB
   解：
   根据《教材（第二册）》P473 公式 5-2-53 可知，扩张室消声器的通过频率为：$f_{\min}=\dfrac{nc}{2l}$，当 $n=1$, $l=1\text{m}$, $c=340\text{m/s}$ 时，$f_{\min}=\dfrac{1\times 340}{2\times 1}=170\text{Hz}$，当噪声频率为 170Hz 时，此消声器消声量为 0，所以出气管端口的声压级不变，仍是 65dB。
   答案选【C】。

5. 某风机的出口噪声在 63Hz 时有一峰值，试设计一降低该峰值噪声的单腔扩张室消声器，问该消声器扩张室的长度为多少？（声速 $c=340\text{m/s}$）【2010-1-83】
   (A) 2.7m　　　　　　　　　(B) 0.68m
   (C) 0.34m　　　　　　　　(D) 1.35m
   解：
   扩张室消声器最大消声频率为：
   $f_{\max}=\dfrac{1}{4}(2n+1)\dfrac{c}{l}\Rightarrow l=\dfrac{1}{4}(2n+1)\dfrac{c}{f_{\max}}=\dfrac{1}{4}(2n+1)\dfrac{340}{63}$，当 $n=0$ 时，$l=1.35\text{m}$。
   答案选【D】。
   【解析】 此公式中的 n 的取值，参见《噪声与振动控制工程手册》P508 $n=0$、1、2……。

6. 下面哪项不能改变扩张室消声器的频带宽度？【2010-2-76】
   (A) 扩张室内壁进行吸声处理
   (B) 安装内接插入管
   (C) 用大穿孔率的穿孔管连接扩张室的内接插入管
   (D) 加一个阻性消声器
   解：
   扩张室消声器是抗性消声器，对低、中频噪声有较好效果。
   选项A，内壁吸声处理，能降低中、高频噪声，故A正确；

选项 B，根据《教材（第二册）》P474，可知安装内接插入管可以消除通过频率，故 B 正确；

选项 C，根据《教材（第二册）》P476，可知大穿孔率的穿孔管连接扩张室的内接插入管，可以降低气流阻力损失，但声波仍保持原有声学性能，故 C 不能改变；

选项 D，根据《教材（第二册）》P465，可知阻性消声器能降低中、高频噪声，故 D 正确。

答案选【C】。

7. 某管道排气声有 4 个峰值：100Hz，125Hz，170Hz，200Hz。用一长度为 2m 的单腔扩张室消声器进行降噪，问消声器对哪一个频率的降噪量为 0？（声速 $c = 340\text{m/s}$）【2010-2-85】

(A) 100Hz (B) 125Hz
(C) 170Hz (D) 200Hz

解：

根据《教材（第二册）》P473 公式 5-2-53，可知单腔扩张室消声器通过频率为：

$f = \dfrac{nc}{2l} \Rightarrow l = \dfrac{nc}{2f} = \dfrac{n\lambda}{2}$。当扩张室消声器长度是半波长的整数倍时，消声器降噪量为 0。

选项 A，$\dfrac{\lambda}{2} = \dfrac{c}{2f} = \dfrac{340}{2 \times 100} = 1.7\text{m}$；选项 B，$\dfrac{\lambda}{2} = \dfrac{c}{2f} = \dfrac{340}{2 \times 125} = 1.36\text{m}$；

选项 C，$\dfrac{\lambda}{2} = \dfrac{c}{2f} = \dfrac{340}{2 \times 170} = 1.0\text{m}$；选项 D，$\dfrac{\lambda}{2} = \dfrac{c}{2f} = \dfrac{340}{2 \times 200} = 0.85\text{m}$；

扩张室长度 2m 是选项 C 的半波长 1m 的整数倍，故对 170Hz 的降噪量为 0。

答案选【C】。

8. 某气流通道直径为 100mm，设计一个与管道同轴的圆筒形单腔扩张室消声器，消声器内径与气流管相同，要求在中心频率 125Hz 的倍频带上有 15dB 的消声量，请问消声器的外形大小应为多少？【2010-2-94】

(A) $\phi 350 \times 1350\text{mm}$ (B) $\phi 350 \times 340\text{mm}$
(C) $\phi 350 \times 680\text{mm}$ (D) $\phi 350 \times 680\text{mm}$

解：

设 $m > 5$，$\Delta L_{\max} = 20\lg m - 6 \Rightarrow 15 = 20\lg m - 6 \Rightarrow m = 11.2$，符合 $m > 5$ 的假设。

设扩张室直径为 d，则 $m = \dfrac{\pi \times \left(\dfrac{d^2}{2}\right)}{\pi \times \left(\dfrac{100^2}{2}\right)} = 11.2 \Rightarrow d = 335\text{mm}$。

要求 125Hz 有最大消声量，则有 $f_{\max} = \dfrac{1}{4}(2n+1)\dfrac{c}{l} = \dfrac{1}{4}(2n+1)\dfrac{340}{l} = 125$，当 $n = 0$ 时，$l = 0.68\text{m}$；当 $n = 1$ 时，$l = 2.04\text{m}$。

答案选【D】。

【解析】（1）单腔扩张室消声器计算，参见《噪声与振动控制工程手册》P509 公式

7.3-12、7.3-13；

(2) 扩张比 m 定义，参见《噪声与振动控制工程手册》P508。

9. 某单腔圆筒形扩张室消声器的透气管直径为 100mm，消声器长度为 400mm，容积为 $0.038m^3$，问其峰值频率的最大消声量为多少？（声速为 340m/s）【2011-2-81】

  (A) 11dB   (B) 13dB
  (C) 16dB   (D) 19dB

解：

扩张室面积：$S = \dfrac{V}{l} = \dfrac{0.038}{0.4} = 0.095 m^2$；扩张比：$m = \dfrac{S_{扩}}{S_{管}} = \dfrac{0.095}{\pi \times 0.05^2} = 12$；

根据《噪声与振动控制工程手册》P509 可知，当 $m > 5$ 时，$\Delta L_{max} = 20 \lg m - 6 = 20 \lg 12 - 6 = 15.6 dB$。

答案选【C】。

10. 某空压机进气管直径为 150mm，进气噪声在 125Hz 时有一明显峰值，考虑声环境要求，125Hz 时需要有 15dB 的消声量。现有 4 个结构尺寸不同的单腔扩张室消声器，试问其中哪个扩张室消声器可以满足此要求？（声速 340m/s）【2012-2-100】

  (A) 直径 420mm；长度 680mm   (B) 直径 520mm；长度 680mm
  (C) 直径 520mm；长度 1360mm (D) 直径 620mm；长度 1360mm

解：

计算 4 个消声器最大消声频率：

选项 A、B，$f_{max} = \dfrac{1}{4}(2n+1)\dfrac{c}{l} = \dfrac{1}{4}(2n+1)\dfrac{340}{0.68} = 125(2n+1)$，$n = 0$ 时最大消声频率为 125Hz；满足要求；

选项 C、D，$f_{max} = \dfrac{1}{4}(2n+1)\dfrac{c}{l} = \dfrac{1}{4}(2n+1)\dfrac{340}{1.36} = 62.5(2n+1)$，$n = 0$ 时最大消声频率为 62.5Hz，$n = 1$ 时最大消声频率为 187.5Hz，不满足要求。

计算选项 A、B 的消声量：

选项 A，扩张比 $m = \left(\dfrac{0.42}{0.15}\right)^2 = 7.84 > 5$，$\Delta L_{max} = 20 \lg m - 6 = 20 \lg 7.84 - 6 = 11.9 dB < 15 dB$，不满足要求；

选项 B，扩张比 $m = \left(\dfrac{0.52}{0.15}\right)^2 = 12 > 5$，$\Delta L_{max} = 20 \lg m - 6 = 20 \lg 12 - 6 = 15.6 dB > 15 dB$，满足要求。

答案选【B】。

【解析】 参见《噪声与振动控制工程手册》P509 公式 7.3-12、7.3-13。

11. 某常温气流管道直径为 150mm，要求降低 125Hz 的噪声，现有 4 个不同原理和结构的消声器，试判断哪个消声器可以满足使用要求？（声速取 340m/s）【2013-1-94】

  (A) $\phi 250mm \times 1240mm$ 圆筒形单腔共振消声器

（B）直管道2m的区段内加设一4.72m旁通支管道的干涉式消声器

（C）φ350mm×680mm 单腔扩张室消声器

（D）填充容重为20kg/m³、吸声层厚度为50mm超细玻璃棉的管式阻性消声器

解：

选项A，根据《教材（第二册）》P481，可知共振腔的尺寸（包括纵横尺寸）应小于共振频率相应波长的1/3，共振波长为 $\frac{1}{3}\lambda = \frac{c}{3f} = \frac{340}{3 \times 125} = 0.91\text{m}$，而共振腔长为1.24m大于0.91m，故A不合适；

选项B，根据《教材（第二册）》P490 公式5-2-67可知，$l_\text{支} - l_\text{主} = (2n+1)\frac{\lambda}{2} = (2n+1)\frac{340}{2 \times 125} = 1.36(2n+1)$，$n=0$ 时，$l_\text{支} - l_\text{主} = (2n+1)\frac{\lambda}{2} = 1.36\text{m}$；$n=1$ 时，$l_\text{支} - l_\text{主} = (2n+1)\frac{\lambda}{2} = 1.36(2 \times 1+1) = 4.08\text{m}$；故选项B两个管道的差值不是 $\lambda/2$ 的奇数倍，对125Hz频率噪声无效果；

选项C，根据《教材（第二册）》P472 公式5-2-52，可知单腔扩张室消声器的最大消声频率为：

$f_\text{max} = \frac{1}{4}(2n+1)\frac{c}{l} = \frac{1}{4}(2n+1)\frac{340}{0.68} = 125(2n+1)$。$n=0$ 时，$f_\text{max} = \frac{1}{4}(2n+1)\frac{c}{l} = 125\text{Hz}$，满足降低125Hz的要求；

选项D，依据《教材（第二册）》P416，可知超细玻璃棉是多孔吸声材料，中高频吸声系数较高，对125Hz低频噪声吸声效果差，D不符合要求。

答案选【C】。

12. 某空压机进气噪声在125Hz时有一明显峰值，进气管内径为150mm，拟设计一单腔扩张室消声器，要求125Hz频率上有11dB的消声值，试问如下4种方案中哪种结构参数可以满足设计要求？（声速取340m/s）【2013-1-95】

（A）内径350mm；长680mm　　　　（B）内径400mm；长680mm

（C）内径350mm；长1360mm　　　（D）内径400mm；长1360mm

解：

计算4个消声器的最大消声频率：

选项A、B，$f_\text{max} = \frac{1}{4}(2n+1)\frac{c}{l} = \frac{1}{4}(2n+1)\frac{340}{0.68} = 125(2n+1)$，$n=0$ 时最大消声频率为125Hz；满足要求。

选项C、D，$f_\text{max} = \frac{1}{4}(2n+1)\frac{c}{l} = \frac{1}{4}(2n+1)\frac{340}{1.36} = 62.5(2n+1)$，$n=0$ 时最大消声频率为62.5Hz，$n=1$ 时最大消声频率为187.5Hz，不满足要求。

计算选项A、B的消声量：

选项A，扩张比 $m = \left(\frac{0.35}{0.15}\right)^2 = 5.44 > 5$，$\Delta L_\text{max} = 20\lg m - 6 = 20\lg 5.44 - 6 = 8.71\text{dB} <$

11dB，不满足要求；

选项 B，扩张比 $m = \left(\dfrac{0.40}{0.15}\right)^2 = 7.11 > 5$，$\Delta L_{\max} = 20\lg m - 6 = 20\lg 7.11 - 6 = 11.04\text{dB} > 11\text{dB}$，满足要求。

答案选【B】。

【解析】参见《噪声与振动控制工程手册》P509 公式 7.3-12、7.3-13。

5.3.4 共振腔消声器

※**知识点总结**

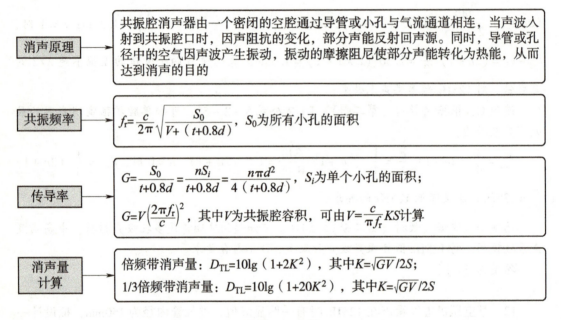

※**真 题**

1. 某常温气流管道直径为 100mm，管壁厚 1.5mm，设计一个与原通道同轴的圆筒型单腔共振消声器，其内管直径与气流道相同，消声器外径为 400mm。若使在中心频率为 63Hz 的倍频带上有 12dB 的消声量，并在内壁打 17 个直径为 5mm 的小孔，问共振消声器内管壁厚应为多少？（声速 340m/s）【2008-1-93】

(A) 8mm　　　　　　　　　　(B) 6mm
(C) 2.0mm　　　　　　　　　(D) 1.5mm

解：

气流通道面积：$S = \pi \left(\dfrac{D}{2}\right)^2 = \pi \times 0.05^2 = 0.00785\text{m}^2$；

确定 K 值：$D_{TL} = 10\lg(1 + 2K^2) = 12\text{dB} \Rightarrow K = 2.72$；

共振腔容积：$V = \dfrac{c}{\pi f_r} KS = \dfrac{340 \times 2.72 \times 0.00785}{\pi \times 63} = 0.04\text{m}^3$；

共振腔传导率：$G = V\left(\dfrac{2\pi f_r}{c}\right)^2 = 0.04 \times \left(\dfrac{2\pi \times 63}{340}\right)^2 = 0.054$；

小孔面积：$S_i = \pi \left(\dfrac{D}{2}\right)^2 = \pi \times 0.0025^2 = 1.96 \times 10^{-5} \mathrm{m}^2$；

内管壁厚：$n = \dfrac{G(t+0.8d)}{S_i} \Rightarrow G = \dfrac{nS_i}{t+0.8d} = \dfrac{17 \times 1.96 \times 10^{-5}}{t+0.8 \times 0.005} = 0.054 \Rightarrow t = 2.167 \mathrm{mm}$。

答案选【C】。

【解析】 共振腔消声器计算参见《教材（第二册）》P482 例题，该例题气流通道面积应为 0.00785；

同上例题，$l = (V \times 4) / \pi (0.3^2 - 0.1^2) = 0.64$，应为 $l = (V \times 4) / \pi (0.4^2 - 0.1^2) = 0.34$。

2. 某气流管道直径为 150mm，设计一个与原通道同轴的圆筒形单腔共振消声器，其内管直径与气流管道相同，要求在中心频率为 125Hz 的倍频带有 15dB 的消声量，试问下列 4 种方案中（外径×长度）哪种消声效果最差（声速 $c = 340 \mathrm{m/s}$）？【2009 - 2 - 95】

　　(A) $\phi 500 \times 340 \mathrm{mm}$　　　　　　　(B) $\phi 400 \times 570 \mathrm{mm}$
　　(C) $\phi 350 \times 780 \mathrm{mm}$　　　　　　　(D) $\phi 300 \times 1150 \mathrm{mm}$

解：

气流通道面积：$S = \dfrac{\pi}{4} D^2 = \dfrac{\pi}{4} \times 0.15^2 = 0.0177 \mathrm{m}^2$；

确定 K 值：$D_{TL} = 10 \lg(1 + 2K^2) = 15 \Rightarrow K = 3.9$；

共振腔容积：$V = \dfrac{c}{\pi f_r} KS = \dfrac{340}{\pi \times 125} \times 3.9 \times 0.0177 = 0.06 \mathrm{m}^3$；

选项 A 共振腔容积：$V = 0.34 \times \dfrac{\pi}{4} \times (0.5^2 - 0.15^2) = 0.06 \mathrm{m}^3$；

选项 B 共振腔容积：$V = 0.57 \times \dfrac{\pi}{4} \times (0.4^2 - 0.15^2) = 0.06 \mathrm{m}^3$；

选项 C 共振腔容积：$V = 0.78 \times \dfrac{\pi}{4} \times (0.35^2 - 0.15^2) = 0.06 \mathrm{m}^3$；

选项 D 共振腔容积：$V = 1.15 \times \dfrac{\pi}{4} \times (0.3^2 - 0.15^2) = 0.06 \mathrm{m}^3$；

但消声器共振腔的尺寸（包括其纵横尺寸）应小于共振频率相应波长的 1/3，f_r 即为共振腔的共振频率，则波长 $\dfrac{\lambda}{3} = \dfrac{c}{3f} = \dfrac{340}{3 \times 125} = 0.907 \mathrm{m}$，D 选项中长度 $1.15 \mathrm{m} > 0.907 \mathrm{m}$，所以 D 消声效果最差。

答案选【D】。

【解析】 参见《教材（第二册）》P481 共振腔消声器的设计及公式 5 - 2 - 63 和 P482 例题。

3. 现有一圆筒形单腔共振消声器，其内管的内径为 100mm，消声器共振腔内径为 300mm，长度 900mm，计算该消声器在中心频率为 63Hz 的 1/3 倍频带消声量为多少？（声速 $c = 340 \mathrm{m/s}$）【2010 - 1 - 94】

　　(A) 0dB　　　　　　　　　　　(B) 30dB
　　(C) 25dB　　　　　　　　　　　(D) 19dB

解：

气流通道面积：$S = \dfrac{\pi}{4}d^2 = \dfrac{\pi}{4} \times 0.1^2 = 7.85 \times 10^{-3} \text{m}^2$；

共振腔容积：$V = \dfrac{\pi}{4}(D^2 - d^2)l = \dfrac{\pi}{4}(0.3^2 - 0.1^2) \times 0.9 = 0.0565 \text{m}^3$；

确定 K 值：$V = \dfrac{c}{\pi f_r}KS \Rightarrow K = \dfrac{\pi f_r V}{cS} = \dfrac{\pi \times 63 \times 0.0565}{340 \times 7.85 \times 10^{-3}} = 4.2$；

1/3 倍频带消声量：$D_{TL} = 10\lg(1 + 20K^2) = 10\lg(1 + 20 \times 4.2^2) = 25.5\text{dB}$。

答案选【C】。

【解析】（1）参见《教材（第二册）》P481 共振腔消声器的设计及公式 5-2-64 和 P482 例题；

（2）注意倍频带和 1/3 倍频带的消声量公式的选取。

4. 改善共振腔消声器之消声频带宽度的措施有多种，下列几种措施中哪种达不到改善共振腔消声器频带宽度的目的？【2010-2-86】

(A) 在消声器内管开孔处衬贴薄而透声的材料

(B) 在共振腔内铺贴吸声层

(C) 减小共振腔的腔深

(D) 不同共振频率的消声器串联应用

解：

选项 A，参考《教材（第二册）》P482 内容，可知 A 正确；

选项 B，参考《教材（第二册）》P482 内容，可知 B 正确；

选项 C，减小腔深即改变共振腔容积，只能改变共振频率，不能改善频带宽度，故 C 错误；

选项 D，参考《教材（第二册）》P482 内容，可知 D 正确。

答案选【C】。

5. 单腔共振消声器内壁厚 2mm，外径 100mm。消声器共振腔内径为 400mm，长度为 230mm，在消声器内壁上穿孔径为 5mm 的小孔，要求中心频率 125Hz 的 1/3 倍频程有最大消声量，请问须打多少个孔？（声速 $c = 340\text{m/s}$）【2010-2-93】

(A) 11　　　　　　　　　　　(B) 44

(C) 3　　　　　　　　　　　 (D) 176

解：

气流通道面积：$S = \dfrac{\pi}{4}d^2 = \dfrac{\pi}{4} \times 0.1^2 = 7.85 \times 10^{-3} \text{m}^2$；

共振腔容积：$V = \dfrac{\pi}{4}(D^2 - d^2)l = \dfrac{\pi}{4}(0.4^2 - 0.1^2) \times 0.23 = 0.027 \text{m}^3$；

共振腔传导率：$G = \left(\dfrac{2\pi f_r}{c}\right)^2 V = \left(\dfrac{2\pi \times 125}{340}\right)^2 \times 0.027 = 0.144$；

穿孔数：$n = \dfrac{G(t+0.8d)}{S_i} = \dfrac{0.144 \times (0.002 + 0.8 \times 0.005)}{\pi \times 0.0025^2} = 44$。

答案选【B】。

【解析】 参见《教材（第二册）》P482 共振腔消声器的设计例题。

6. 关于单腔共振消声器的共振频率 f，以下哪个关系式是正确的？【2011-2-76】

(A) f 正比于 V，V 为共振体积　　　　(B) f 正比于 $\sqrt{V}$，V 为共振体积

(C) f 正比于 $\sqrt{\dfrac{1}{V}}$，V 为共振体积　　(D) f 正比于 $\sqrt{\dfrac{1}{l}}$，l 为深度，即板厚

解：

根据《教材（第二册）》P479 公式 5-2-59，可知 f 正比于 $\sqrt{\dfrac{1}{V}}$。

答案选【C】。

7. 某常温气流管道设有一旁支管单腔共振消声器，连接管直径为 100mm，消声器为圆筒形，长度为 400mm，要求在中心频率为 63Hz 的倍频带上有 15dB 的消声量，问消声器的外径应为多少？（声速 c = 340m/s）【2011-2-92】

(A) 0.11m　　　　　　　　　　(B) 0.21m

(C) 0.31m　　　　　　　　　　(D) 0.41m

解：

气流通道面积：$S = \dfrac{\pi}{4}D^2 = \dfrac{\pi}{4} \times 0.1^2 = 7.85 \times 10^{-3} \mathrm{m}^2$；

确定 K 值：$D_{TL} = 10\lg(1+2K^2) = 15 \Rightarrow K = 3.9$；

共振腔容积：$V = \dfrac{c}{\pi f_r} KS = \dfrac{340}{\pi \times 63} \times 3.9 \times 7.85 \times 10^{-3} = 0.0526 \mathrm{m}^3$；

消声器外径：$V = \dfrac{\pi}{4}(d^2 - D^2)l = \dfrac{\pi}{4}(d^2 - 0.1^2) \times 0.4 = 0.0526 \mathrm{m}^3 \Rightarrow d = 0.42\mathrm{m}$。

答案选【D】。

【解析】 参见《教材（第二册）》P481 共振腔消声器的设计及公式 5-2-63 和 P482 例题。

8. 某常温气流管道，管壁厚 2mm，管径 100mm，长度为 10m。利用其中一截管道，设计一个与气流管道同轴的圆筒形单腔共振消声器，要使在中心频率为 63Hz 的倍频带上有 17dB 的消声量，设内管壁打孔孔径为 5mm，试问应打多少个孔？（声速 c = 340m/s）【2011-2-96】

(A) 7　　　　　　　　　　　　(B) 17

(C) 28　　　　　　　　　　　 (D) 55

解：

气流通道面积：$S = \dfrac{\pi}{4}d^2 = \dfrac{\pi}{4} \times 0.1^2 = 7.85 \times 10^{-3} \mathrm{m}^2$；

确定 K 值：$D_{TL} = 10\lg(1+2K^2) = 17 \Rightarrow K = 4.96$；

共振腔容积：$V = \dfrac{c}{\pi f_r} KS = \dfrac{340}{\pi \times 63} \times 4.96 \times 7.85 \times 10^{-3} = 0.067 \mathrm{m}^3$；

共振腔传导率：$G = \left(\dfrac{2\pi f_r}{c}\right)^2 V = \left(\dfrac{2\pi \times 63}{340}\right)^2 \times 0.067 = 0.091$；

穿孔数：$n = \dfrac{G(t+0.8d)}{S_i} = \dfrac{0.091 \times (0.002 + 0.8 \times 0.005)}{\pi \times 0.0025^2} = 27.8$，取 28 个孔。

答案选【C】。

【解析】 参见《教材（第二册）》P482 共振腔消声器的设计例题。

9. 某常温气流管道直径为 100mm，设计一内管直径与气流管道直径相同的单腔共振消声器，共振腔容积为 $0.027\mathrm{m}^3$，试问该消声器在中心频率为 125Hz 的 1/3 倍频带的消声量为多少？（声速 $c = 340\mathrm{m/s}$）【2011-2-98】

  (A) 18dB   (B) 15dB
  (C) 16dB   (D) 25dB

解：

气流通道面积：$S = \dfrac{\pi}{4} d^2 = \dfrac{\pi}{4} \times 0.1^2 = 7.85 \times 10^{-3} \mathrm{m}^2$；

确定 K 值：$V = \dfrac{c}{\pi f_r} KS \Rightarrow K = \dfrac{\pi f_r V}{Sc} = \dfrac{\pi \times 125 \times 0.027}{7.85 \times 10^{-3} \times 340} = 3.97$；

1/3 倍频带消声量：$D_{TL} = 10\lg(1+20K^2) = 10\lg(1+20 \times 3.97^2) = 25\mathrm{dB}$。

答案选【D】。

【解析】 参见《教材（第二册）》P482 共振腔消声器的设计例题。

10. 一台圆筒形单腔共振消声器，其内管直径为 100mm，外径为 400mm，要使在中心频率为 63Hz 的 1/3 倍频带上有 27dB 的消声量，设内管壁打 28 个直径为 5mm 的小孔，请问共振消声器内管壁厚应为多少？（声速 $c = 340\mathrm{m/s}$）【2012-2-99】

  (A) 8mm   (B) 16mm
  (C) 2mm   (D) 1.5mm

解：

气流通道面积：$S = \dfrac{\pi}{4} d^2 = \dfrac{\pi}{4} \times 0.1^2 = 7.85 \times 10^{-3} \mathrm{m}^2$；

确定 K 值：$D_{TL} = 10\lg(1+20K^2) = 27 \Rightarrow K = 5$；

共振腔容积：$V = \dfrac{c}{\pi f_r} KS = \dfrac{340 \times 5 \times 7.85 \times 10^{-3}}{\pi \times 63} = 0.067 \mathrm{m}^3$；

共振腔传导率：$G = \left(\dfrac{2\pi f_r}{c}\right)^2 V = \left(\dfrac{2\pi \times 63}{340}\right)^2 \times 0.067 = 0.091$；

内管壁厚：

$n = \dfrac{G(t+0.8d)}{S_i} \Rightarrow t = \dfrac{nS_i}{G} - 0.8d = \dfrac{28 \times \pi \times (2.5 \times 10^{-3})^2}{0.091} - 0.8 \times 5 \times 10^{-3} = 2 \times 10^{-3} = 2\mathrm{mm}$。

答案选【C】。

【解析】 参见《教材（第二册）》P482 共振腔消声器的设计例题。

11. 某气流管道直径为 100mm，试设计一个与原通道同轴的圆筒形单腔共振消声器，其内管直径与气流管道直径相同，消声器外径为 400mm，要使在中心频率为 63Hz 的 1/3 倍频带上有 27dB 的消声量，设共振消声器内管壁厚 2mm，内管壁打直径为 5mm 的小孔，问应打多少个孔？（声速取 340m/s）【2013-1-96】

(A) 28 个 　　　　　　　　　　　(B) 38 个
(C) 48 个 　　　　　　　　　　　(D) 58 个

解：

气流通道面积：$S = \dfrac{\pi}{4}d^2 = \dfrac{\pi}{4} \times 0.1^2 = 7.85 \times 10^{-3} \text{m}^2$；

确定 K 值：$D_{TL} = 10\lg(1 + 20K^2) = 27 \Rightarrow K = 5$；

共振腔容积：$V = \dfrac{c}{\pi f_r}KS = \dfrac{340 \times 5 \times 7.85 \times 10^{-3}}{\pi \times 63} = 0.067 \text{m}^3$；

共振腔传导率：$G = \left(\dfrac{2\pi f_r}{c}\right)^2 V = \left(\dfrac{2\pi \times 63}{340}\right)^2 \times 0.067 = 0.091$；

孔数：$n = \dfrac{G(t + 0.8d)}{S_i} = \dfrac{0.091 \times (0.002 + 0.8 \times 0.005)}{\pi \times (2.5 \times 10^{-3})^2} = 27.8$，取 28 个孔。

答案选【A】。

【解析】 参见《教材（第二册）》P482 共振腔消声器的设计例题。

5.3.5 阻抗复合消声器

※ 真 题

1. 下面哪个关于阻抗复合消声器的说法不正确？【2012-2-98】
(A) 阻抗复合消声器是将阻性和抗性消声器合成一体
(B) 在抗性消声器上，复合阻性消声器是为了进一步有效提高复合消声器的低频段消声效果
(C) 阻抗复合消声器具有宽频带消声效果
(D) 阻抗复合消声器的消声效果可近似为两种结构消声器各自消声量的代数和

解：
根据《环境工程手册·环境噪声控制卷》P190，可知阻性消声器主要适用于中高频噪声，抗性消声器则以低中频消声为主。实际上气流噪声多数属宽频噪声，所以将阻性和抗性消声器组合成一体，可以适应宽频噪声消声的需要。阻抗复合式消声器的消声效果可近似作为阻性和抗性两种消声器各自消声量的代数和，故A、C、D正确，B错误。

答案选【B】。

2. 某风机装有一台阻抗复合式消声器，消声器通道内的气流平均流速为 12m/s，要

求气流再生噪声 A 声功率级的最大值不超过 80dB，试问该消声器通流面积应为多少？（计算时结构常数 a 取上限）【2013-1-97】

(A) $0.8m^2$ (B) $1.1m^2$
(C) $2.5m^2$ (D) $5.0m^2$

解：

根据《噪声与振动控制工程手册》P503 公式 7.2-7，有：

$L_{WA} = a + 60\lg v + 10\lg S$，阻抗复合消声器 $a = 5dB \sim 15dB$，按题干 a 取上限 $a = 15dB$，则有

$L_{WA} = 15 + 60\lg 12 + 10\lg S = 80 \Rightarrow S = 1.06m^2$。

答案选【B】。

5.3.6 微穿孔板消声器

※ 真 题

1. 某管道内气流的温度为 150℃，流速为 20m/s，选用一消声器，要求在较宽的频带范围内具有一定的插入损失，且压力损失要小，请问采用如下哪种结构的消声器最为适宜？【2007-1-82】

(A) 阻性折板式消声器   (B) 充填软质聚氨酯泡沫的片式消声器
(C) 微穿孔板消声器   (D) 干涉式消声器

解：

选项 A，根据《教材（第二册）》P464，可知阻性折板式消声器阻力较高，故 A 不适合；

选项 B，根据《噪声与振动控制工程手册》P472，可知片式消声器的中高频消声性能优良，气流阻力也小，但充填的聚氨酯泡沫不能在 150℃ 的情况下使用，故 B 不适合；

选项 C，根据《教材（第二册）》P484，可知微穿孔板消声器的空气动力性能好，适用于要求阻损小的设备。可用普通金属板制作，耐高温、潮湿、腐蚀或有短暂火焰的环境，故 C 适合；

选项 D，根据《教材（第二册）》P490，可知干涉消声器对宽频带的噪声没有什么效果，故 D 不适合。

答案选【C】。

2. 某噪声控制设备厂购买一批穿孔板，准备制作微穿孔板消声器，供货方提供了如下几种规格的孔板材料，问哪一种能够用于加工微穿孔板消声器？【2007-2-77】

(A) 孔径 0.8mm，穿孔率 1%   (B) 孔径 5mm，穿孔率大于 25%
(C) 孔径 8mm，穿孔率 10%   (D) 孔径 1mm，穿孔率 15%

解：

根据《教材（第二册）》P484，可知在厚度小于 1mm 的板材上，开适量孔径为 1mm 左右的微孔，穿孔率一般为 1%~3%，在穿孔板后留有一定的空腔，即成为微穿孔板消声器。

答案选【A】。

5.3.7 小孔喷注消声器

※ 真　题

1. 某厂空压机站建在厂区边界附近，排气压力为 10kg/cm² 的放空排气口距地面高度为 25m，在投入运转后，夜间在厂区边界敏感区域一居民楼外测得频繁突发的排气放空噪声为 78dB，对此，应采用下列哪种措施降低噪声比较合理？【2007 - 1 - 92】
   (A) 在排气口处加装阻性片式消声器
   (B) 在厂界处建立隔声屏障
   (C) 在排气口处加装扩张室消声器
   (D) 在排气口处加装小孔喷注排气消声器

解：

依据《噪声与振动控制工程手册》P498，可知小孔喷注排气消声器主要适用于降低排气压力较低（如 5kg/cm² ~ 10kg/cm²）而流速甚高的排气放空噪声，如压缩空气的排放、锅炉蒸汽的排空等。

答案选【D】。

2. 小孔喷注排气消声器以许多小的喷口代替一个大的喷口，适用于降低高速喷流噪声。现设计一个单层小孔喷注消声器，要求消声量为 16dB，问小孔的孔径应选择以下哪一项？【2011 - 2 - 82】
   (A) 0.5mm　　　　　　　　(B) 1.0mm
   (C) 2.0mm　　　　　　　　(D) 3.0mm

解：

根据《噪声与振动控制工程手册》P514，可知：

设 $X_A < 1$，则 $\Delta L_A = 10\lg\dfrac{4}{3\pi}X_A^3 = 16 \Rightarrow X_A = 0.389$，满足 $X_A < 1$；

$X_A < 1$ 时，$X_A = 0.165\dfrac{d}{d_0}$。其中 $d_0 = 1\text{mm}$，可得 $d = \dfrac{0.389}{0.165} = 2.36\text{mm}$；

要求消声量为 16dB，则根据表 7.3 - 6 可知 $d = 2\text{mm}$ 时消声量为 18.7dB；$d = 3\text{mm}$ 时消声量为 14dB，因此 2mm 的孔径满足要求。

答案选【C】。

5.3.8 干涉消声器

※ 真　题

1. 某气流管道有一突出的 125Hz 纯音成分，现设计一干涉式消声器，在原管道 1.5m 的区段内加设一旁通支管道。试问如下哪个旁通支管道长度能够对 125Hz 的纯音有好的消声效果？（声速 $c = 340\text{m/s}$）【2009 - 1 - 86】
   (A) 1.36m　　　　　　　　(B) 2.72m

(C) 2.86m   (D) 4.22m

解：

设旁通管道长度为 l，主管道长度 $l_1 = 1.5$m，波长 $\lambda = \dfrac{c}{f} = \dfrac{340}{125} = 2.72$m；

$l = l_1 + \dfrac{\lambda}{2}(2n+1) = 1.5 + \dfrac{2.72}{2}(2n+1) = 1.5 + 1.36 \times (2n+1)$，此处 $n = 0$、1、2、…，所以 $n=0$ 时，$l = l_1 + \dfrac{\lambda}{2}(2n+1) = 1.5 + \dfrac{2.72}{2}(2n+1) = 1.5 + 1.36 = 2.86$m。

答案选【C】。

【解析】（1）干涉消声器原理，参考《噪声与振动控制工程手册》P493。两管道距离差值为 $\lambda/2$，即可达到消声目的，以此为 n 的取值根据；

（2）干涉消声器计算公式，参考《教材（第二册）》P490 公式 5-2-67，根据实际情况，l、l_1 可调换。

2. 某干涉式消声器的直管道长度为 1.5m，旁通支管长度为 2.86m，试问该消声器对下面哪个频率的纯音有较好的消声效果？（声速 $c = 340$m/s）【2011-2-93】

(A) 63Hz   (B) 125Hz
(C) 250Hz   (D) 500Hz

解：

旁通管道长度为 $l = 2.86$m，主管道长度 $l_1 = 1.5$m，$l = l_1 + \dfrac{\lambda}{2}(2n+1)$，此处 $n = 0$、1、2、…，所以 $n=0$ 时，$l = l_1 + \dfrac{\lambda}{2}(2n+1) = 1.5 + \dfrac{\lambda}{2} = 2.86 \Rightarrow \lambda = 2.72$m；

$f = \dfrac{c}{\lambda} = \dfrac{340}{2.72} = 125$Hz。

答案选【B】。

【解析】（1）干涉消声器原理，参考《噪声与振动控制工程手册》P493。两管道距离差值为 $\lambda/2$，即可达到消声目的，以此为 n 的取值根据；

（2）干涉消声器计算公式，参考《教材（第二册）》P490 公式 5-2-67，根据实际情况，l、l_1 可调换。

3. 某常温气流管道有一突出的 250Hz 纯音成分，现设计一干涉式消声器，在原管道 2m 的区段上加设一旁通支管道，试问下面哪个旁通支管道长度能够对 250Hz 纯音有较好的消声效果？（声速 340m/s）【2012-2-96】

(A) 2.00m   (B) 2.68m
(C) 3.36m   (D) 4.72m

解：

$\lambda = \dfrac{c}{f} = \dfrac{340}{250} = 1.36$m，设旁通管道长度为 l，主管道长度 $l_1 = 2$m，$l = l_1 + \dfrac{\lambda}{2}(2n+1)$，此处 $n=0$、1、2、…，所以 $n=0$ 时，$l = l_1 + \dfrac{\lambda}{2}(2n+1) = 2 + \dfrac{1.36}{2} = 2.68$m。

答案选【B】。

【解析】 （1）干涉消声器原理，参考《噪声与振动控制工程手册》P493。两管道距离差值为 $\lambda/2$，即可达到消声目的，以此为 n 的取值根据；

（2）干涉消声器计算公式，参考《教材（第二册）》P490 公式 5-2-67，根据实际情况，l、l_1 可调换。

5.3.9 片式消声器

※ 真　题

1. 某风机装有1台气流通道面积为 $1.5m^2$ 的片式消声器，要求气流再生噪声 A 声功率级的最大值不超过 85dB，试问该消声器通道内的气流最大平均流速不应超过多少？【2008-1-96】

(A) 20m/s　　　　　　　　　(B) 14m/s
(C) 24m/s　　　　　　　　　(D) 11m/s

解：
根据《噪声与振动控制工程手册》P503 公式 7.2-7，可知 $L_{WA} = a + 60\lg v + 10\lg S$。其中片式消声器 $a = -5dB \sim 5dB$，$S = 1.5m^2$，代入数据得：

$85 = (-5 \sim 5) + 60\lg v + 10\lg 1.5 \Rightarrow v = 29.5m/s \sim 20m/s$，设 a 以最大值 5 算，所以最大气流速度不应超过 20m/s。

答案选【A】。

2. 有两台长度相同的片式阻性消声器，一台消声器的截面为 $10m^2$，另一台消声器的截面为 $1m^2$。如果两台消声器的吸声材料、吸声片间距和吸声片厚度都相同，关于两台消声器的静态消声量的比较，若不考虑气流再生噪声的影响，下列哪个说法是正确的？【2009-1-78】

(A) 截面为 $10m^2$ 的消声器消声量大
(B) 截面为 $1m^2$ 的消声器消声量大
(C) 两台消声器的消声量相同
(D) 截面大的消声器消声量是截面小的消声器消声量的 10 倍

解：
片式消声器结构见下图：

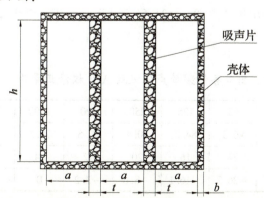

根据《噪声与振动控制工程手册》P507 公式 7.3-5，可知 $\Delta L = 2\varphi(\alpha_0)\frac{a+h}{ah}l$。片式消声器消声量在吸声材料的吸声系数、片间距、片高度、消声器长度相同的情况下，消声器消声量 ΔL 相同。因此题干条件不全，无法判断。

3. 已知某车库排风机风量为 $28800m^3/h$，消声器阻塞比为 0.5。下表给出了车库排风机噪声，风速 $\leq 8m/s$ 时，每 1m 的长阻性片式消声器消声量和 A 计权倍频带修正量。要使消声后的消声器端口噪声达 55dB（A），用于此排风机消声器的截面积及消声器长度应是多少？【2012-2-92】

倍频程中心频率（Hz）	63	125	250	500	1000	2000	4000	8000
风机噪声（dB）	86.3	84.2	80.4	80.5	78.5	76.6	70.1	63.3
消声器消声量（dB/m）	12	8	10	21	32	27	21	15
A 计权修正量（dB）	-26.2	-16.1	-8.6	-3.2	0	1.2	1.0	-1.1

(A) 截面积 $1m^2$，长度 $1m$
(B) 截面积 $1m^2$，长度 $2m$
(C) 截面积 $2m^2$，长度 $1m$
(D) 截面积 $2m^2$，长度 $2m$

解：

气流通道面积：$S_{气} = \frac{28800}{8 \times 3600} = 1m^2$；消声器截面积：$\frac{S_{消} - S_{气}}{S_{消}} = \frac{S_{消} - 1}{S_{消}} = 0.5 \Rightarrow S_{消} = 2m^2$；

消声器长 1m 时，出口各倍频带声压级及 A 计权修正量为：

倍频程中心频率（Hz）	63	125	250	500	1000	2000	4000	8000
风机噪声（dB）	86.3	84.2	80.4	80.5	78.5	76.6	70.1	63.3
消声器消声量（dB/m）	12	8	10	21	32	27	21	15
A 计权修正量（dB）	-26.2	-16.1	-8.6	-3.2	0	1.2	1.0	-1.1

则消声器出口声压级为：

$L_P = 10\lg\left(\sum_i 10^{0.1(L_{Pi}-D_i+\Delta_i)}\right) = 10\lg[10^{0.1(86.3-12-26.2)} + 10^{0.1(84.2-8-16.1)} + 10^{0.1(80.4-10-8.6)} + 10^{0.1(80.5-21-3.2)} + 10^{0.1(78.5-32-0)} + 10^{0.1(76.6-27+1.2)} + 10^{0.1(70.1-21+1)} + 10^{0.1(63.3-15-1.1)}]$

$= 65.2dB > 55dB$

不满足要求。

当消声器长 2m 时，出口各倍频带声压级及 A 计权修正量为：

倍频程中心频率（Hz）	63	125	250	500	1000	2000	4000	8000
风机噪声（dB）	86.3	84.2	80.4	80.5	78.5	76.6	70.1	63.3
消声器消声量（dB/m）	24	16	20	42	64	54	42	30
A 计权修正量（dB）	-26.2	-16.1	-8.6	-3.2	0	1.2	1.0	-1.1

则消声器出口声压级为：

$$L_p = 10\lg\left(\sum_i 10^{0.1(L_{Pi}-D_i+\Delta_i)}\right) = 10\lg[10^{0.1(86.3-24-26.2)} + 10^{0.1(84.2-16-16.1)} + 10^{0.1(80.4-20-8.6)} +$$
$$10^{0.1(80.5-42-3.2)} + 10^{0.1(78.5-64-0)} + 10^{0.1(76.6-54+1.2)} + 10^{0.1(70.1-42+1)} + 10^{0.1(63.3-30-1.1)}]$$
$$= 55.1\text{dB} \approx 55\text{dB}$$

满足要求。

答案选【D】。

【解析】 (1) 片式消声器阻塞比，是指消声片占整个通道截面积的百分比；
(2) 公式中的 D_i 是指第 i 个频带消声器的消声量，Δ_i 是第 i 个频带A计权修正量。

5.3.10 折板消声器

※ **真 题**

某风机装有一台气流通道面积为 1.5m^2 的折板式消声器，要求气流再生噪声A声功率级的最大值不超过85dB（A），试问该消声器通道内气流的最大平均流速应为多少？【2009-1-79】

(A) 11m/s (B) 14m/s
(C) 6m/s   (D) 20m/s

解：
根据《噪声与振动控制工程手册》P503 公式7.2-7，可知气流再生噪声与气流速度一般近似为6次方关系，其经验公式为：$L_{WA} = a + 60\lg v + 10\lg s$，折板消声器 $a = 15\text{dB} \sim 20\text{dB}$，取 $a = 15\text{dB}$，代入公式有：$L_{WA} = a + 60\lg v + 10\lg s = 15 + 60\lg v + 10\lg 1.5 = 85 \Rightarrow v = 13.7\text{m/s}$。

答案选【B】。

5.4 噪声振动污染综合治理

※ **真 题**

1. 一台800kW的柴油发电机组拟采取安装全封闭的组装式隔声罩等综合措施，柴油机的排气噪声为109.5dB，机组的噪声为108dB，设计的指标是隔声罩罩外1m的噪声级低于80dB，请判断以下哪项措施不合理？【2007-2-85】

(A) 隔声罩采用2.0mm铝板（密度2700kg/m³）为隔声罩的隔声板
(B) 隔声罩采用带消声器的通排风系统，该消声器的消声量大于28dB，隔声罩的隔声量大于28dB
(C) 对柴油机发电机组进行良好的隔振
(D) 柴油机排气管道中安装排气消声器并使排气口布置在隔声罩外，消声器的消声量大于30dB

解：
选项A，参见《教材（第二册）》P436 公式5-2-23，单板隔声量，可知：

$\bar{R} = 14.5 \lg m + 10 = 14.5 \lg 5.4 + 10 = 20.6 \text{dB} < 108 \text{dB} - 80 \text{dB} = 28 \text{dB}$，故 A 不合理。
答案选【A】。

2. 以下为某燃煤锅炉噪声治理方案，请问各图所示的治理方案中，相比较哪种方案较为合理？【2007-2-92】

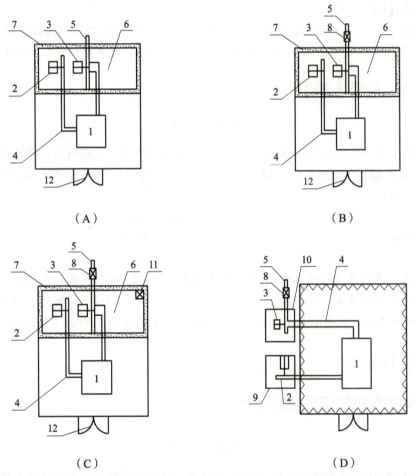

1—燃煤锅炉；2—鼓风机；3—引风机；4—风管；5—烟囱；6—风机扇；7—风机房强吸声；8—排烟消声器；9—鼓风机隔声罩；10—引风机隔声罩；11—风机房间进风消声器；12—隔声门；13—吸声体

解：

鼓风机运行噪声较大，需要在房间内设置吸声体进行降噪；而锅炉燃烧时炉体并没有剧烈噪声，因而锅炉房无须设置吸声材料。为防止鼓风机工作时房间进气口外泄噪声，需在风机房间设置进风消声器；锅炉废气排放时噪声较大，需在房间外设置排烟消声器。

选项 A，未设置风机房间进风消声器、排烟消声器，故 A 不合理；

选项 B，未设置风机房间进风消声器，故 B 不合理；

选项 D，燃煤锅炉房间不需设置吸声体，故 D 不合理。

答案选【C】。

3. 某一楼地下一层建有发电房，安装一台柴油发电机组。机组运转时，机房内噪声为85dB，对周围环境影响很大，为此加装了以下设施：机房进风口高效消声器、发动机排风高效消声器、发动机排气消声器（插入损失均为50dB）和机房的围护结构（包括门、窗等），隔声量均为50dB。工程完工后，周围环境得到很好的改善，但楼上人员仍感觉噪声影响较大。请分析在该发电机组治理中还应增加下列哪种工程措施，才能有效减少对楼上的噪声影响？【2008-1-95】
(A) 在发电机房内增加吸声处理　　(B) 对发电机组进行有效的隔振处理
(C) 提高各台高效消声器的消声量　(D) 对有影响的房间加装隔声门窗

解：
发电机组振动噪声通过结构传声传播到楼上，对楼上人员造成影响，需要对发电机组进行有效的隔振处理。

答案选【B】。

4. 某居民楼顶平台上安装一台通风机组，其噪声为75dB（A）；风机运转时产生噪声对该楼和附近楼群（高度均低于该楼）影响较大，现采取了以下治理措施：在风机进、出口处加装高效消声器，进出管道进行隔声阻尼包扎，在风机处设置隔声屏障。工程完工后，周围楼群噪声均很满意，只有该楼的顶层住房反映仍有噪声影响。试分析该风机噪声治理中，还应增加下列哪种治理措施才能有效降低噪声影响？【2008-2-93】
(A) 加高隔声屏障　　　　　　(B) 给这些住房加装隔声窗
(C) 加长高效消声器的长度　　(D) 对风机机组进行有效的隔振处理

解：
顶层住房噪声主要是风机运行时通过楼板、墙体传播的振动噪声，需要对风机进行有效的隔振处理。

答案选【D】。

5. 某宾馆地下一层的变频风机运行时的结构传声影响风机房上方一楼宴会厅的正常使用，造成噪声污染的主要原因为：该变频风机仅采用橡胶隔振垫隔振，管道存在刚性连接现象。根据《民用建筑隔声设计规范》（GBJ 119—1988）中旅馆建筑室内二级允许噪声限值，试判断下列哪种噪声治理目标和措施比较合理？【2010-1-93】
(A) 民用建筑室内允许噪声级旅馆宴会厅二级标准值50dB，采用低频阻尼弹簧复合减振器和管道弹性连接设计措施
(B) 民用建筑室内允许噪声级旅馆宴会厅二级标准值60dB，采用安装隔声门和双层隔声窗的措施
(C) 民用建筑室内允许噪声级旅馆宴会厅二级标准值50dB，采用吸声降噪措施
(D) 民用建筑室内允许噪声级旅馆宴会厅二级标准值60dB，采用低频阻尼弹簧复合减振器和管道弹性连接设计措施

解：
宴会厅的噪声是由风机隔振效果不好和管道存在刚性连接的情况导致的，因此应加强风机隔振和改管道连接为弹性连接。根据《教材（第三册）》P1505 表6.1.1，可知旅馆

宴会厅二级标准值为 60dB。

答案选【D】。

6. 某制药车间内混响声强烈，其环境噪声频谱如下表：

中心频率（Hz）	63	125	250	500	1000	2000	4000
车间噪声级（dB）	45	47	50	85	85	82	80

问在该车间实施以下哪一项吸声降噪方案可以取得较好效果？（设声速 $c=340m/s$）
【2012-1-89】

(A) 以 10cm 厚超细玻璃棉为吸声材料，并以穿孔铝合金板为护面板，固定在壁面上
(B) 以薄板共振吸声结构固定在壁面上
(C) 以膜状材料形成的共振吸声结构固定在壁面上
(D) 以微穿孔板吸声结构用来吸声降噪

解：
由题表可知车间高频带噪声（500Hz~4000Hz）突出，应采用对高频噪声有较好效果的吸声方案。根据《教材（第二册）》P419 表 5-2-2、P421 表 5-2-5、P422 表 5-2-6、P427 表 5-2-9 可知，超细玻璃棉对高频噪声（500Hz~4000Hz）吸声系数最高。

答案选【A】。

7. 小区配套燃气锅炉房东西长 13.2m，南北宽 10.8m，高 6m，锅炉间内壁和顶面普通粉刷，各面平均吸声系数为 0.03，锅炉房中央安装 12.8MW 燃气锅炉 3 台，锅炉间噪声级为 85dB（A）。以下哪项铺设方案能够降低混响声 5dB（A）？【2012-1-91】

(A) 锅炉间满铺吸声吊顶（平均吸声系数 0.5）
(B) 在锅炉间 5.0m 高处加设 60m² 板式空间吸声体（平均吸声系数：正面 0.8，反面 0.7）
(C) 锅炉间 1.8m 以上墙面增设吸声墙（平均吸声系数 0.5）
(D) 锅炉间 1.8m 以上墙面增设玻璃棉外包玻璃丝布及金属穿孔饰面板吸声墙面（平均吸声系数 0.8）

解：
锅炉房现有吸声量：$A_1 = 13.2 \times 10.8 \times 0.03 + (13.2+10.8) \times 2 \times 0.03 = 5.7 m^2$；

混响声降低 5dB 的需要的吸声量：$\Delta L = 10\lg\dfrac{A_2}{A_1} = 10\lg\dfrac{A_2}{5.7} = 5 \Rightarrow A_2 = 18 m^2$；

需要增加的吸声量为：$A = A_2 - A_1 = 18 - 5.7 = 12.3 m^2$。

选项 A，吸声量增加 $13.2 \times 10.8 \times 0.5 = 71.2 m^2$；
选项 B，吸声量增加 $60 \times (0.7+0.8) = 90 m^2$；
选项 C，吸声量增加 $(13.2+10.8) \times 2 \times (6-1.8) \times 0.5 = 100.8 m^2$；
选项 D，吸声量增加 $(13.2+10.8) \times 2 \times (6-1.8) \times 0.8 = 162.3 m^2$。

本题无答案。

8. 已知 370mm 厚单层砖墙 125Hz 的隔声量为 40dB，试分析对于 370mm 砖墙 + 300mm 空腔 + 370mm 砖墙的双重墙，下列哪种说法不正确？【2012-2-80】
(A) 共用基础双层重墙 125Hz 的隔声量大于 50dB
(B) 当双层重墙基础分离后隔声量可以提高 5dB 以上
(C) 共用基础双层重墙的隔声量高于分离基础的墙 10dB 以上
(D) 分离基础双层重墙 125Hz 的隔声量比单层墙隔声量高 20dB

解：
选项 A，依据《噪声与振动控制工程手册》P271 图 5.1-19 可知，共用基础双层重墙 125Hz 的隔声量大于 50dB，故 A 正确；

选项 B，依据《噪声与振动控制工程手册》P268 图 5.1-17 可知，300mm 厚的空气层附加的隔声量大于 5dB，故 B 正确；

选项 C，依据《噪声与振动控制工程手册》P271 图 5.1-19 可知，分离基础的墙隔声量高于共用基础双层墙的隔声量，故 C 错误；

选项 D，依据《噪声与振动控制工程手册》P271 图 5.1-19 可知，分离基础双层重墙 125Hz 的隔声量大于 60dB，而 370mm 厚单层砖墙 125Hz 的隔声量为 40dB，故 D 正确。

答案选【C】。

9. 某轻质隔声墙为轻钢龙骨双层石膏板结构，每层石膏板面密度为 24kg/m²，为了将该隔声墙的 500Hz 隔声性能提高 4dB，可行的方法是哪一项？【2012-2-87】
(A) 将双层石膏板之间的间距从 10cm 增加到 15cm
(B) 将原结构中两侧的石膏板替换为 3mm 厚的钢板（密度为 7800kg/m³）
(C) 将每层石膏板的面密度增加 1 倍
(D) 将填充于双层石膏板之间的吸声材料平均吸声系数从 0.6 提高到 0.8

解：
选项 A，依据《噪声与振动控制工程手册》P268 图 5.1-17，可知空气层厚度由 10cm 增加到 15cm，隔声量提高约 2dB，故 A 错误；

选项 B，3mm 厚钢板的面密度为 23.4kg/m²，根据《噪声与振动控制工程手册》P268 公式 5.1-21

$\bar{R}_1 - \bar{R}_2 = 13.5\lg(M_1 + M_2) - 13.5\lg(M_1 + M_2) = 13.5\lg48 - 13.5\lg47.6 = 0.05\text{dB}$，

可知 B 错误；

选项 C，每层石膏板面密度增加一倍，即 $\bar{R}_1 - \bar{R}_2 = 13.5\lg(2M_1 + 2M_2) - 13.5\lg(M_1 + M_2) = 13.5\lg2 = 4.06\text{dB}$，故 C 正确；

选项 D，吸声材料平均吸声系数从 0.6 提高到 0.8，隔声量提高幅度很小，故 D 错误。

答案选【C】。

10. 某机构办公楼高 18m，位于 I 类声环境功能区，其设于屋面上的排风机因噪声超标引起附近一住宅楼（共有 18 层）居民的噪声投诉。经环保部门实测，10 层住户窗外

1m处昼间噪声66dB（A），该区域昼间环境本底噪声为58dB（A）（风机关闭时）。环保部门要求该机构对排风机噪声扰民进行限期治理，以不增加居民楼外昼间噪声污染为治理目标（风机仅昼间运行）。经测量风机运行时风机旁1m处噪声88dB（A），风机尺寸为1.52m×1.25m×1.35m（长×宽×高）。符合治理目标的合理方案是下面哪一个？【2013-1-79】

（A）在排风机排风口处增设1.8m长阻抗复合消声器
（B）在排风机靠居民楼一侧设2.5m高、总长3m的槽型隔声屏障
（C）机组设置插入损失为20dB（A）的通风隔声罩
（D）机组设置插入损失为10dB（A）的通风隔声罩

解：
选项A，由于风机噪声包括空气动力噪声和机械噪声，在排风口装消声器只能减小空气动力噪声，故A不合适；

选项B，风机位于办公楼18m高的屋面上，风机高1.35m，而10楼高度约30m，而声屏障高度为2.5m，10楼不在声影区范围内，声屏障效果较差，故B不合适；

选项C、D，为满足不增加居民楼外昼间噪声污染的目标，隔声罩需要66-58=8dB的隔声量，如果按《工业企业噪声控制设计规范》4.2.4条考虑，需要在8dB基础上再增加5dB，所以需要最少13dB的隔声量，故C合适，D不合适。

答案选【C】。

6 振动控制

6.1 弹簧隔振器

※知识点总结

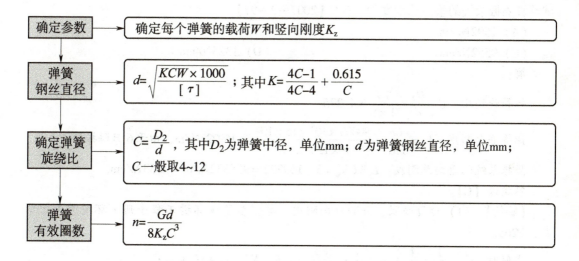

※真 题

1. 一台机器用6只相同的螺旋弹簧隔振,6只隔振弹簧的垂向总刚度为9000N/cm,弹簧平均直径(中径)为70mm,弹簧钢丝半径为8mm,弹簧钢丝的切变模量为80000MPa,问每个隔振弹簧的工作圈应为多少圈?【2007-1-94】

(A) 2.1 (B) 8
(C) 12.7 (D) 1.3

解:

弹簧旋绕比:$C = \dfrac{D_2}{d} = \dfrac{70}{2 \times 8} = 4.375$;由于6只隔振弹簧并联,垂向总刚度9000N/cm,则单根弹簧垂向刚度:$K_z = \dfrac{9000}{6} = 1500 \text{N/cm} = 150000 \text{N/m}$;

弹簧有效圈数:$n = \dfrac{Gd}{8K_z C^3} = \dfrac{80000 \times 10^6 \times 16 \times 10^{-3}}{8 \times 150000 \times 4.375^3} = 12.7$。

答案选【C】。

【解析】(1) 弹簧串联、并联垂向刚度计算,参见《环境工程手册·环境噪声控制卷》P265。

串联时:$\dfrac{1}{K} = \dfrac{1}{K_1} + \dfrac{1}{K_2} + \cdots + \dfrac{1}{K_3}$;并联时:$K = K_1 + K_2 + \cdots + K_3$

（2）弹簧计算步骤，参见《环境工程手册·环境噪声控制卷》P266 表 5-44 和《噪声与振动控制工程手册》P673；

（3）公式 $n = \dfrac{Gd}{8K_z C^3}$ 中，G 为切变模量，单位 Pa；d 为弹簧钢丝直径，单位 m；K_z 为弹簧垂向刚度，单位 N/m。

2. 一台机器用 6 只圆柱型螺旋弹簧隔振。已知每个隔振弹簧的有效圈数为 12 圈，弹簧平均直径（中径）为 70mm，弹簧钢丝半径为 8mm，弹簧钢丝的切变模量为 80000MPa，试计算隔振系统的垂向总刚度为多少？【2007-2-97】

  （A）1592N/cm   （B）600N/cm

  （C）9552N/cm   （D）1325N/cm

解：

弹簧旋绕比：$C = \dfrac{D_2}{d} = \dfrac{70}{2 \times 8} = 4.375$；

弹簧垂向刚度：$K_z = \dfrac{Gd}{8nC^3} = \dfrac{80000 \times 10^6 \times 16 \times 10^{-3}}{8 \times 12 \times 4.375^3} = 159222$ N/m，由于 6 只隔振弹簧并联，

隔振系统的垂向总刚度：$K = 6K_z = 6 \times 159222 = 955332$ N/m $= 9553$ N/cm。

答案选【C】。

【解析】（1）弹簧串联、并联垂向刚度计算，参见《环境工程手册·环境噪声控制卷》P265。

串联时：$\dfrac{1}{K} = \dfrac{1}{K_1} + \dfrac{1}{K_2} + \cdots + \dfrac{1}{K_3}$；并联时：$K = K_1 + K_2 + \cdots + K_3$；

（2）弹簧计算步骤，参见《环境工程手册环境噪声控制卷》P266 表 5-44 和《噪声与振动控制工程手册》P673；

（3）公式 $n = \dfrac{Gd}{8K_z C^3}$ 中，G 为切变模量，单位 Pa；d 为弹簧钢丝直径，单位 m；K_z 为弹簧垂向刚度，单位 N/m。

3. 一台连底座总重 1.65t 的机器，用 4 只性能相同的螺旋钢弹簧支撑隔振。已知钢弹簧的旋绕比为 5，容许切应力为 470MPa，切变模量为 80000MPa，试计算弹簧的中径为多少？【2008-1-100】

  （A）120.0mm   （B）38.5mm

  （C）80.0mm   （D）60.0mm

解：

已知弹簧旋绕比 $C = 5$，可得弹簧曲线度系数：$K = \dfrac{4C-1}{4C-4} + \dfrac{0.615}{C} = \dfrac{19}{16} + \dfrac{0.615}{5} = 1.3105$；

弹簧钢丝直径：$d = \sqrt{\dfrac{KCW \times 1000}{[\tau]}} = \sqrt{\dfrac{1.3105 \times 5 \times \dfrac{1.65 \times 9.81}{4} \times 1000}{470}} = 12$ mm；

弹簧中径：$C = \dfrac{D_2}{d} \Rightarrow D_2 = Cd = 5 \times 12 = 60$ mm。

答案选【D】。

【解析】 (1) 弹簧计算,参见《噪声与振动控制工程手册》P673 公式 8.8-1、8.8-2、8.8-3、8.8-4,公式 8.8-2 中 W 应为单根弹簧承受载荷,单位 kN;

(2) 具体例题可参考《噪声与振动控制工程手册》P676 设计例题计算。

6.2 隔振垫

※知识点总结

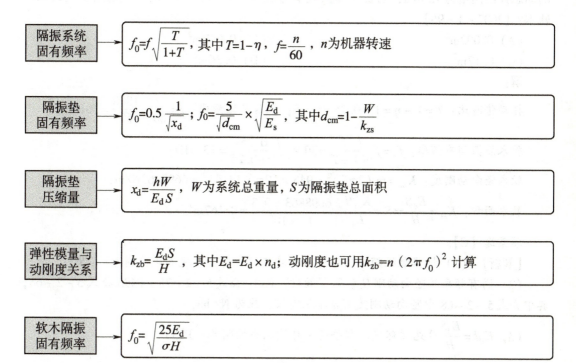

※真题

1. 一块载荷为 204.1kg 的正方形橡胶隔振垫,其边长为 12cm,工作高度为 4cm,当动态系数为 1.5 时,欲使其固有频率为 12Hz,应选用静态弹性模量为多少的隔振垫?【2007-1-95】

(A) 22330Pa (B) 3.27MPa
(C) 21788Pa (D) 2.18MPa

解:

隔振垫工作压缩量:$f_0 = 0.5 \dfrac{1}{\sqrt{x_d}} \Rightarrow \sqrt{x_d} = \dfrac{0.5}{f_0} \Rightarrow x_d = \left(\dfrac{0.5}{12}\right)^2 = 1.736 \times 10^{-3}$m;

动态弹性模量:$x_d = \dfrac{hW}{E_d S} \Rightarrow E_d = \dfrac{hW}{x_d S} = \dfrac{0.04 \times 204.1 \times 10}{1.736 \times 10^{-3} \times 0.12^2} = 3.27 \times 10^6$Pa $= 3.27$MPa;

静态弹性模量:$E_s = \dfrac{E_d}{n_d} = \dfrac{3.27}{1.5} = 2.18$MPa。

答案选【D】。

【解析】（1）隔振垫计算步骤，参见《环境工程手册·环境噪声控制卷》P257 公式 5-72；

（2）动态系数定义，参见《环境工程手册·环境噪声控制卷》P255，可知动态弹性模量比静态弹性模量大，二者比值称为动态系数或动静比。

2. 一台转速为 1800r/min 的机器重 945kg，欲用 300mm 厚的软木隔振，已知该软木的动态弹性模量为 12MPa，当要求隔振效率为 75%（不计阻尼）时，应选用多大面积的软木？【2007-1-96】

(A) $0.002m^2$　　　　　　　　(B) $0.017m^2$
(C) $0.17m^2$　　　　　　　　(D) $0.36m^2$

解：

振动传递比：$T = 1 - \eta = 1 - 0.75 = 0.25$；机器激振频率：$f = \dfrac{n}{60} = \dfrac{1800}{60} = 30Hz$；

软木隔振固有频率：$f_0 = f\sqrt{\dfrac{T}{1+T}} = 30 \times \sqrt{\dfrac{0.25}{1+0.25}} = 13.4Hz$；

软木竖向动刚度：$K_{zd} = m(2\pi f_0)^2 = 945 \times (2\pi \times 13.4)^2 = 6698863 N/m$；

软木面积：$K_{zd} = \dfrac{E_d S}{H} \Rightarrow S = \dfrac{K_{zd}H}{E_d} = \dfrac{6698863 \times 0.3}{12 \times 10^6} = 0.167 m^2$。

答案选【C】。

【解析】（1）机器激振频率，参见《环境工程手册·环境噪声控制卷》P203；

（2）固有频率及竖向动刚度参见《教材》P501 公式 5-2-75、P493 公式 5-2-68，其中公式 5-2-68 中竖向动刚度 $K_z d$ 单位有误，应为 N/dm；

（3）$K_z d = \dfrac{E_d S}{H}$ 参见《环境工程手册·环境噪声控制卷》P255。

3. 一台印刷机用 15cm 厚的软木隔振，已知软木动态弹性模量为 6.25MPa，当该软木的应力为 45KPa 时，软木的压缩变形量为多少？【2007-2-78】

(A) 1.1mm　　　　　　　　(B) 0.01mm
(C) 4.8mm　　　　　　　　(D) 3.3mm

解：

$x_d = \dfrac{hW}{E_d S} = \dfrac{h\sigma}{E_d} = \dfrac{0.15 \times 45 \times 10^3}{6.25 \times 10^6} = 1.08 \times 10^{-3} m = 1.08 mm$。

答案选【A】。

【解析】（1）参见《环境工程手册·环境噪声控制卷》P257 公式 5-72；

（2）σ 为隔振垫材料允许应力，单位 Pa。参见《环境工程手册·环境噪声控制卷》P257 $\sigma = \dfrac{W}{S}$。

4. 一块正方形实心橡胶块作为隔振元件，未受荷载时，边长为 25cm，厚度为 2cm，

已知其静态弹性模量为 2MPa，动态系数为 1.6，求该橡胶的动刚度？【2007-2-90】

（A） 9600kN/m　　　　　　　　　（B） 6000kN/m
（C） 800kN/m　　　　　　　　　　（C） 10000kN/m

解：

动态弹性模量：$E_d = 2 \times 1.6 = 3.2 \text{MPa}$；

动刚度：$K_{zd} = \dfrac{E_d S}{H} = \dfrac{3.2 \times 10^6 \times 0.25^2}{0.02} = 10 \times 10^6 \text{N/m} = 10000 \text{kN/m}$。

答案选【D】。

5. 一台重 800kg 的水泵机组，采用 4 组双层橡胶隔振垫隔振，橡胶隔振垫的有关参数为：静态弹性模量为 1.5MPa，工作高度为 2.88cm，动态系数为 2.5。当系统的固有频率为 9.1Hz 时，每块隔振垫的面积应为多少？【2008-1-97】

（A） 0.010m²　　　　　　　　　　（B） 0.005m²
（C） 0.025m²　　　　　　　　　　（D） 0.040m²

解：

隔震垫竖向静变形：$f_0 = \dfrac{5}{\sqrt{d_{cm}}} \times \sqrt{\dfrac{E_d}{E_s}} \Rightarrow d_{cm} = \dfrac{25 \times n_d}{f_0^2} = \dfrac{25 \times 2.5}{9.1^2} = 0.75 \text{cm}$；

隔震垫竖向静刚度：$d_{cm} = \dfrac{W}{K_{zs}} \Rightarrow K_{zs} = \dfrac{W}{d_{cm}} = \dfrac{800 \times 9.8/4}{0.75} = 2613 \text{N/cm} = 261300 \text{N/m}$；

隔振垫面积：$K_{zs} = \dfrac{E_s S}{H} \Rightarrow S = \dfrac{K_{zs} H}{E_s} = \dfrac{261300 \times 2.88 \times 10^{-2}}{1.5 \times 10^6} = 0.005 \text{m}^2$。

答案选【B】。

【解析】（1）隔震垫竖向静变形，参见《教材（第二册）》P501 公式 5-2-77；
（2）隔震垫竖向静刚度，参见《教材（第二册）》P493 公式 5-2-71；
（3）隔振垫面积计算，参见《环境工程手册·环境噪声控制卷》P255 公式 5-65；
（4）注意一个隔震垫和多个隔震垫情况时的计算公式的选择。

6. 一块长、宽、厚分别为 30cm、20cm、3cm 的橡胶隔振元件，已知其静态弹性模量为 2MPa，动态系数为 1.6，求该橡胶的动刚度？【2008-2-99】

（A） 6400kN/m　　　　　　　　　（B） 4000kN/m
（C） 5440kN/m　　　　　　　　　（D） 6400kN/m

解：

隔振垫静刚度：$K_{zs} = \dfrac{E_s S}{H} = \dfrac{2 \times 10^6 \times 0.3 \times 0.2}{0.03} = 4 \times 10^6 \text{N/m}$；

隔振垫动刚度：$K_{zd} = K_{zs} \times n_d = 4 \times 10^6 \times 1.6 = 6.4 \times 10^6 \text{N/m} = 6400 \text{kN/m}$。

答案选【A】。

【解析】 隔振垫静刚度、动态系数，参见《环境工程手册·环境噪声控制卷》P255 及公式 5-65。

7. 一块直径为 8cm 的圆形橡胶隔振元件，其未受载荷时的厚度为 5cm，已知其静态弹性模量为 3.5MPa，动态系数为 1.6，求该橡胶件动刚度为多少？【2009-1-82】
(A) 3500000kg/s^2 (B) 2240000N/m
(C) 0.56N/m (D) 560000N/m

解：

隔振垫面积：$S = \frac{1}{4}\pi d^2 = \frac{1}{4}\pi \times 0.08^2 = 5 \times 10^{-3} \text{m}^2$；

隔振垫动态弹性模量：$E_d = E_s n_d = 3.5 \times 1.6 = 5.6 \text{MPa}$；

隔振垫动刚度：$K_{zd} = \frac{E_d S}{H} = \frac{5.6 \times 10^6 \times 5 \times 10^{-3}}{0.05} = 560000 \text{N/m}$。

答案选【D】。

【解析】 隔振垫动刚度、动态系数，参见《环境工程手册·环境噪声控制卷》P255 及公式 5-65。

8. 一台重 1200kg 的水泵机组，采用 6 组双层边长为 20cm 的正方形橡胶隔振垫隔振。现知每层橡胶隔振垫的工作高度为 2.9cm，静态弹性模量为 2.6MPa，动态系数为 1.5，问该隔振系统的固有频率为多少？【2009-1-99】
(A) 18.6Hz   (B) 26.3Hz
(C) 19.6Hz   (D) 7.5Hz

解：

隔振垫动刚度：$E_d = E_s n_d = 2.6 \times 1.5 = 3.9 \text{MPa}$；

隔振垫工作压缩量：$x_d = \frac{hW}{E_d S} = \frac{0.029 \times 1200 \times 9.8}{3.9 \times 10^6 \times 0.2 \times 0.2 \times 6} = 3.7 \times 10^{-4} \text{m}$；

隔振垫固有频率：$f_0 = 0.5 \frac{1}{\sqrt{x_d}} = 0.5 \frac{1}{\sqrt{3.7 \times 10^{-4}}} = 26 \text{Hz}$；

双层隔振垫固有频率：$f_1 = \frac{f_0}{\sqrt{2}} = \frac{26}{\sqrt{2}} = 18.4 \text{Hz}$。

答案选【A】。

【解析】 (1) 隔振垫计算，参见《环境工程手册·环境噪声控制卷》P257 公式 5-72；

(2) 动态系数定义，参见《环境工程手册·环境噪声控制卷》P255，可知动态弹性模量比静态弹性模量大，二者比值称为动态系数或动静比。

(3) 多层隔振垫固有频率，参见《环境工程手册·环境噪声控制卷》P258 公式 5-76。

9. 一台通风机打算采用软木板隔振，在软木板动态弹性模量不变的条件下，选用下列哪组参数其隔振效率最低？【2009-2-82】
(A) 应力 23kPa，厚度 100mm   (B) 应力 8kPa，厚度 300mm
(C) 应力 71kPa，厚度 23mm   (D) 应力 61kPa，厚度 50mm

解：

根据软木固有频率 $f_0 = \sqrt{\dfrac{25E_d}{\sigma H}}$ 及振动传递比 $T = \dfrac{1}{\left|1-\left(\dfrac{f}{f_0}\right)^2\right|}$ 可知 σH 越大，T 越小，故 σH 越小的一组，T 越大，隔振效率越低，各选项 σH 值如下：

(A) 2300　　　　　　　　　　　(B) 2400
(C) 1633　　　　　　　　　　　(D) 3050

答案选【C】。

【解析】（1）软木固有频率，参见《环境工程手册·环境噪声控制卷》P259 公式 5-77；

（2）振动传递比，参见《教材（第二册）》P501 公式 5-2-73。

10. 在隔振系统中，隔振软木在其厚度相同的条件下，下列哪种情况其固有频率最低？【2009-2-99】

(A) 应力 78kPa，动态弹性模量 10.7MPa
(B) 应力 65kPa，动态弹性模量 13.8MPa
(C) 应力 71kPa，动态弹性模量 7.7MPa
(D) 应力 23kPa，动态弹性模量 4.3MPa

解：

根据《环境工程手册·环境噪声控制卷》P259 公式 5-77，可知软木固有频率 $f_0 = \sqrt{\dfrac{25E_d}{\sigma H}}$，可知厚度 H 相同的情况下 f_0 与 $\sqrt{\dfrac{E_d}{\sigma}}$ 成正比；$\sqrt{\dfrac{E_d}{\sigma}}$ 最小固有频率 f_0 最低，取 4 个选项中 $\dfrac{E_d}{\sigma}$ 最小的选项。

选项 A：$\dfrac{E_d}{\sigma} = \dfrac{10.7}{78} = 0.137$；选项 B：$\dfrac{E_d}{\sigma} = \dfrac{13.8}{65} = 0.212$；

选项 C：$\dfrac{E_d}{\sigma} = \dfrac{7.7}{71} = 0.108$；选项 D：$\dfrac{E_d}{\sigma} = \dfrac{4.3}{23} = 0.187$。

答案选【C】。

11. 一块正方形橡胶隔振垫，在未受荷载时的厚度为 2cm，静态弹性模量 2MPa，动态系数 1.6，如要求其动刚度为 960kN/m，请计算橡胶隔振垫的边长为多少？【2009-2-100】

(A) 11cm　　　　　　　　　　　(B) 7.75cm
(C) 25cm　　　　　　　　　　　(D) 77.5cm

解：

隔振垫动态弹性模量：$E_d = E_s n_d = 2 \times 1.6 = 3.2\text{MPa}$；

隔振垫面积：$K_{zd} = \dfrac{E_d S}{H} = \dfrac{3.2 \times 10^6 \times S}{0.02} = 960000\text{N/m} \Rightarrow S = 6 \times 10^{-3}\text{m}^2 = 60\text{cm}^2$；

正方形隔振垫边长：$\sqrt{60} = 7.75\text{cm}$。

答案选【B】。

【解析】 隔振垫动刚度、动态系数,参见《环境工程手册·环境噪声控制卷》P255 及公式 5-65。

12. 静态弹性模量为 2.6MPa, 动态系数为 1.5 的橡胶隔振元件, 其尺寸为: 长 35cm、宽 25cm、厚 5cm, 该橡胶元件的动刚度是多少?【2010-1-84】
    (A) 4680kN/m
    (B) 5568kN/m
    (C) 6830kN/m
    (D) 7020kN/m

解:
隔振垫动态弹性模量: $E_d = E_s n_d = 2.6 \times 1.5 = 3.9$ MPa;

隔振垫动刚度: $K_{zd} = \dfrac{E_d S}{H} = \dfrac{3.9 \times 10^6 \times 0.35 \times 0.25}{0.05} = 6825000$ N/m $= 6825$ kN/m。

答案选【C】。

【解析】 隔振垫动刚度、动态系数,参见《环境工程手册·环境噪声控制卷》P255 及公式 5-65。

13. 一块直径为 16cm 的圆形隔振橡胶元件, 其静态弹性模量为 3.8MPa, 动态系数为 1.5, 当该橡胶元件动刚度为 640000kg/s² 时, 则该橡胶元件在未受载荷时的厚度应为多少?【2010-1-85】
    (A) 12cm
    (B) 0.18m
    (C) 71cm
    (D) 63mm

解:
$1N = 1kg/m \cdot s^2$, 所以 $640000kg/s^2 = 640000N/m$;
隔振垫动态弹性模量: $E_d = E_s n_d = 3.8 \times 1.5 = 5.7$ MPa;

隔振垫厚度: $K_{zd} = \dfrac{E_d S}{H} = \dfrac{5.7 \times 10^6 \times \dfrac{\pi \times 0.16^2}{4}}{H} = 640000$ N/m $\Rightarrow H = 0.18$ m。

答案选【B】。

【解析】 隔振垫动刚度、动态系数,参见《环境工程手册·环境噪声控制卷》P255 及公式 5-65。

14. 重 1800kg 的水泵机组, 采用正方形橡胶隔振垫 4 点隔振。现已知橡胶隔振垫的工作高度为 2.8cm, 静态弹性模量为 2.5MPa, 动态系数为 1.6, 当要求隔振系统的固有频率为 10Hz, 橡胶隔振垫的每边长度应为多少?【2010-1-96】
    (A) 14cm
    (B) 0.2m
    (C) 0.11m
    (D) 35cm

解:
隔振垫动刚度: $E_d = E_s n_d = 2.5 \times 1.6 = 4$ MPa;

隔振垫工作压缩量: $f_0 = 0.5 \dfrac{1}{\sqrt{x_d}} = 10 \Rightarrow x_d = 2.5 \times 10^{-3}$ m;

隔振垫总面积：$x_{ds} = \dfrac{hW}{E_d S} = \dfrac{0.028 \times 1800 \times 9.8}{4 \times 10^6 \times S} = 2.5 \times 10^{-3} \Rightarrow S = 0.0494\text{m}^2$；

单个隔振垫面积：$S_{\text{单}} = \dfrac{0.0494}{4} = 0.0124\text{m}^2$；

隔振垫边长：$a = \sqrt{0.0124} = 0.11\text{m}$。

答案选【C】。

【解析】（1）隔振垫计算，参见《环境工程手册·环境噪声控制卷》P257 公式 5-72；

（2）动态系数定义，参见《环境工程手册·环境噪声控制卷》P255，可知动态弹性模量比静态弹性模量大，二者比值称为动态系数或动静比。

15. 一个采用橡胶隔振垫的隔振系统，现将橡胶隔振垫的总面积增加 1 倍，同时用双层隔振垫代替原有的单层隔振垫，在其他参数都不变的条件下，问此时该隔振系统的固有频率 f_{02} 为原来固有频率 f_0 多少倍？【2010-1-97】

(A) $f_{02} = f_0$ (B) $f_{02} = f_0/\sqrt{2}$
(C) $f_{02} = f_0/2$ (D) $f_{02} = \sqrt{2} f_0$

解：

设原有频率为 f_0，总面积增加 1 倍后频率为 f_1，用双层隔振垫后频率为 f_2，则有：

$f_0 = 0.5\dfrac{1}{\sqrt{x_d}}$，$x_{ds} = \dfrac{hW}{E_d S}$ 可得 $f_0 = 0.5\sqrt{\dfrac{E_d S}{hW}}$，$S$ 增大 1 倍后 $f_1 = 0.5\sqrt{\dfrac{E_d 2S}{hW}} = \sqrt{2} f_0$，用双层隔振垫后 $f_2 = \dfrac{f_1}{\sqrt{2}} = \dfrac{\sqrt{2} f_0}{\sqrt{2}} = f_0$，故频率不变。

答案选【A】。

【解析】（1）隔振垫计算，参见《环境工程手册·环境噪声控制卷》P257 公式 5-72；

（2）多层隔振垫与单层隔振垫固有频率关系，参见《环境工程手册·环境噪声控制卷》P258 公式 5-76。

16. 隔振垫系统中，在被隔振设备总重量、隔振垫的工作高度、隔振垫材料的动态系数、弹性模量等均不改变的条件下，将隔振垫的总面积扩大为原来面积的 4 倍，此时隔振垫固有频率 f_{ox} 与未扩大面积时的隔振垫固有频率 f_0 呈什么关系？【2010-2-84】

(A) $f_{ox} = 1/4 f_0$ (B) $f_{ox} = 2 f_0$
(C) $f_{ox} = f_0/\sqrt{2}$ (D) $f_{ox} = 4 f_0$

解：

设原有频率为 f_0，总面积扩大为原来的 4 倍后频率为 f_1，则有：

$f_0 = 0.5\dfrac{1}{\sqrt{x_d}}$，$x_{ds} = \dfrac{hW}{E_d S}$ 可得 $f_0 = 0.5\sqrt{\dfrac{E_d S}{hW}}$，$S$ 扩大为 4S 后，$f_1 = 0.5\sqrt{\dfrac{E_d 4S}{hW}} = 2 f_0$。

答案选【B】。

【解析】 隔振垫计算,参见《环境工程手册·环境噪声控制卷》P257 公式 5-72。

17. 单层橡胶隔振垫的激振频率与橡胶隔振垫的固有频率的比值为 3:1,当改用双层橡胶隔振垫后,隔振效率为多少?【2010-2-90】

(A) 98% (B) 94%
(C) 87% (D) 90%

解:
设激振频率为 f,单层隔振垫固有频率 f_0,双层隔振垫固有频率 f_1,则有

$f = 3f_0$,$f_1 = \dfrac{f_0}{\sqrt{2}} = \dfrac{f}{3\sqrt{2}}$,则振动传递比:$T = \dfrac{1}{\left|1 - \left(\dfrac{f}{f_1}\right)^2\right|} = \dfrac{1}{\left|1 - \left(\dfrac{3\sqrt{2}}{1}\right)^2\right|} = 0.06$;

隔振效率:$\eta = 1 - 0.06 = 0.94 = 94\%$。
答案选【B】。
【解析】(1) 振动传递比,参见《教材(第二册)》P501 公式 5-2-73;
(2) 多层橡胶隔振垫的固有频率与单层橡胶隔振垫的固有频率关系,参见《环境工程手册·环境噪声控制卷》P258 公式 5-76。

18. 一台转速为 1800r/min 的风机隔振系统,如果隔振效率为 89%,请估算隔振元件的变形量为多少?【2010-2-95】

(A) 50.0mm (B) 156.0mm
(C) 2.8mm (D) 8.0mm

解:
风机激振频率:$f = \dfrac{n}{60} = \dfrac{1800}{60} = 30\text{Hz}$;振动传递比:$T = 1 - \eta = 1 - 0.89 = 0.11$;

隔振系统固有频率:$f_0 = f\sqrt{\dfrac{T}{1+T}} = 30 \times \sqrt{\dfrac{0.11}{1+0.11}} = 9.44\text{Hz}$;

隔振元件变形量:$f_0 = 0.5\dfrac{1}{\sqrt{x_d}} \Rightarrow x_d = \left(\dfrac{0.5}{f_0}\right)^2 = \left(\dfrac{0.5}{9.44}\right)^2 = 2.8 \times 10^{-3}\text{m}$。

答案选【C】。
【解析】(1) 隔振垫计算,参见《环境工程手册·环境噪声控制卷》P257;
(2) 隔振系统固有频率,参见《教材(第二册)》P501 公式 5-2-75。

19. 一台机器用 30cm 厚的软木隔振,已知软木动态弹性模量为 12MPa,当该软木受到 30KPa 的压迫时,压缩变形量为多少?【2010-2-96】

(A) 1.50mm (B) 0.75mm
(C) 14.00mm (D) 3.00mm

解:
$x_d = \dfrac{hW}{E_d S} = \dfrac{h\sigma}{E_d} = \dfrac{0.3 \times 30 \times 10^3}{12 \times 10^6} = 0.75 \times 10^{-3}\text{m} = 0.75\text{mm}$。

答案选【B】。

【解析】 隔振垫计算，参见《环境工程手册·环境噪声控制卷》P257。

20. 一块长 100mm，宽 85mm 的橡胶隔振元件，已知其静态弹性模量为 2.5MPa，动态系数为 1.5，动刚度为 640kN/m，则该橡胶隔振元件的厚度为多少？【2011-1-82】

(A) 1cm (B) 4cm
(C) 6cm (D) 5cm

解：

隔振垫动态弹性模量：$E_d = E_s n_d = 2.5 \times 1.5 = 3.75$MPa；

隔振垫面积：$S = 0.1 \times 0.085 = 8.5 \times 10^{-3}$m²；

隔振垫厚度：$K_{zd} = \dfrac{E_d S}{H} \Rightarrow H = \dfrac{E_d S}{K_{zd}} = \dfrac{3.75 \times 10^6 \times 8.5 \times 10^{-3}}{640000} = 0.049$m $= 4.9$cm。

答案选【D】。

【解析】 隔振垫动刚度、动态系数，参见《环境工程手册·环境噪声控制卷》P255 及公式 5-65。

21. 采用同一品种乳胶海绵进行隔振，若承压面积相同，荷载不变，选用下列哪种厚度时，该隔振体系的固有频率最高？【2011-1-83】

(A) 厚度为 120mm (B) 厚度为 80mm
(C) 厚度为 100mm (D) 厚度为 300mm

解：

由 $f_0 = 0.5 \dfrac{1}{\sqrt{x_d}}$ 和 $x_d = \dfrac{hW}{E_d S}$，可得出 $f_0 = 0.5 \sqrt{\dfrac{E_d S}{hW}}$，$f_0$ 与 $\sqrt{\dfrac{1}{h}}$ 成正比。可知，厚度 h 越小，固有频率 f_0 越大。

答案选【B】。

【解析】 隔振垫计算，参见《环境工程手册·环境噪声控制卷》P257。

22. 一台重 1200kg 的发电机组采用 6 点双层隔振，单层橡胶隔振垫的静态弹性模量为 1.5MPa，工作高度为 3cm，动态系数为 2.5，请问当隔振系统固有频率为 12Hz 时，每块隔振垫的面积应为多少？【2011-1-87】

(A) 0.016m² (B) 0.010m²
(C) 0.044m² (D) 0.100m²

解：

隔振垫动态弹性模量：$E_d = E_s n_d = 1.5 \times 2.5 = 3.75$MPa；

隔振垫压缩量：$f_0 = 0.5 \dfrac{1}{\sqrt{x_d}} = 12 \sqrt{2} \Rightarrow x_d = 8.68 \times 10^{-4}$m；

隔振垫总面积：$x_d = \dfrac{hW}{E_d S} \Rightarrow S = \dfrac{hW}{E_d x_d} = \dfrac{3 \times 10^{-2} \times 1200 \times 9.8}{3.75 \times 10^6 \times 8.68 \times 10^{-4}} = 0.108$m²；

单个隔振垫面积：$S_{单} = \dfrac{0.108}{6} = 0.018 \text{m}^2$。

答案选【A】。

【解析】 隔振垫计算，参见《环境工程手册·环境噪声控制卷》P257 及公式 5-72。

23. 在某隔振工程中需要使用软木隔振垫，有下列 4 种产品供选择，在应力相同的条件下，以下哪一种产品的固有频率最低？【2012-1-94】

  (A) 厚度为 30cm，动态弹性模量为 13.55MPa

  (B) 厚度为 5cm，动态弹性模量为 4.76MPa

  (C) 厚度为 15cm，动态弹性模量为 11.44MPa

  (D) 厚度为 10cm，动态弹性模量为 5.87MPa

解：

根据《环境工程手册·环境噪声控制卷》P259 公式 5-77 可知，软木隔振垫固有频率：

$f_0 = \sqrt{\dfrac{25 E_d}{\sigma H}}$。当应力 σ 不变的情况下，f_0 正比于 $\sqrt{\dfrac{E_d}{H}}$，则 $\sqrt{\dfrac{E_d}{H}}$ 越小，f_0 越低。

选项 A，$\sqrt{\dfrac{E_d}{H}} = \sqrt{\dfrac{13.55 \times 10^6}{0.3}} = 6720$；选项 B，$\sqrt{\dfrac{E_d}{H}} = \sqrt{\dfrac{4.76 \times 10^6}{0.05}} = 9757$；

选项 C，$\sqrt{\dfrac{E_d}{H}} = \sqrt{\dfrac{11.44 \times 10^6}{0.15}} = 8733$；选项 D，$\sqrt{\dfrac{E_d}{H}} = \sqrt{\dfrac{5.87 \times 10^6}{0.1}} = 7661$；

选项 A 的 $\sqrt{\dfrac{E_d}{H}}$ 最小，f_0 最低。

答案选【A】。

24. 一台 2.5t 的水泵机组，采用边长为 25cm，工作高度为 4.2cm，静态弹性模量为 3.8MPa，动态系数为 1.4 的正方形橡胶隔振垫，采用 8 点双层隔振，该隔振系统的固有频率应为多少？【2012-1-96】

  (A) 50Hz   (B) 25Hz

  (C) 18Hz   (D) 20Hz

解：

隔振垫压缩量：$x_d = \dfrac{hW}{E_d S} = \dfrac{0.042 \times 2500 \times 9.8}{3.8 \times 10^6 \times 1.4 \times 0.25^2 \times 8} = 3.87 \times 10^{-4} \text{m}$；

隔振垫固有频率：$f_0 = 0.5 \dfrac{1}{\sqrt{x_d}} = 0.5 \dfrac{1}{\sqrt{3.87 \times 10^{-4}}} = 25.4 \text{Hz}$；

双层隔振垫固有频率：$f_{01} = \dfrac{f_0}{\sqrt{2}} = \dfrac{25.4}{\sqrt{2}} = 18 \text{Hz}$。

答案选【C】。

【解析】 参见《环境工程手册·环境噪声控制卷》P257 公式 5-72。

6 振动控制

25. 欲选厚度5cm的正方形橡胶隔振元件，已知其静态弹性模量为1.5MPa，动态系数为1.7，当要求该橡胶件的动刚度为255kN/m，求其边长。【2013-1-93】

(A) 29cm　　　　　　　　　　(B) 20cm
(C) 7cm　　　　　　　　　　 (D) 10cm

解：

隔振元件动态弹性模量：$E_d = E_s n_d = 1.5 \times 1.7 = 2.55 \text{MPa}$；

隔振元件面积：$K = \dfrac{E_d S}{H} \Rightarrow S = \dfrac{KH}{E_d} = \dfrac{255000 \times 0.05}{2.55 \times 10^6} = 5 \times 10^{-3} \text{m}^2$；

正方形边长：$\sqrt{5 \times 10^{-3}} = 0.071 \text{m} \approx 7 \text{cm}$。

答案选【C】。

【解析】参见《环境工程手册·环境噪声控制卷》P255 公式 5-65。

26. 欲选厚度2cm的正方形橡胶隔振垫，静态弹性模量为2MPa，动态系数为1.5，当动刚度为960kN/m时，该橡胶隔振垫边长应为多少？【2014-1-92】

(A) 36cm　　　　　　　　　　(B) 8cm
(C) 11cm　　　　　　　　　　(D) 25cm

解：

隔振垫动态弹性模量：$E_d = E_s n_d = 2 \times 1.5 = 3 \text{MPa}$；

根据《环境工程手册·环境噪声控制卷》P255 公式 5-65，有：

隔振元件面积：$K = \dfrac{E_d S}{H} \Rightarrow S = \dfrac{KH}{E_d} = \dfrac{960 \times 10^3 \times 0.02}{3 \times 10^6} = 6.4 \times 10^{-3} \text{m}^2$；

正方形边长：$\sqrt{6.4 \times 10^{-3}} = 0.08 \text{m} = 8 \text{cm}$。

答案选【B】。

27. 一台设备重250kg，底座重1000kg，拟用长1500mm、宽1100mm、厚300mm的隔振材料，其静态弹性模量为3.18N/cm^2，问该隔振材料的静态压缩量为多少？【2014-1-95】

(A) 7mm　　　　　　　　　　(B) 70mm
(C) 14mm　　　　　　　　　 (D) 56mm

解：

静态压缩量：$\Delta = \dfrac{W}{K_{zs}}$；静刚度：$S = \dfrac{HK_{zs}}{E_s}$；由上述两式可推得：

静态压缩量：$\Delta = \dfrac{WH}{E_s S} = \dfrac{1250 \times 9.8 \times 0.3}{3.18 \times 10^4 \times 1.5 \times 1.1} = 0.07 \text{m} = 70 \text{mm}$。

答案选【B】。

【解析】(1) 参见《教材（第二册）》P493 公式 5-2-71 和 5-2-72；
(2) 不需考虑公式 5-2-72 中的温度系数和形状系数。

6.3 隔振设计

※知识点总结

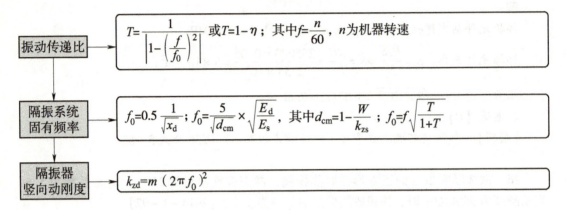

※真题

1. 一台转速为630r/min的通风机，已知隔振总承载力为23464N，每只隔振器刚度为4345N/cm，当要求该隔振系统的隔振效率为80%时，应选用几只隔振器隔振才能满足要求？【2007-2-98】

(A) 10 (B) 24
(C) 4   (D) 6

解：

振动传递比：$T = 1 - \eta = 1 - 0.78 = 0.2$；

机器激振频率：$f = \dfrac{n}{60} = \dfrac{630}{60} = 10.5\text{Hz}$；

隔振系统固有频率：$f_0 = f\sqrt{\dfrac{T}{1+T}} = 10.5 \times \sqrt{\dfrac{0.2}{1+0.2}} = 4.29\text{Hz}$；

隔振器竖向动刚度：$K_{zd} = m(2\pi f_0)^2 = \dfrac{23464}{9.8} \times (2\pi \times 4.29)^2 = 1739396\text{N/m} \approx 17394\text{N/cm}$；

隔振器数量：$n = \dfrac{17394}{4345} = 4$ 个。

答案选【C】。

【解析】（1）机器激振频率，参见《环境工程手册·环境噪声控制卷》P203；

（2）固有频率及竖向动刚度，参见《教材》P501公式5-2-75、P493公式5-2-68，其中公式5-2-68中竖向动刚度K_{zd}单位有误，应为N/dm。

2. 一台转速为1200r/min的风机重180kg，用4只垂直动刚度为1544N/cm的金属弹簧隔振器隔振，当要求该隔振系统的隔振效率为90%时，该风机至少需配用多重的隔振台座？【2008-1-98】

(A) 428kg (B) 82kg

(C) 248kg　　　　　　　　　　　　(D) 145kg

解：

振动传递比：$T = 1 - \eta = 1 - 0.9 = 0.1$；

机器激振频率：$f = \dfrac{n}{60} = \dfrac{1200}{60} = 20\text{Hz}$；

隔振系统固有频率：$f_0 = f\sqrt{\dfrac{T}{1+T}} = 20 \times \sqrt{\dfrac{0.1}{1+0.1}} = 6\text{Hz}$；

单个隔振器静载荷：$K_{zd} = m(2\pi f_0)^2 \Rightarrow m = \dfrac{K_{zd}}{(2\pi f_0)^2} = \dfrac{154400}{(2\pi \times 6)^2} = 108.6\text{kg}$，需要总载荷 $108.6 \times 4 = 434.4\text{kg}$，所以至少需要 $434.4 - 180 = 254.4\text{kg}$ 的隔振台座。

答案选【C】。

【解析】（1）机器激振频率，参见《环境工程手册·环境噪声控制卷》P203；

（2）固有频率及竖向动刚度，参见《教材》P501 公式 5-2-75、P493 公式 5-2-68，其中公式 5-2-68 中竖向动刚度 K_{zd} 单位有误，应为 N/dm。

3. 一个 1200r/min 的电动机带动一台 480r/min 的水泵，用 4 个隔振器支承。当要求隔振效率为 85% 时，试计算隔振器的静态压缩量是多少 mm（设阻尼比 = 0）？【2008-2-100】

(A) 30.0　　　　　　　　　　　　(B) 4.8
(C) 9.7　　　　　　　　　　　　　(D) 22.0

解：

根据《教材（第二册）》P500 可知，如果有几个频率不同的振动源都需要隔离，则激振频率应该选取频率最小的那个作为设计计算值，本题中选取水泵的频率作为激振频率。

水泵激振频率：$f = \dfrac{n}{60} = \dfrac{480}{60} = 8\text{Hz}$；当隔振效率 $\eta = 0.85$ 时，传递比 $T = 1 - \eta = 0.15$；

隔振系统固有频率：$f_0 = f\sqrt{\dfrac{T}{1+T}} = 8 \times \sqrt{\dfrac{0.15}{1+0.15}} = 2.89\text{Hz}$；

隔振器总静态压缩量（弹性支座的静态下沉量）：

$f_0 = \dfrac{5}{\sqrt{d_{cm}}} \Rightarrow d_{cm} = \dfrac{25}{f_0^2} = \dfrac{25}{2.89^2} = 3\text{cm} = 30\text{mm}$。

答案选【A】。

【解析】 此处提问的隔振器静态压缩量是指隔振器总的静态压缩量，与弹簧数量无关。单根弹簧静变位的计算，参见《噪声与振动控制工程手册》P573。

4. 一台转速为 630r/min 的通风机，采用 4 只隔振器隔振。现知隔振系统的隔振器总承载力为 50960N，当要求隔振系统的隔振效率是 80% 时，请问此隔振系统每只隔振器的垂向刚度应为多少？【2009-1-89】

(A) 25168N/cm　　　　　　　　　(B) 235519120N/cm
(C) 36242N/cm　　　　　　　　　(D) 9061N/cm

解：
振动传递比：$T = 1 - \eta = 1 - 0.8 = 0.2$；

机器激振频率：$f = \dfrac{n}{60} = \dfrac{630}{60} = 10.5 \text{Hz}$；

隔振系统固有频率：$f_0 = f\sqrt{\dfrac{T}{1+T}} = 10.5 \times \sqrt{\dfrac{0.2}{1+0.2}} = 4.29 \text{Hz}$；

每只隔振器承受重量：$m = \dfrac{W}{4g} = \dfrac{50960}{4 \times 9.8} = 1300 \text{kg}$；

每只隔振器动刚度：$K_{zd} = m(2\pi f_0)^2 = 1300 \times (2\pi \times 4.29)^2 = 944534 \text{N/m} = 9445 \text{N/cm}$。
答案选【D】。

【解析】（1）机器激振频率，参见《环境工程手册·环境噪声控制卷》P203；

（2）固有频率及竖向动刚度，参见《教材》P501 公式 5-2-75、P493 公式 5-2-68，其中公式 5-2-68 中竖向动刚度 K_{zd} 单位有误，应为 N/dm。

5. 一台重 1220kg 转速为 720r/min 的空压机，其台座重 3250kg，采用 6 个螺旋钢弹簧支撑隔振（假设隔振器的阻尼为零），当隔振系统的隔振效率为 75% 时，每个螺旋钢弹簧的垂向刚度应为多少？【2009-1-90】

(A) 1798551 kg/s^2 (B) 8381 N/cm
(C) 6093 N/cm (D) 107913 N/cm

解：
振动传递比：$T = 1 - \eta = 1 - 0.75 = 0.25$；

机器激振频率：$f = \dfrac{n}{60} = \dfrac{720}{60} = 12 \text{Hz}$；

隔振系统固有频率：$f_0 = f\sqrt{\dfrac{T}{1+T}} = 12 \times \sqrt{\dfrac{0.25}{1+0.25}} = 5.37 \text{Hz}$；

每只隔振器承受重量：$m = \dfrac{1220 + 3250}{6} = 745 \text{kg}$；

每只隔振器动刚度：$K_{zd} = m(2\pi f_0)^2 = 745 \times (2\pi \times 5.37)^2 = 848134 \text{N/m} = 8481 \text{N/cm}$。
答案选【B】。

【解析】（1）机器激振频率，参见《环境工程手册·环境噪声控制卷》P203；

（2）固有频率及竖向动刚度，参见《教材》P501 公式 5-2-75、P493 公式 5-2-68，其中公式 5-2-68 中竖向动刚度 K_{zd} 单位有误，应为 N/dm。

6. 对一台转速为 1200r/min 的风机进行隔振，隔振系统中隔振元件的变形量为 3.9mm，其隔振效率为多少？【2009-2-89】

(A) 75% (B) 19%
(C) 81% (D) 86%

解：
激振频率：$f = \dfrac{n}{60} = \dfrac{1200}{60} = 20 \text{Hz}$；

固有频率：$f_0 = \dfrac{5}{\sqrt{d_{cm}}} = \dfrac{5}{\sqrt{0.39}} = 8\text{Hz}$；

振动传递比：$T = \dfrac{1}{\left|1 - \left(\dfrac{f}{f_0}\right)^2\right|} = \dfrac{1}{\left|1 - \left(\dfrac{20}{8}\right)^2\right|} = 0.19$；

隔振效率：$\eta = 1 - T = 1 - 0.19 = 0.81 = 81\%$。

答案选【C】。

【解析】（1）机器激振频率，参见《环境工程手册·环境噪声控制卷》P203；

（2）固有频率、振动传递比，参见《教材（第二册）》P501 公式 5-2-73、5-2-76。

7. 一台重1680kg的转速为630r/min的风机，基座重量为4280kg，用每只垂向动刚度7211N/cm的6只螺旋钢弹簧支承隔振，该隔振系统的隔振效率为？【2009-2-90】

（A）97%
（B）80%
（C）70%
（D）96%

解：

机器激振频率：$f = \dfrac{n}{60} = \dfrac{630}{60} = 10.5\text{Hz}$；

隔振系统固有频率：

$K_{zd} = m(2\pi f_0)^2 = \dfrac{1680 + 4280}{6} \times (2\pi \times f_0)^2 = 721100\text{N/m} \Rightarrow f_0 = 4.3\text{Hz}$；

振动传递比：$T = \dfrac{1}{\left|1 - \left(\dfrac{f}{f_0}\right)^2\right|} = \dfrac{1}{\left|1 - \left(\dfrac{10.5}{4.3}\right)^2\right|} = 0.2$；

隔振效率：$\eta = 1 - T = 1 - 0.2 = 0.8 = 80\%$。

答案选【B】。

【解析】（1）机器激振频率，参见《环境工程手册·环境噪声控制卷》P203；

（2）固有频率、振动传递比，参见《教材（第二册）》P501 公式 5-2-73、5-2-76；

（3）竖向动刚度，参见《教材》P493 公式 5-2-68。

8. 转速为630r/min的水泵机组，采用4点平衡支承隔振，机组和隔振台座总重为2.5t，问当要求该隔振系统的隔振效率是80%时，每只隔振器垂向刚度应为多少？【2011-1-81】

（A）1210kN/m
（B）2723kN/m
（C）1823kN/m
（D）456kN/m

解：

机器激振频率：$f = \dfrac{n}{60} = \dfrac{630}{60} = 10.5\text{Hz}$；

振动传动比：$T = 1 - \eta = 1 - 0.8 = 0.2$；

隔振系统固有频率：$f_0 = f\sqrt{\dfrac{T}{1+T}} = 10.5 \times \sqrt{\dfrac{0.2}{1+0.2}} = 4.3\text{Hz}$；

每只隔振器的垂向动刚度：

$$K_{zd} = m(2\pi f_0)^2 = \frac{2.5 \times 1000}{4} \times (2\pi \times 4.3)^2 = 456222\text{N/m} = 456\text{kN/m}。$$

答案选【D】。

【解析】 （1）机器激振频率，参见《环境工程手册·环境噪声控制卷》P203；

（2）固有频率、振动传递比，参见《教材（第二册）》P501 公式 5-2-75；

（3）竖向动刚度，参见《教材》P493 公式 5-2-68。

9. 转速为720r/min的风机机组，用金属弹簧隔振器隔振，现知每个隔振器的受力为60N，当要求该隔振系统的隔振效率为85%时，选用下列哪个隔振器最合适？【2011-1-96】

（A）弹簧垂直刚度为16.21kN/m　　　（B）弹簧垂直刚度为4.50kN/m

（C）弹簧垂直刚度为1.62kN/m　　　（D）弹簧垂直刚度为7.80kN/m

解：

风机激振频率：$f = \frac{n}{60} = \frac{720}{60} = 12\text{Hz}$；振动传递比：$T = 1 - \eta = 1 - 0.85 = 0.15$；

隔振系统固有频率：$f_0 = f\sqrt{\frac{T}{1+T}} = 12 \times \sqrt{\frac{0.15}{1+0.15}} = 4.3\text{Hz}$；

弹簧的垂直刚度：$f_0 = \frac{1}{2\pi}\sqrt{\frac{k}{m}} = \frac{1}{2\pi}\sqrt{\frac{k}{\frac{60}{9.8}}} = 4.3 \Rightarrow k = 4469\text{N/m} \approx 4.5\text{kN/m}$。

答案选【B】。

【解析】 （1）参考《教材（第二册）》P501 公式 5-2-75 和《教材（第二册）》P407 公式 5-1-122；

（2）弹簧的垂直刚度和弹性系数 k 为同一概念。

10. 一台转速为750r/min的空压机机组重1200kg，其台座重2600kg，采用六个垂向刚度为5800N/cm的金属螺旋钢弹簧支承隔振，若改用四个垂向刚度相同的金属螺旋钢弹簧支承隔振，其隔振效率会如何变化？【2011-1-97】

（A）降低2%　　　（B）提高2%

（C）提高6%　　　（D）降低6%

解：

用6个弹簧隔振时：

空压机激振频率 $f = \frac{n}{60} = \frac{750}{60} = 12.5\text{Hz}$；

6个弹簧时固有频率 $f_0 = \frac{1}{2\pi}\sqrt{\frac{k}{m}} = \frac{1}{2\pi}\sqrt{\frac{6 \times 580000}{3800}} = 4.82\text{Hz}$；

振动传递比 $T = \frac{1}{\left|1 - \left(\frac{f}{f_0}\right)^2\right|} = \frac{1}{\left|1 - \left(\frac{12.5}{4.82}\right)^2\right|} = 0.175$；

隔振效率 $\eta = 1 - T = 1 - 0.175 = 82.5\%$；
改用4个弹簧后：

4个弹簧时固有频率 $f_0 = \frac{1}{2\pi}\sqrt{\frac{k}{m}} = \frac{1}{2\pi}\sqrt{\frac{4 \times 580000}{3800}} = 3.93\text{Hz}$；

振动传递比 $T = \frac{1}{\left|1 - \left(\frac{f}{f_0}\right)^2\right|} = \frac{1}{\left|1 - \left(\frac{12.5}{3.93}\right)^2\right|} = 0.11$；

隔振效率 $\eta = 1 - T = 1 - 0.11 = 89\%$；
故隔振效率提高 $89\% - 82.5\% = 6.5\%$。
答案选【C】。

【解析】（1）参考《教材（第二册）》P501 公式 5-2-73 和《教材（第二册）》P407 公式 5-1-122；

（2）弹簧的并联，参见《环境工程手册·环境噪声控制卷》P265 公式 5-80。

11. 一台转速 3600r/min 的发电机采用固有频率 25Hz 的橡胶隔振垫隔振，问单层橡胶隔振比双层橡胶隔振的隔振效率会降低多少？【2011-1-98】

(A) 45%　　　　　　　　　　　(B) 15%
(C) 8%　　　　　　　　　　　 (D) 11%

解：

发电机激振频率：$f = \frac{n}{60} = \frac{3600}{60} = 60\text{Hz}$；隔振垫固有频率：$f_0 = 25\text{Hz}$；

振动传递比：$T = \frac{1}{\left|1 - \left(\frac{f}{f_0}\right)^2\right|} = \frac{1}{\left|1 - \left(\frac{60}{25}\right)^2\right|} = 0.21$；

隔振效率：$\eta = 1 - T = 1 - 0.21 = 79\%$；

双层隔振垫固有频率：$f_0' = \frac{f_0}{\sqrt{2}} = \frac{25}{\sqrt{2}}\text{Hz}$；

振动传递比：$T = \frac{1}{\left|1 - \left(\frac{f}{f_0'}\right)^2\right|} = \frac{1}{\left|1 - \left(\frac{60 \times \sqrt{2}}{25}\right)^2\right|} = 0.095$；

隔振效率：$\eta = 1 - T = 1 - 0.095 = 90.5\%$；
故隔振效率降低 $90.5\% - 79\% = 11.5\%$。
答案选【D】。

【解析】（1）参考《教材（第二册）》P501 公式 5-2-73 和《教材（第二册）》P407 公式 5-1-122；

（2）单层隔振垫与多层隔振垫的固有频率关系，参见《环境工程手册·环境噪声控制卷》P258 公式 5-76。

12. 一台转速 1440r/min 的制冷压缩机，打算采用隔振器隔振，要求隔振效率为 80%，选用隔振器的固有频率应是多少？【2011-1-99】

(A) 24.0Hz　　　　　　　　　　(B) 16.0Hz
(C) 9.6Hz　　　　　　　　　　　(D) 12.4Hz

解：

压缩机激振频率：$f = \dfrac{n}{60} = \dfrac{1440}{60} = 24\text{Hz}$；

振动传递比：$T = 1 - \eta = 1 - 0.8 = 0.2$；

根据《教材（第二册）》P501 公式 5-2-75 可知，固有频率：$f_0 = f\sqrt{\dfrac{T}{1+T}} = 24 \times \sqrt{\dfrac{0.2}{1+0.2}} = 9.8\text{Hz}$。

答案选【C】。

13. 采取下面哪个措施，可以提高隔振系统的隔振效率？【2011-1-100】
(A) 降低隔振系统中运转设备的转速
(B) 在允许荷载范围内增加隔振系统中设备台座的重量
(C) 增加隔振系统的总刚度
(D) 提高隔振系统的固有频率

解：

振源激振频率：$f = \dfrac{n}{60}$；固有频率：$f_0 = \dfrac{1}{2\pi}\sqrt{\dfrac{k}{m}}$；振动传递比：$T = \dfrac{1}{\left|1-\left(\dfrac{f}{f_0}\right)^2\right|}$；

隔振效率：$\eta = 1 - T$；

选项 A，降低转速 n，则 f 变小，T 变大，η 变小；
选项 B，增加 m，则 f_0 变小，T 变小，η 变大；
选项 C，增加 k，则 f_0 变大，T 变大，η 变小；
选项 D，提高 f_0，T 变大，η 变小。

答案选【B】。

【解析】 (1) 参考《教材（第二册）》P501 公式 5-2-73 和《教材（第二册）》P407 公式 5-1-122；

(2) 机器激振频率，参见《环境工程手册·环境噪声控制卷》P203。

14. 一台转速 1450r/min 的空压机，如果已知其隔振元件的变形量为 2.5mm，请估算该隔振系统的隔振效率。【2012-1-93】
(A) 19%　　　　　　　　　　　(B) 79%
(C) 86%　　　　　　　　　　　(D) 75%

解：

空压机激振频率：$f = \dfrac{n}{60} = \dfrac{1450}{60} = 24.2\text{Hz}$；

隔振元件固有频率：$f_0 = 0.5\dfrac{1}{\sqrt{x_d}} = 0.5\dfrac{1}{\sqrt{2.5 \times 10^{-3}}} = 10\text{Hz}$；

振动传递比：$T = \dfrac{1}{\left|1-\left(\dfrac{f}{f_0}\right)^2\right|} = \dfrac{1}{\left|1-\left(\dfrac{24.2}{10}\right)^2\right|} = 0.21$；

隔振效率：$\eta = 1 - T = 1 - 0.21 = 0.79 = 79\%$。

答案选【B】。

【解析】（1）激振频率，参见《环境工程手册·环境噪声控制卷》P203；
（2）振动传递比，参见《教材（第二册）》P501 公式 5-2-73。

15. 改变隔振台座上通风机的转速为原先转速的一半，如果要保持该隔振系统的隔振效率不变，那么在隔振系统刚度不变的前提下，该隔振系统的重量应如何变化？【2012-1-97】

  （A）为原重量的 2 倍　　　　　　（B）为原重量的 4 倍
  （C）为原重量的 1/2　　　　　　（D）为原重量的 1/4

解：

隔振系统隔振效率 $\eta = 1 - T$ 不变，则振动传递比 T 不变；

风机激振频率 $f = \dfrac{n}{60}$，转速 n 减半，则 f 减半，则隔振系统固有频率 $f_0 = f\sqrt{\dfrac{T}{1+T}}$ 减半；

隔振系统竖向动刚度 $k_{zd} = W(2\pi f_0)^2$，要保持不变，则重量 W 变为原来 4 倍。

答案选【B】。

【解析】参见《教材（第二册）》P493 公式 5-2-68、P501 公式 5-2-75。

16. 某商业中心屋面设置运行重量 7000kg 的冷却塔 6 台，散热风机转速为 780rpm，为防止冷却塔运行时产生的振动对下层影城的振动干扰，需采取隔振效率≥90% 的隔振措施。试分析以下可采用的隔振元件是哪一项？【2013-2-88】

  （A）橡胶隔振器　　　　　　（B）橡胶隔振垫
  （C）阻尼弹簧隔振器　　　　（D）限位弹簧隔振器

解：

要满足隔振效率 $\eta \geq 90\%$，振动传递比要小于 $1 - \eta = 0.1$，则隔振系统最大固有频率为：

$f_0 = f\sqrt{\dfrac{T}{1+T}} = \dfrac{780}{60} \times \sqrt{\dfrac{0.1}{1+0.1}} = 3.9 \text{Hz}$；

根据《教材（第二册）》P493，可知橡胶隔振器对低于 5Hz 的固有频率不适用；依据《教材（第二册）》P495，可知弹簧隔振器可以达到较低的固有频率，如 5Hz 以下，但弹簧隔振器阻尼太小，对共振频率附近的振动隔离能力较差，因此通常采用附加黏滞阻尼器或在弹簧钢丝外敷设一层橡胶，以增加弹簧隔振器的阻尼。

答案选【C】。

17. 某总经理办公室位于一个 7 层办公大厦的 3 层，存在持续性振动噪声，其 1/3 倍频程的噪声频谱如下表所示。办公室地面中央 Z 振级为 90dB。该楼位于 I 类声环境功能区，主要配套设施有地下一层热交换站，安装有热水循环泵3台，转速1450rpm；办公楼7层屋面安装有排风机5台，转速900rpm。大楼还配有升降电梯4部。试分析总经理室的振动主要来自哪里。【2013-2-89】

1/3倍频程中心频率（Hz）	10	12.5	16	20	25	31.5	40	50	63	80
声压级（dB）	56	63	81	60	47	51	46	46	43	28
1/3倍频程中心频率（Hz）	100	125	160	200	250	315	400	500	630	800
声压级（dB）	37	38	40	39	37	36	33	31	31	28
1/3倍频程中心频率（Hz）	1000	1250	1600	2000	2500	3150	4000	5000	6300	8000
声压级（dB）	27	24	20	18	16	13	12	11	9	9

(A) 电梯　　　　　　　　　　　　(B) 热交换站热水循环泵
(C) 屋顶排风机　　　　　　　　　(D) 热交换站热水循环泵和屋顶排风机

解：
由于升降梯是间断运行，而振动噪声是持续性的，故可以排除升降梯的影响。由题干表格可知，中心频率16Hz的1/3倍频程声压级最突出，为81dB，远大于其他1/3倍频带的声压级；屋顶风机振动频率：$f=\frac{900}{60}=15\text{Hz}$；热水泵振动频率：$f=\frac{1450}{60}=24.2\text{Hz}$。可见振动主要来自屋顶排风机。

答案选【C】。

18. 某医院冷冻机房位于门诊楼地下一层，安装2台转速1200rpm螺杆式冷水机组，其上层诊室有明显振感，经测量其Z振级达85dB。为将诊室内由于冷水机组振动产生的Z振级降至70dB，试分析下列措施最有效的是哪一项？【2013-2-90】
(A) 冷冻机房增设隔声吊顶
(B) 诊室设浮筑楼板
(C) 在机组与基座之间加装固有频率为6Hz～9Hz的橡胶隔振器
(D) 在机组与基座之间加装固有频率为11Hz～16Hz的橡胶隔振垫

解：
选项A，隔声吊顶只能隔绝空气传声，对隔振没有效果，故A不合理；
选项B，浮筑楼板有隔绝固体振动传声的效果，但施工量大；
选项C、D，冷水机振动频率：$f=\frac{1200}{60}=20\text{Hz}$；诊室Z振级要求降低15dB，求振动传递比：$\Delta L=20\lg\frac{1}{T}=15\Rightarrow T=0.178$；隔振器固有频率为：

$$f_0=f\sqrt{\frac{T}{1+T}}=20\times\sqrt{\frac{0.178}{1+0.178}}=7.8\text{Hz}$$，故选项C合适，D不合适。

综合看，选项C可以达到要求，同时施工方便，故C最有效。

答案选【C】。

【解析】 (1) Z 振级衰减与振动传递比的关系公式，参见《噪声与振动控制工程手册》P652 公式 8.6-30；

(2) 固有频率公式，参见《教材（第二册）》P501 公式 5-2-75。

19. 为地下室排风的风机箱安装于办公楼屋面中央，下方是面积 $50m^2$、层高 3.6m 的普通会议室（混响时间为 0.8s）。屋面为计权隔声量大于 45dB 的钢筋混凝土楼板，风机混凝土基座与屋面板钢筋拉接。已知风机主要参数为：转速 850r/min，质量 360kg，风机旁 1m 处噪声 87dB（A），风机直接安装在混凝土基座上时，基座上铅垂向 Z 振级 83dB。为达到办公建筑室内允许噪声级低限标准及城市区域环境振动标准中的居民、文教区振动标准，应采取的合理的噪声控制措施是哪一项？【2013-2-91】
(A) 会议室设计玻纤吸声板吊顶
(B) 风机箱与混凝土基座之间加阻尼弹簧隔振器（固有频率范围 2.5Hz～5Hz）
(C) 风机箱与混凝土基座之间加橡胶隔振器（固有频率范围 6Hz～11.7Hz）
(D) 风机箱与混凝土基座之间加 1.6m×1.3m×0.2m 混凝土块（密度 $2500kg/m^3$）+ 阻尼弹簧隔振器（固有频率范围 2.5Hz～5Hz）

解：
根据《民用建筑隔声设计规范》（GB 50118—2010 需下载）表 8.1.1 可知，普通会议室低限标准为 45dB，风机旁 1m 处噪声为 87dB，屋面计权隔声量大于 45dB，则会议室内空气噪声为 87-45=42dB，小于标准 45dB，故空气声达标。

依据《教材（第三册）》《城市区域环境振动标准》可知，居民文教区昼间限值为 70dB，夜间限值为 67dB，考虑会议室夜间无人，故执行昼间 70dB 的限值，因此铅垂向 Z 振级超标 13dB。

选项 A，玻纤吸声吊顶不能隔振，故 A 不合理。

选项 B、C，振动衰减量应为 13dB，则 $\Delta L = 20\lg\frac{1}{T} = 13 \Rightarrow T = 0.224$；需要隔振器固有频率为：$f_0 = f\sqrt{\frac{T}{1+T}} = \frac{850}{60} \times \sqrt{\frac{0.224}{1+0.224}} = 6.1Hz$；故选项 C 合理，B 不合理。

选项 D，混泥土块重约 1t，不适合放在屋顶且施工量大，故 D 不合适。

答案选【C】。

【解析】 (1) Z 振级衰减与振动传递比的关系公式，参见《噪声与振动控制工程手册》P652 公式 8.6-30；

(2) 固有频率公式，参见《教材（第二册）》P501 公式 5-2-75。

20. 已知通风机组风机转速 1200r/min，机组总质量（包括支架）为 4000kg，现用特性曲线（如下图）的隔振器进行隔振，隔振器的最大允许荷载力为 8400N，若要求隔振效率大于 85%，问隔振系统应采用几个支点？（每个支点一个隔振器，计算时忽略干扰力，每个支点受力相同）【2013-2-92】
(A) 4 个 (B) 6 个
(C) 8 个 (D) 10 个

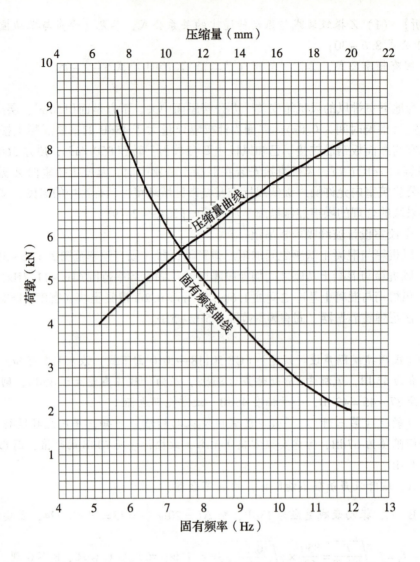

解：

隔振效率大于85%，则振动传递比 T 最大为0.15，隔振器最大固有频率为：$f_0 = f\sqrt{\dfrac{T}{1+T}} = \dfrac{1200}{60} \times \sqrt{\dfrac{0.15}{1+0.15}} = 7.223 \text{Hz}$；由图上固有频率曲线可知，最大固有频率对应的最小荷载约为5.85kN，隔振器总重量为：$4000 \times 9.8 = 39200\text{N}$。

最小荷载时，支点数为：$\dfrac{39200}{5850} = 6.7$ 个；最大荷载时，支点数：$\dfrac{39200}{8400} = 4.7$ 个。

所以，支点数在4.7~6.7范围内。

答案选【B】。

21. 已知设备转速为1200r/min，机组总质量（包括底座）为4000kg，其隔振系统的总刚度为8250kN/m，问该隔振系统的隔振效率为多少？（计算时忽略干扰力和阻尼）【2013-2-93】

(A) 70%　　　　　　　　　　　　(B) 75%

(C) 80%　　　　　　　　　　　　(D) 85%

解：

隔振系统静态压缩量：$x_0 = \dfrac{W}{K_z} = \dfrac{4000 \times 9.8}{8250000} = 4.75 \times 10^{-3}\text{m}$；

隔振系统共振频率：$f_0 = 0.5\dfrac{1}{\sqrt{x_d}} = 0.5\dfrac{1}{\sqrt{4.75 \times 10^{-3}}} = 7.25\text{Hz}$；

振动传递比：$T = \dfrac{1}{\left|1-\left(\dfrac{f}{f_0}\right)^2\right|} = \dfrac{1}{\left|1-\left(\dfrac{20}{7.25}\right)^2\right|} = 0.15$；

隔振系统隔振效率：$\eta = 1 - 0.15 = 0.85$。

答案选【D】。

【解析】（1）静态压缩量，参见《教材》P493 公式 5-2-71；
（2）固有频率公式，参见《教材（第二册）》P501 公式 5-2-73。

22. 安装有精密测试仪器的某洁净实验室，因受多种条件限制拟将洁净空调机组设于其下层机房内。洁净空调机组额定最高转速1200rpm，并在50%～100%范围变频控制；要求正常运行时空调机房楼板1Hz～100Hz的垂直向振动加速度≤30mm/s²。已知空调机组该频段垂直向最大振动速度≤4mm/s。试分析以下哪种措施最合理？【2013-2-94】

(A) 空调机房设隔声吊顶
(B) 机组设阻尼弹簧减振器 + 混凝土基座的隔振基础
(C) 机组设弹簧减振器
(D) 机组设橡胶减振器

解：

空调机组激振频率：$f_0 = \dfrac{n}{60} \times (50\% \sim 100\%) = \dfrac{1200}{60} \times (50\% \sim 100\%) = 10\text{Hz} \sim 20\text{Hz}$；

空调机组加速度的幅值：$a_{幅值} = 2\pi f v = 2\pi \times (10 \sim 20) \times 4 = (251.3 \sim 502.7)\text{mm/s}^2$；

空调机组加速度的有效值：$a_e = \dfrac{a_{幅值}}{\sqrt{2}} = \dfrac{(251.3 \sim 502.7)}{\sqrt{2}} = (177.7 \sim 355.5)\text{mm/s}^2$；

要求楼板的振动加速度级：$L_1 = 20\lg\dfrac{a_e}{a_0} = 20\lg\dfrac{30}{1 \times 10^{-3}} = 89.5\text{dB}$；

空调机组实际加速度级：$L_2 = 20\lg\dfrac{a_e}{a_0} = 20\lg\dfrac{(177.7 \sim 355.5)}{1 \times 10^{-3}} = (105 \sim 111)\text{dB}$；

需要的振动衰减量：$\Delta L = (105 \sim 111) - 89.5 = (15.5 \sim 21.5)\text{dB}$；

需要的振动传递比：$\Delta L = 20\lg\dfrac{1}{T} = (15.5 \sim 21.5) \Rightarrow T = 0.084 \sim 0.168$；

隔振系统固有频率：$f_{01} = f\sqrt{\dfrac{T}{1+T}} = 10 \times \sqrt{\dfrac{0.168}{1+0.168}} = 3.79\text{Hz}$；

$f_{02} = f\sqrt{\dfrac{T}{1+T}} = 20 \times \sqrt{\dfrac{0.084}{1+0.084}} = 5.57\text{Hz}$；

因隔振系统固有频率需要达到 5Hz 以下，故需要使用弹簧隔振器。由于弹簧隔振器使用的钢材料阻尼小，所以钢弹簧需要附加阻尼层。使用大型基座可以增大空调机组的惯性矩，使其摇摆减小，提高隔振效果。

答案选【B】。

23．若仅提高在隔振台座上风机的转速，而不改变其他条件，试分析隔振系统的隔振效率会如何变化？【2014-1-93】

(A) 不变   (B) 提高
(C) 降低   (D) 变为 0

解：

根据《教材（第二册）》P501 公式 5-2-73 可知，$T = \dfrac{1}{\left|1-\left(\dfrac{f}{f_0}\right)^2\right|}$，因为 $f > f_0$，所以 $\dfrac{f}{f_0} > 1$，因此 $T = \dfrac{1}{\left(\dfrac{f}{f_0}\right)^2 - 1}$；

提高风机转速 n，则风机激振频率 $f = \dfrac{n}{60}$ 变大，$\dfrac{f}{f_0}$ 变大，T 变小，隔振效率 $\eta = 1 - T$ 变大。

答案选【B】。

24．一台转速 1200r/min 的风机，拟采用隔振器隔振，要求隔振效率为 85%，当不计阻尼时，选用隔振器的固有频率应为多少？【2014-1-94】

(A) 20.0Hz   (B) 13.5Hz
(C) 7.2Hz   (D) 10.0Hz

解：

振动传递比：$T = 1 - \eta = 1 - 0.85 = 0.15$；风机激振频率：$f = \dfrac{n}{60} = \dfrac{1200}{60} = 20\text{Hz}$。

根据《教材（第二册）》P501 公式 5-2-75 可知：

隔振器固有频率 $f_0 = f\sqrt{\dfrac{T}{1+T}} = 20 \times \sqrt{\dfrac{0.15}{1+0.15}} = 7.2\text{Hz}$。

答案选【C】。

25．已知房间 B 位于房间 A 的正下方，两个房间楼板面积为 80m^2，在房间 A 内有一台设备，其扰动频率为 20Hz，当设备直接安装在混凝土楼板上时，设备运行在房间 B 内产生的结构噪声为 60dB，若要使设备运行在房间 B 内产生的结构噪声降低为 40dB，则应采用如下哪种隔振措施？【2014-1-96】

(A) 设置 6 个支点，每个支点串联放置 4 个工作载荷下固有频率为 15Hz 的隔振器
(B) 设置 6 个支点，每个支点串联放置 3 个工作载荷下固有频率为 12Hz 的隔振器
(C) 设置 6 个支点，每个支点串联放置 2 个工作载荷下固有频率为 9Hz 的隔振器

(D) 设置 6 个支点，每个支点放置 1 个工作载荷下固有频率为 6Hz 的隔振器

解：

振动传递比：$\Delta L = 20\lg\dfrac{1}{T} = 20 \Rightarrow T = 0.1$；

隔振系统固有频率：$f_0 = f\sqrt{\dfrac{T}{1+T}} = 20 \times \sqrt{\dfrac{0.1}{1+0.1}} = 6\text{Hz}$；

选项 A，隔振系统固有频率为 $\dfrac{15}{\sqrt{4}} = 7.5\text{Hz}$；选项 B，隔振系统固有频率为 $\dfrac{15}{\sqrt{3}} = 8.7\text{Hz}$；

选项 C，隔振系统固有频率为 $\dfrac{15}{\sqrt{2}} = 10.6\text{Hz}$；选项 D，隔振系统固有频率为 6Hz。

答案选【D】。

备注：多层橡胶隔振垫的固有频率 f_{01} 与单层橡胶隔振垫的固有频率 f_0 关系为：$f_{01} = \dfrac{f_0}{\sqrt{n}}$；

多个相同弹簧串联的固有频率 f_{01} 与单个弹簧的固有频率 f_0 关系为：$f_{01} = \dfrac{f_0}{\sqrt{n}}$；推导如下：

单个弹簧固有频率 $f_0 = \dfrac{1}{2\pi}\sqrt{\dfrac{k}{m}}$，$k$ 为弹簧刚度；n 个相同弹簧串联时总刚度 $\dfrac{1}{K_{总}} = \dfrac{1}{K_1} + \dfrac{1}{K_2} + \cdots + \dfrac{1}{K_n} = \dfrac{n}{K}$，则 $K_{总} = \dfrac{K}{n}$。其中 $K_1 = K_2 = \cdots = K_n$，则 n 个相同弹簧串联时固有频率为 $f_{01} = \dfrac{1}{2\pi}\sqrt{\dfrac{K_{总}}{m}} = \dfrac{1}{2\pi}\sqrt{\dfrac{K}{nm}} = \dfrac{f_0}{\sqrt{n}}$，同理可求并联。

【解析】 （1）Z 振级衰减与振动传递比的关系公式，参见《噪声与振动控制工程手册》P652 公式 8.6-30。

（2）隔振系统固有频率公式，参见《教材（第二册）》P501 公式 5-2-75；

（3）多层橡胶隔振垫的固有频率 f_{01} 与单层橡胶隔振垫的固有频率 f_0 关系，参见《环境工程手册·环境噪声控制卷》P258 公式 5-76；

（4）弹簧固有频率，参见《教材（第二册）》P407 公式 5-1-122；

（5）弹簧串联、并联刚度计算，参见《环境工程手册·环境噪声控制卷》P265 公式 5-79、5-80。

26. 已知某设备转速为 900r/min，机组总质量（包括支架）为 3000kg，现用特性曲线（如下图）的 4 种不同型号的隔振器进行隔振，其中①②③④型隔振器的最大允许荷载分别为 3000N、5000N、7000N 和 9000N，问采用哪种隔振方案效果最好？（每个支点一个隔振器，计算时忽略干扰力，每个支点受力相同）【2014-1-97】

(A) 使用 8 个①型隔振器　　　　(B) 使用 8 个②型隔振器
(C) 使用 6 个③型隔振器　　　　(D) 使用 6 个④型隔振器

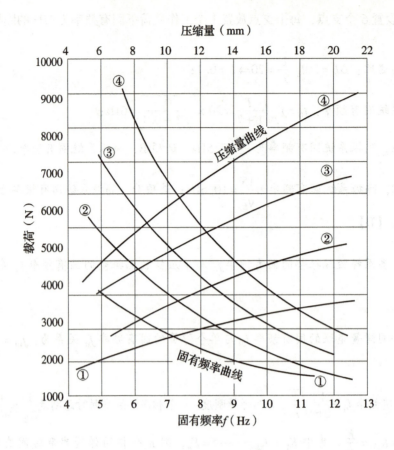

解：

设备总重量：$3000 \times 9.8 = 29400\text{N}$；激振频率：$f = \dfrac{n}{60} = \dfrac{900}{60} = 15\text{Hz}$。

选项 A，单支点载荷：$\dfrac{29400}{8} = 3675\text{N} > 3000\text{N}$，不符合要求；

选项 B，单支点载荷：$\dfrac{29400}{8} = 3675\text{N} < 5000\text{N}$，符合要求；查图得出固有频率 $f_0 = 6.3\text{Hz}$；

选项 C，单支点载荷：$\dfrac{29400}{6} = 4900\text{N} < 7000\text{N}$，符合要求；查图得出固有频率 $f_0 = 6.6\text{Hz}$；

选项 D，单支点载荷：$\dfrac{29400}{6} = 4900\text{N} < 9000\text{N}$，符合要求；查图得出固有频率 $f_0 = 8.1\text{Hz}$；

根据《教材（第二册）》P501 公式 5-2-73，可知：

振动传递比 $T = \dfrac{1}{\left|1 - \left(\dfrac{f}{f_0}\right)^2\right|}$，因为 $f > f_0$，所以 $\dfrac{f}{f_0} > 1$。因为 $T = \dfrac{1}{\left(\dfrac{f}{f_0}\right)^2 - 1}$，可知 f_0 越小，T 越小，隔振效率 η 越高，故 B 效果最好。

答案选【B】。

6.4 阻尼性能及应用

※ 真 题

1. 某空气压缩机组共选用了 6 个隔振器隔振，每个隔振器的刚度为 650kN/m，其承载力为 28kN。为控制系统的振幅，现配备 4 只阻尼比为 0.15 的阻尼器，试计算每只阻尼器的阻尼系数为多少？【2008 - 1 - 99】

(A) 60.70kN·s/m (B) 7.84kN·s/m
(C) 76.79kN·s/m (D) 19.20kN·s/m

解：

阻尼器总临界阻尼：$C_c = 2\sqrt{mk} = 2\sqrt{\dfrac{28 \times 10^3 \times 6}{10} \times 650 \times 10^3 \times 6} = 511.9 \text{kN·s/m}$；

阻尼器总阻尼系数：$\xi = \dfrac{C}{C_c} \Rightarrow C = \xi C_c = 0.15 \times 511.9 = 76.79 \text{kN·s/m}$；

每只阻尼器阻尼系数：$C_1 = \dfrac{C}{4} = \dfrac{76.79}{4} = 19.2 \text{kN·s/m}$。

答案选【D】。

【解析】（1）有阻尼自由振动，参见《环境工程手册·环境噪声控制卷》P206，其公式中 m 为阻尼器承受质量，单位为 kg；k 为隔振器刚度，单位为 N/m；C 为阻尼系数，单位为 N·s/m。

（2）具体例题可参考《噪声与振动控制工程手册》P642。

2. 一扇采用简易密封措施的隔声门由 2.0mm 钢板 + 75mm 空腔（填充 40kg/m³ 玻璃棉板） + 1.2mm 的钢板制作，但检测发现其高频隔声效果比较差。需对隔声门的设计进行修改，请问以下哪一种整改措施可以最有效地提高该隔声门的高频隔声效果？【2009 - 1 - 80】

(A) 隔声门的材料由 1.2mm 钢板改为 2.0mm 钢板
(B) 玻璃棉改为 48kg/m³
(C) 改善门缝的密封程度
(D) 在 1.2mm 钢板内侧贴一层阻尼层

解：

参考《教材（第二册）》P514 可知，隔声门高频隔声效果差，主要原因是金属板振动产生的结构噪声。可以在板上增加一层阻尼层，阻尼层能消耗钢板振动产生的能量，达到减小高频噪声的效果。

答案选【D】。

3. 在单层轻质薄板的一侧粘贴阻尼材料可以提高其隔声量。以下关于粘贴阻尼材料作用的阐述哪个是错误的？【2011 - 1 - 79】

(A) 粘贴阻尼材料可提高薄板的面密度，从而提高其隔声量

（B）粘贴阻尼材料可使薄板在吻合频率区不出现明显的隔声低谷区域和减小吻合的临界频率值，从而提高其隔声量

（C）粘贴阻尼材料可抑制薄板的局部震动，提高其隔声量

（D）粘贴阻尼材料主要是利用阻尼材料的吸声作用，以提高薄板的隔声量

解：

选项 A、C、D，依据《教材（第二册）》P444 可知，阻尼处理就是利用贴在板表面的材料或者结构将振动能量转化为热，使板的振动受到抑制，板辐射的声音相应减小，故 A 错误，C、D 正确。

选项 B，依据《噪声与振动控制工程手册》P261，可知阻尼对提高材料的隔声性有明显作用，特别是在抑制构件的共振和吻合效应隔声低谷上十分有效，故 B 正确。

答案选【A】。

7 电磁污染防治

※ 真 题

1. 现要对高压架空输电线和变电站的无线电干扰进行测量，测量之前需选择测量仪器和测量频率，试问以下哪项不符合《高压架空输电线、变电站无线电干扰测量方法》的规定？【2007-1-76】

(A) 测量仪器使用准峰值检波器 (B) 测量频率可选为 0.5MHz
(C) 测量仪器使用峰值检波器   (D) 测量频率可选为 1MHz

解：

根据《高压架空输电线、变电站无线电干扰测量方法》3.2 条，可知测量仪器使用准峰值检波器；依据 4.2 条可知，参考测量频率为 $0.5(1 \pm 10\%)$ MHz，也可用 1MHz。

答案选【C】。

2. 如下图所示，此为测量强电线路对弱电线路电感性耦合影响的典型模拟线路。图中 P_1、P_2 为强电模拟线路，P_2 接地，P_1 与地之间接试验用变频电源；S_1、S_2 为弱电模拟线路，S_2 接地，S_1 与地之间接选频电压表。当试验电源给出电流频率为 60Hz，有效值为 I 时，选频电压表的读数为 V_1；将试验电源电流频率变为 70Hz，有效值仍保持 I，此时选频电压表的读数为 V_2，忽略两回路间的互阻抗系数随频率的变化，试问以下关系哪个正确？【2007-1-83】

(A) $V_1 = V_2 = 0$ (B) $V_1 = V_2$
(C) $V_1 > V_2$ (D) $V_1 < V_2$

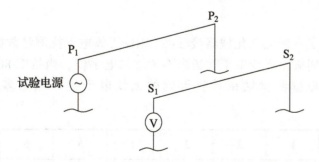

解：

根据《教材（第二册）》P585 可知，强电线路交流电流对通信线路（弱电线路）产生电感性耦合影响。强电线路交流电在弱电线路上产生的磁感应电动势为：$E = -j\omega \sum_i M_i l_i IK$，其中 E 就是选频电压表的电压，频率越大，E 越大。由题干可知 ω 变大，其他均不变，所以 $V_2 > V_1$。

答案选【D】。

3. 一广播发射塔位于开阔区域，为了解其电磁环境状况，在离发射塔较近的远场区域布置了一些测量点对信号场强进行测量，以下哪一结论正确？【2007-1-84】

（A）随测量点与发射塔之间距离的变化，测量点的场强变化无任何规律
（B）测量点的场强一般随测量点与发射塔距离的增加而减小
（C）测量点的场强值与测量点到发射塔的距离无关
（D）测量点的场强一般随测量点与发射塔距离的增加而增大

解：
依据《教材（第二册）》P567可知，在正弦时变电磁场远区，电场和磁场的振幅仅与 r 的一次方成反比。或参考同页公式 5-3-102，可知 $Z_0 = \dfrac{E_\theta}{H_\alpha}$ 和公式 5-3-108 可知，$E = k\dfrac{\sqrt{P}}{r}$。

答案选【B】。

4. 在道路上敷设一条电信线路，为了减小外界磁场对电信线路的感性耦合影响，拟紧靠电信线路敷设一根与电信线路长度相同，带有绝缘层的铜线作为屏蔽线。试问，从屏蔽效果讲，以下哪一种方案效果最好？【2007-2-79】

（A）采用截面为 $10mm^2$ 的铜线，且一端良好接地，另一端不接地
（B）采用截面为 $10mm^2$ 的铜线，且中间良好接地，两端不接地
（C）采用截面为 $5mm^2$ 的铜线，且两端良好接地
（D）采用截面为 $10mm^2$ 的铜线，且两端良好接地

解：
依据《教材（第二册）》P626可知，屏蔽体的屏蔽必须完善并良好接地，否则不起屏蔽作用。依据《教材（第二册）》P629 公式 5-4-31 和公式 5-4-27 可知，吸收损耗 A 与屏蔽体厚度 t 成正比，t 越厚屏蔽效果 SE 越好。

答案选【D】。

5. 下列给出了一组电气化铁路接触网1MHz无线电干扰测量数据，其中 E_i 为第 i 组测量中80%时间概率无线电干扰场强不超过的电平值，当按双80%规则判断无线电干扰水平时，根据测量结果计算得到的无线电干扰声强为多少 dB（μV/m）？【2008-1-76】

序号	1	2	3	4	5	6	7	8
E_i [dB（μV/m）]	62.1	58.2	59.5	60.0	61.3	59.4	63.7	58.8

（A）60.4dB　　　　　　　　（B）62.8dB
（C）63.7dB　　　　　　　　（D）61.8dB

解：
根据《电气化铁道接触网无线电辐射干扰测量方法》（此标准需下载）中公式（1）（2）（3），可知：

统计平均值 $\overline{E} = \frac{1}{n}\sum_{i=1}^{n} E_i = \frac{1}{8} \times (62.1 + 58.2 + 59.5 + 60 + 61.3 + 59.4 + 63.7 + 58.8) = 60.375$；

样本标准差 $S_n = \sqrt{\frac{1}{n-1}\sum_{i=1}^{n}(E_i - \overline{E})^2} = \sqrt{\frac{1}{8-1}\sum_{i=1}^{n}(E_i - \overline{E})^2} = \sqrt{\frac{1}{8-1} \times 23.97} = 1.85$；

干扰值当 $n = 8$ 时，$K = 1.3$，$\overline{E} + KS_n = 60.375 + 1.3 \times 1.85 = 62.78$ dB。

答案选【B】。

6. 输电线路电晕放电时，产生可听噪声并且同一导线在不同海拔电晕产生的可听噪声不同，海拔每增加300m电晕噪声增加1dB（A）。下表给出了某电压等级输电线路在海拔0m的电晕噪声预测结果。若要求在海拔2000m以下，电晕噪声均不超过45dB（A），且投资小，则应选择下列哪种导线？【2008-1-77】

序号	A	B	C	D
导线型号	$5 \times 630\text{mm}^2$	$6 \times 630\text{mm}^2$	$6 \times 720\text{mm}^2$	$6 \times 800\text{mm}^2$
电晕产生的可听噪声（dB）	44.0	39.1	36.7	35.0

解：

采用A导线，海拔2000m时，其噪声为：$44 + 2000/300 \times 1 = 50.67$ dB；

采用B导线，海拔2000m时，其噪声为：$39.1 + 2000/300 \times 1 = 45.77$ dB；

采用C导线，海拔2000m时，其噪声为：$36.7 + 2000/300 \times 1 = 43.37$ dB；

采用D导线，海拔2000m时，其噪声为：$35.0 + 2000/300 \times 1 = 41.67$ dB；

C、D导线满足要求，C导线断面面积小于D导线，成本更低，符合投资小的要求，故选C导线。

答案选【C】。

7. 一电偶极子辐射频率为0.5MHz，电偶极子的长度10cm，要求距离该辐射源60m处的磁场强度（有效值）不超过2×10^{-4}A/m。试求电偶极子的最大电流（有效值）约为多少？【2008-2-76】

(A) 1.44A
(B) 90A
(C) 1.5×10^{-3}A
(D) 9.00×10^{-3}A

解：

根据《教材（第二册）》P567可知，通常 $r \ll \frac{\lambda}{2\pi}$ 认为是近区，$r \gg \frac{\lambda}{2\pi}$ 认为是远区，本题中 $r = 60$m，$\frac{\lambda}{2\pi} = \frac{c}{2\pi f} = \frac{3 \times 10^8}{2\pi \times 0.5 \times 10^6} = 95.5\text{m} > 60\text{m}$，因此认为在近区，将 $\Delta L = 0.1$m，$r = 60$m，$\sin\theta = 1$ 代入磁场强度公式，得出：

$H = \frac{i}{4\pi r^2}\Delta L\sin\theta = 2 \times 10^{-4}$A/m $\Rightarrow i = \frac{H4\pi r^2}{\Delta L} = \frac{2 \times 10^{-4} \times 4\pi \times 60^2}{0.1} = 90$A。

答案选【B】。

8. 国家标准规定了110kV及以上高压线路与航空无线电导航站之间的防护距离。对于超短波定向天线，110kV输电线路与其中心之间的最小距离应为多少？【2009-1-91】
   (A) 500m (B) 700m
   (C) 1000m (D) 2000m
   解：
   根据《航空无线电导航台电磁环境要求》（GB 6364—86）3.6条可知，以定向台天线为中心，半径700m以内不得有110kV及以上高压输电线。
   答案选【B】。

9. 现需要通过测量了解输电线路的工频电场水平，测量时工频电场测量探头离地面高度为1m，以下哪一做法不正确？【2009-1-92】
   (A) 手持测量探头进行测量
   (B) 利用一维测量探头，只测量工频电场垂直分量
   (C) 利用三维测量探头，测量三维工频电场
   (D) 在空气相对湿度为50%的状态下进行测量
   解：
   依据《高压交流架空送电线路、变电站工频电场和磁场测量方法》（DL/T 988—2005）4.2可知，测量人员应离测量仪表的探头足够远，一般情况至少要2.5m，故A错误；依据4.1.3条可知，工频电场和工频磁场测量时的环境湿度应在80%以下，故D正确。
   答案选【A】。

10. 地下综合管廊内敷设三相铝护套电力电缆和HYA型电信电缆，电力系统规划短路电流10KA。设计前，敷设单根模拟电力线路和模拟电信线路，测试得出每安培入地电流在每公里电信线路上产生的纵向感应电动势为0.0683V/A·km。当工程建成后，电力电缆短路时在电信线路上产生的纵向感应电动势不超过650V，试问电信电缆与电力电缆平行敷设最大长度为多少（铝护套电力电缆，取短路电流入地系数8%）？【2009-2-91】
    (A) 0.9km (B) 11.8km
    (C) 118961km (D) 683km
    解：
    参考《教材（第二册）》P585，可知：
    $E = MlIK \Rightarrow l = \dfrac{E}{MIK} = \dfrac{650}{0.0683 \times 10000 \times 0.08} = 11896\text{m} = 11.8\text{km}$。
    答案选【B】。

11. 一民房与500kV交流线路中心对地投影之间的最近距离为35m，最远距离为45m。根据线路设计高度，考虑地面平坦开阔，经过民房最近点沿线路垂直方向，地面上方1.5m的工频电场横向分布计算曲线，线路建成后，对地面上方1.5m的工频电场进行

实测，实测工频电场横向分布曲线并绘图，问离线路最近民房处地面上方 1.5m 的工频电场值约为允许的多少倍？【2009-2-92】

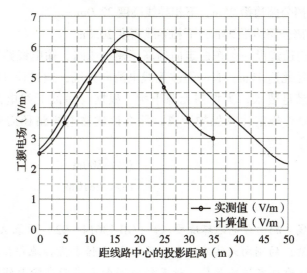

(A) 1.06 (B) 0.91
(C) 0.75 (D) 0.69

12. 在平坦空旷地带有一宽 20m 的公路，现计划平行于公路建设一条相导线垂直排列的同塔双回交流输电线路。下图给出了在相导线布置方式不变情况下，下相导线不同高度时，沿线路垂直方向离地 1m 处的工频电场分布曲线。建设输电线路时，输电线路中心到公路边沿可选择距离范围为 15m～35m。若设计时，使输电线路下离地 1m 处的最大工频电场不超过 9kV/m，试问，若导线布置和弧垂不变，采用以下哪一方案既能满足对工频电场控制的要求，又能使线路投资最小？【2010-1-87】

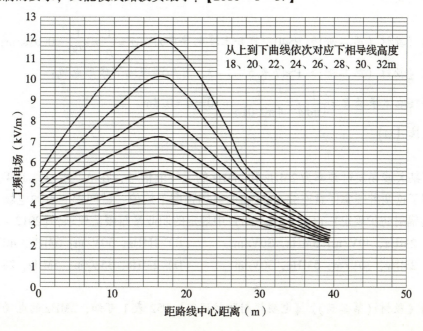

(A) 线路中心离公路边沿25m，下相导线高度21.3m
(B) 线路中心离公路边沿35m，下相导线高度21.3m
(C) 线路中心离公路边沿25m，下相导线高度22.0m
(D) 线路中心离公路边沿25m，下相导线高度20.0m

13. 计划在某路径建设一条东西走向的高压输电线路，输电线路铁塔高30m。后来调查得知在所选路径北边1km，有一短波无线电测向天线，通过计算已知输电线路对测向天线的有源干扰满足要求。为控制无源干扰，根据《短波无线电测向台电磁环境要求》（GB 13614—92）规定计算保护距离，那么拟建输电线路径需向南至少移动多少米？【2010-1-98】

(A) 0m (B) 800m
(C) 1800m (D) 2810m

解：
依据《短波无线电测向台电磁环境要求》（GB 13614—92）附录 A 中 A1 条"垂直接地导体离测向台（站）的测向天线的距离必须大于60倍垂直接地导体的高度"可知，题干中输电线路铁塔视为垂直接地导体，故无线电测向天线距离输电线路铁塔距离至少为 $60 \times 30 = 1800$m，所以拟建输电线路径需向南移 $1800 - 1000 = 800$m。

答案选【B】。

14. 某接地系统采用地下球形接地体，球形接地体足够深，忽略表面对接地电阻的影响，测量得到土壤电阻率为100Ω·m，若要求接地体接地电阻为10Ω，则球形接地体半径为？【2010-2-92】

(A) 1.6m (B) 2.5m
(C) 5.0m (D) 0.8m

解：

根据《教材（第二册）》P540，可知土壤电导率为：$\sigma = \dfrac{1}{\rho} = \dfrac{1}{100} = 0.01$s/m；

根据《教材（第二册）》P547 表 5-3-3，可知深埋地下球形电极：

球形接地体半径 $R = \dfrac{1}{4\pi\sigma a} = \dfrac{1}{4\pi 0.01 a} = 10 \Rightarrow a = 0.8$m。

答案选【D】。

15. 某天线场发射频率为2MHz和5MHz的无线电信号，在A、B、C、D 4点进行测量，得到了这两种频率任意连续6min内的电场强度平均值，试问哪一点的电场强度不满足《电磁辐射防护规定》（GB 8702—88）中规定的职业暴露限值要求？【2012-1-76】

(A) 2MHz, 40V/m; 5MHz, 30V/m (B) 2MHz, 50V/m; 5MHz, 40V/m
(C) 2MHz, 30V/m; 5MHz, 30V/m (D) 2MHz, 35V/m; 5MHz, 28V/m

解：
根据《教材（第三册）》《电磁辐射防护规定》P52 表1可知，2MHz 的电场强度限值为 87V/m，5MHz 的电场强度限值为 $\frac{150}{\sqrt{f}} = \frac{150}{\sqrt{5}} = 67$V/m。由于该天线发射两种频率，根据 2.2.3 条将选项代入 P52 公式（1）$\sum_{i}\sum_{j}\frac{A_{i,j}}{B_{i,j,L}} \leq 1$ 可得：

选项 A，$\frac{40}{87} + \frac{30}{67} = 0.91$；选项 B，$\frac{50}{87} + \frac{40}{67} = 1.17$；

选项 C，$\frac{30}{87} + \frac{30}{67} = 0.79$；选项 D，$\frac{35}{87} + \frac{28}{67} = 0.82$。

可见选项 B 大于 1，超过限值。

答案选【B】。

16. 现需在电气化铁路旁敷设 2km 长的通信电缆，为了减小牵引电流在通信电缆芯线上产生的感应电动势，试问以下哪一措施比较合理？【2012-1-100】
    (A) 通信电缆铠装和金属护套不接地
    (B) 通信电缆两端铠装和金属护套均接地
    (C) 通信电缆一端的铠装和金属护套接地，另一端不接地
    (D) 仅通信电缆中间的铠装和金属护套接地

解：

依据《教材（第二册）》P652 可知，铠装导线两端接地必须良好。

答案选【B】。

17. 现计划建设一条额定电流为 3000A 的单回双极高压直流输电线路，调查发现离该直流输电线路规划路径 6km 处有一地磁观测台，根据国家有关标准，直流输电线路双极正常运行时在地磁观测台产生的磁感强度应不超过 0.5nT，试问该直流线路双极正常运行时允许最大不平衡电流为多少？（计算时将直流线路视为无限长）【2013-2-97】
    (A) 7.5A   (B) 15A
    (C) 1.5A   (D) 30A

解：

根据《教材（第二册）》P549 公式 5-3-44 $B = \mu H$；P550 公式 5-3-47 $H = \frac{I}{2\pi r}$，以及《教材（第二册）》P548 内容，假定 $\mu = \mu_0 = 4\pi \times 10^{-7}$H/m，

则 $B = \mu \frac{I}{2\pi r} \Rightarrow I = \frac{2\pi r B}{\mu} = \frac{2\pi r B}{\mu_0} = \frac{2\pi \times 6000 \times 0.5 \times 10^{-9}}{4\pi \times 10^{-7}} = 15$A。

答案选【B】。

18. 两处相距甚远的电磁辐射体 e1 和 e2 的发射频率分别为 200MHz 和 400MHz，在每一电磁辐射体附近工作场所，除本身发射的电磁波外，其他频率的电磁场可忽略不计。一技术员在 e1 附近工作场所选择点 A，在 e2 附近工作场所选择点 B，对于每一点在昼夜

24h 对电场进行了监测，并给出了点 A 和点 B 任意 6min 内电场强度平均值的最大值。按照《电磁辐射防护规定》（GB 8702—88）中对电磁辐射监测的要求，请问该技术员在点 A 和点 B 选择的监测量是否完整？【2013-2-98】

  （A）点 A 完整，点 B 不完整   （B）点 B 完整，点 A 不完整
  （C）点 A 和点 B 都完整   （D）点 A 和点 B 都不完整

解：

根据《教材（第三册）》P53《电磁辐射防护规定》4.2.1 条："当电磁辐射体的工作频率低于 300MHz 时，应对工作场所的电场强度和磁场强度分别测量。当电磁辐射体的工作频率大于 300MHz 时，可只测电场强度"。所以，A 点需要测量电场强度和磁场强度，B 点可以只测电场强度。

  答案选【B】。

19. 现有一均匀埋深土壤中的半径为 1m 的球形金属接地体，其接地电阻为 10Ω。为改善接地性能，需在原位置更换球形金属接地体，若要求接地电阻降为 5Ω，试问更换的接地体的半径约为多少？（计算时忽略地面影响）【2013-2-99】

  （A）2m   （B）0.5m
  （C）6.3m   （D）0.64m

解：

依据《教材（第三册）》P547 公式 5-3-32 $R = \dfrac{1}{4\pi\sigma a}$，可知：

$R_1 = \dfrac{1}{4\pi\sigma a_1} = 10$；$R_2 = \dfrac{1}{4\pi\sigma a_2} = 5$；则 $\dfrac{R_1}{R_2} = \dfrac{4\pi\sigma a_2}{4\pi\sigma a_1} = \dfrac{a_2}{1} = \dfrac{10}{5} \Rightarrow a_2 = 2\text{m}$。

  答案选【A】。

20. 一电磁辐射体的发射频率为 2.5MHz，对其附近某点的电场强度和磁场强度进行测量，得到连续 6min 内的电场强度平均值的最大值和磁场强度平均值的最大值分别为 38V/m、0.2A/m。根据《电磁辐射防护规定》（GB 8702—88）中的限制规定，以下哪一评价正确？【2013-2-100】

  （A）电场强度和磁场强度都满足公众照射限制要求
  （B）电场强度和磁场强度都不满足公众照射限制要求
  （C）电场强度满足公众照射限制要求，磁场强度不满足公众照射限制要求
  （D）电场强度不满足公众照射限制要求，磁场强度满足公众照射限制要求

解：

依据《教材（第三册）》《电磁辐射防护规定》P52 表 2，可知 0.1MHz～3MHz 的电场强度限值为 40V/m，磁场强度限值为 0.1A/m，所以电场强度满足公众照射限制要求，磁场强度不满足公众照射限制要求。

  答案选【C】。

21. 一接地装置可等效为金属半球（如下图所示），接地装置最大入地电流为 4kA，若人体安全跨步电压定为 12V，土壤电导率为 10^{-1} s/m，人的步长取 0.8m，为了防止人员进入危险区，需在接地装置外以接地装置为中心设置一圆形围栏，试问圆形围栏的最小半径约为多少？【2014-1-99】

    (A) 1.2m   (B) 65.5m

    (C) 21.0m   (D) 6.9m

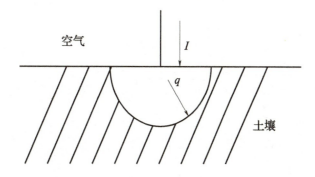

解：

电流在半球区域中均匀分布，由此得出电流密度（电流÷半球表面积），再×电阻率就是电场强度，然后对电场强度积分得到电势差，也就是跨步电压。

$$V = \int_{r}^{r+0.8} \frac{I}{2\pi a^2}\rho dr = \frac{\rho I}{2\pi} \times \left(\frac{1}{r} - \frac{1}{r+0.8}\right) = \frac{10 \times 4000}{2\pi} \times \left(\frac{1}{r} - \frac{1}{r+0.8}\right) = 12 \Rightarrow r = 20.2\text{m}。$$

答案选【C】。

22. 某 500kV 交流输电线路下方有一大棚，大棚骨架为干圆木，顶棚上拉有细铁丝便于固定塑料薄膜，每根铁丝不相连，如下图所示。当 500kV 交流输电线路运行时，棚内工作人员触摸铁丝过程中有电击现象，如要消除这一现象，采用以下哪一种做法较好？【2014-1-100】

    (A) 将每根铁丝单独接地

    (B) 将所有铁丝连接后一点接地

(C) 在大棚中间上方沿长边方向架设一个屏蔽线

(D) 在大棚中间上方沿短边方向架设一个屏蔽线

解：

由于每根铁丝不相连，所以只需将所有铁丝连接后一点接地即可。

答案选【B】。